绿色的乐章

劉秀晨園林文曲集之二

中石題

刘秀晨 著

學苑出版社

图书在版编目（CIP）数据

绿色的乐章：刘秀晨园林文曲集之二／刘秀晨著．—北京：学苑出版社，2017.7
ISBN 978-7-5077-5234-2

Ⅰ.①绿…　Ⅱ.①刘…　Ⅲ.①园林—规划—文集②园林设计—文集
Ⅳ.①TU986-53

中国版本图书馆CIP数据核字（2017）第130549号

责任编辑：孟　玮
出版发行：学苑出版社
社　　址：北京市丰台区南方庄2号院1号楼
邮政编码：100079
网　　址：www.book001.com
电子信箱：xueyuanpress@163.com
销售电话：010-67601101（营销部）、010-67603091（总编室）
印 刷 厂：北京赛文印刷有限公司
开本尺寸：889×1194　1/16
印　　张：17.5　彩插32
字　　数：420千字
版　　次：2017年9月第1版
印　　次：2017年9月第1次印刷
定　　价：198.00元

自序

为自己的书写序，我还是第一次。以往出书都是请一些德高望重的恩师写序。我很感激他们写得严谨、准确，并惟妙惟肖地勾勒出一个真实的我。同时，他们还说一些夸奖的话，以证实我干得还不错。如今年纪大了，出书只是想把自己的一些文字、作品和资料，有序地整理，献给读者。现在就没有必要再让别人恭维了。从请人写序到自己写序的变化也可以看得出一个人的心态。不是别人写序不好，也不是不想让别人夸奖，只是出本书没有那么“隆重”，最终是想以质量和深度打动读者，只此而已。

我从走进风景园林的门槛，至今已有 56 个年头了。就是说，一辈子主要干了一件事：我钟爱的风景园林专业。从规划设计、施工管理到逐步进入组织、领导和为专业服务的全过程。譬如，讲课、研究和评审方案、写一些理论文章、参加社团活动等等。我常调侃地讲自己“卖给了”园林，甚至把“卖身契”都交给了园林。当然，我还钟爱音乐，写过一些包括园林内容在内的歌曲作品，得过一些奖项和好评，这让我也很欣慰。除了风景园林和音乐，我一生做了七届全国或北京政协委员、三届国务院参事、三届九三学社中央委员和北京市副主委，还有 17 年北京市园林局副局长的经历。在从政和参政议政方面往往又是跨园林、跨音乐的巨系统、广领域。在专业与政界、社会与变迁中经历了坎坷并又回到幸福多彩的人生。我出的这几本书不仅是总结和感悟，也可以看出祖国所给予我从浅薄到逐步成熟的历程。需要说明的是，在《绿色的云——刘秀晨园林文曲集》中，我已经发表了 46 首创作歌曲，本书又收集了我青年时代和近期创作的一部分歌曲，作为资料，与读者共享。

本书名为《绿色的乐章——刘秀晨园林文曲集之二》，这与我以往出版的《绿色的云——刘秀晨园林文曲集》《绿色的梦》《绿色的潮》《绿色的裙衣》（后三本均为刘秀晨中外景观采风大型摄影作品集），都是由大书法家、教育家欧阳中石先生为我题写书名，“乐章”这个词也是他亲自定夺的，意指我是一个爱音乐习园林的人。先生是我的良师益友、也是学界知音和山东老乡，曾给予我许多富于哲理的启蒙。如今他病重了，我谨以此书向老人家致敬、致爱。当然我还有幸在专业和非专业上，遇到了一大批终身受益的重量级导师。园林界有汪菊渊、陈俊愉、孟兆祯、孙筱祥等先生；在政协和社会界有一个个慈祥睿智的学者……我不想说出这些人的名字，因为有“拉大旗做虎皮”之嫌，只是心怀感恩。

在出书的时刻总是会想到他们的恩德。还有，我周边园林界内外的以千为计的朋友，给予我的营养是我一生的欣慰和“窃喜”。本书的出版得到国务院参事室的支持和帮助，这让我感到光荣和温暖。在这里一并表达由衷的感谢。

刘秀晨

二〇一七年五月于北京

目　录

园林论坛

园林规划设计

参政议政

良师益友

歌曲创作

附　录

园林论坛

生态文明建设大背景下城市园林的机遇与挑战

一、城市园林的机遇

城市园林绿化是国家生态文明建设的核心内容之一，是实现美丽中国和中国梦的重要路径。

1. 园林建设的成就

站在历史的高度，审视中国城市园林的今天，我们感到欣慰和自豪。改革开放给每个城市都带来了园林建设的新成果。新型城镇化使城市发生了革命性的变化，占城市土地三分之一以上的绿地已成为目前最活跃最受群众欢迎的城市要素：

（1）行道绿化郁郁葱葱，作为城市绿色的裙衣，它占据了城市空间的主要视野，是城市重要的主旋律；

（2）具有城市名片之称的城市综合公园、广场、河道绿地成为市民生活、工作之外在城市的第三空间和百姓休憩的归宿；

（3）住宅绿化注重设计：居住区公园、小游园、组团绿地、楼间绿化和小区道路绿化构成居住区新型的绿地系统，为居民提供良好的环境，成为近年城市园林的新亮点；

（4）城市绿化隔离带和绿廊、绿道、绿心不仅形成强势的绿量，进一步完善着城市绿地系统。最近全国城市工作会议提出的城市生态修复和城市修补（双修）以及开展城市设计，这些崭新的工作内容让园林建设更加拓宽了领域，进入了一个更广泛、更深入、更精准的新境界。

（5）城市人文环境的提升大大增强了文化自信，人的气质风貌在新园林中变得豪迈、自律和热爱家园，人的情感在不经意中得到升华，城市园林环境改变了人，这种改变是悄悄的又是革命性的。作为园林人也从中体验到使命与责任感。

2. 城市园林的功能

现代园林的生态、休憩、景观、文化和减灾避险五大功能的定位，已经得到业内和社会的普遍认同。这其中“生态优先”“以人为本”和“物种多样性”的基本理念，在这些功能中占据着主导地位。绿化是改善城市生态唯一的主动手段，并塑造着城市景观。绿荫把个性不同的高厦连起来，发挥着纽带的作用。许多城市文化通过园林来表达，同时它又是群众健身、游览和舒缓情绪的休憩之地，在各种城市灾害中展露出独特的避险功能（科普、水土保持、经济等则是普遍意义上的功能）。

3. 公园绿地已经成为城镇人民的生活方式，是城市化重要的里程碑，是城市进行曲的主旋律

过去公园绿地是城市的奢侈品，“逛”公园不那么容易，主要是因为公园太少。今天，公园绿地已经成为人民大众健身消遣的必需品、消费品。公园已经进入千家万户。城镇职工已经从过去居家和上班“两点式”走向居家上班和公园健身的“三点式”。有人甚至把公园健身看得和吃饭一样重要。这是一个享受公园的新时代，它成为一种普及了的生活方式，只有今天公园的功能才发挥得如此淋漓尽致。公园绿地正像高速公路、互联网、电视一样在改变着社会和人。

4. 园林绿化建设促进了城乡发展，园林与城市之间形成互动、互促的发展态势

园林绿地建设不仅是城市化的重要标志，也是民生工程。作为转变经济发展方式和生态文明建设的工程项目，是拉动内需、惠及民生的重要投资方向。园林绿化还对城市环境的提升、新建楼盘环境品质的塑造，特别是北京筹办奥运期间，对环境水平的贡献率是巨大的。皇家园林、现代园林都是旅游业和文化创意产业的重要依托，文化深厚的公园还带动着旅游、交通、出版、影视、艺术生产各行各业。

5. 古典园林的新生是新中国成立以来伟大成就的亮点。传统园林的继承、发扬和创新是必须面对的现实问题

北京是世界上皇家园林含量最多的城市。京华园林丰厚的历史积淀，皇家园林所独有的浩然王气，使它成为一部异彩纷呈的大百科。这些世界级的文化遗产经历了清末和民国的战乱。从满目疮痍到半个多世纪的休养生息，大部分恢复了历史原貌或者达到历史上最好的时期。特别是筹办奥运，对颐和园佛香阁长廊、天坛祈年殿轴线以及北海琼岛景区三大皇家园林的全面修缮，使之金碧辉煌和修旧如故，是园林修缮的一次高峰。全国各地古典传统园林和北京一样也得到了全面修缮和恢复。

传统园林理论的继承、发扬和创新是一个不可回避的实践问题。纯传统与现代生活相距甚远，封闭的布局为现代生活所摒弃，但是天人合一、师法自然、诗情画意、委婉含蓄、宜居环境、巧于因借、循序渐进的空间序列，小中见大、欲露先藏等手法，在今天仍有重要的借鉴与启示意义，应融入现代规划设计，从传统中汲取营养，立足本土，博采众长。城市园林的本质是一门应用科学，经验告诉我们，它是要靠落地才能完成的，因此要警惕园林理论的玄学化。园林创作要坚持实事求是、以人为本、解放思想、与时俱进、鼓励创新的思想和工作路线。

6. 现代园林的形式和内容在发展中正在走向多元、开放、包容和更加精彩

从传统到现代，从文脉到时尚，现代公园绿地走到今天已发生了巨大的变化。虽然各国都有自己的传统文脉，全球经济一体化已经导致城市现代生活的趋同。园林与城市规划、建筑各学科一样，都在尽量保留传统文化的前提下，顺应城市发展大潮，其成果都具有社会思潮和现代生活反哺的印记。因此，城市园林在继承文脉和走向国际化两方面将并存。一个多元化园林创作的趋势将不可避免。程式化将让位于功能与形式的多样化。时代感可能带来走向国际趋同的一面。文脉又让我们不时地从民族、地域中寻找到文化亮点。两者在高层面上的对接（或并存），这可能是新世纪园林文化的趋势和众生相。

无论如何，园林是以植物为主体的。设计者有责任以清新的环境给人以“良丹”，来治疗由混凝土和机动车伴生的现代城市病。在园林中当家的永远是绿荫和植物，同样是树木花草，又有不同的构思，创作出千变万化的画图，这些是永恒的。世俗化、潮流化则可能是来去匆匆的过客。群众的喜闻乐见是必要的，而理念的前瞻性、把握设计潮流和趋势的准确性也很重要。传统园林在今天的园林创作中依然有重要借鉴启示之益。

7. 经济与社会的发展在催生园林学科内涵与外延的不断扩出，园林正在承担更广泛的使命

园林学科方向将面对全球温室效应和气候变化；面对资源枯竭型城市转型和生态保护、修复、再塑；面对国土规划、城市规划、绿地系统规划、工业遗产地（棕地）改造等新的课题。譬如城市中心区与新城、新城与新城间的绿化隔离带和楔形绿地的新布局。高速公路、高铁、空港对城市的改变将面对相应绿地的新要求。正在兴起的城市内部和城市间的“绿道”“绿心”“绿廊”建设等；科技发展、人口增多、交通拥堵、城市灾害、人的行为多变等，地球变得更加扑朔迷离。谁会想到沉睡了千万年的湿地，今天一夜走俏，变成时尚，引起社会那么大的关注。我们的学者已经与国外联合承担气候改变城市，园林干预气候的课题，如此等等。

园林已经不是传统意义上的学科范围。它正与相邻学科、边缘领域融合、渗透、对接。生态学、环境科学、园艺学、现代农业、林业、花卉业、环境艺术、公共艺术……还有那些相关的社会科学、文化历史、思想艺术等等，变得谁也离不开谁，相互依存、借鉴。而风景园林在城市科学中还依然处在一定的主导地位。

8. 从市区走向市域，构建城乡统筹、城乡一体的绿地系统是近年城市园林绿化建设的最大进步

从见缝插绿的随意性走上规划建绿，并走向绿量、绿质和绿地布局与结构的科学性为一体的城市绿地系统，这是近几年园林视野的重大改变。而这一系统在实践中又不断完善，从市区推而广之，发展到城乡一体并覆盖整个市域。它还在实行城乡统筹中纳入建设小城镇、社会主义新农村的重要内容（现在正在热议提升全国千座特色名镇、修缮全国五千座传统村落为代表的村镇建设课题）。城市园林在市区不断完善的前提下，工作重点不断向市郊转移，这是一个巨大的进步，从近几年新城万亩滨河森林公园、郊野公园到营造百万亩平原森林的重大举措，都是完善城市绿地系统的重要实践。最近区域经济发展和城市群的出现，将给区域绿地系统提出更高的要求，并逐步发展为国土绿地系统（如珠三角提出粤港澳大湾区的新概念、长三角提出长江经济带概念、河北雄安新区的崛起等）。园林工作者不仅要驾驭园林绿化的规划建设，还参与城市总体规划和介入城市设计。

9. 创建国家园林城市和长期的园林建设实践，为中国特色的城市规划、建设、管理和运行，积累了丰富的经验。创建生态园林城市又提出了更高的新要求

在创建工作中，坚持的一些原则很值得总结。例如：城市规划坚持法定绿地率和植物造景、绿化为主的原则；坚持生态优先以人为本、体现对人的关怀的原则；坚持生物多样性的原则；坚持大气、简约和赋予时代精神的设计风格；坚持传统文脉与现代风格结合或并存的原则；坚持节约型园林的原则；坚持工程出精品和阳光工程的原则；坚持以地带（乡土）树种为主，适当引进新优品种和运用园林科技新成果的原则；坚持生态、休憩、景观、文化和减灾五大功能的原则；坚持城乡一体、城乡统筹的原则等等。

提倡使用环保节能材料；提倡节水、使用再生水和集水技术的措施；提倡生物防治、少用农药等有污染的材料；贯彻实践海绵城市的理念等等。实现以生态为核心，以人文为主线，以景观为载体，以空间优化为基础的新型绿地系统。

结合创建国家园林城市，住建部对所管辖的城市规划建设管理和运行诸多方面——城市市政基础设施、住房建设、城市历史风貌保护等都纳入了检查考核内容，把创建过程发展为全面提升城市水平的有效手段。作为国家园林城市的升级版，正在进行创建国家生态园林城市。

10. 规划、建筑、园林三个一级学科一体化支撑的人居环境学科的形成，是对世界人居理论的创新和贡献

2011 年我国把城市规划学和风景园林学上升为一级学科，与建筑学科并列，成为人居学科的三大支柱，这是国家生态文明建设战略的呼唤。它将意味着风景园林学科和行业要承担更重要的经济社会发展的使命。

11. 园林文化肩负着构建现代宜居城市、践行城市精神和城市文化大发展大繁荣之重任。

北京正在创建国际和谐宜居之都，其他城市也从自身的条件出发提出城市的定位和发展目标。无论如何，生态、环境质量、文化气质、景观特色、绿地水平都是评价体系的重要内容。园林是城市生态环境的基础，也表达着文化气质和景观风采。北京不缺高厦、立交和绿地，缺的是这些城市要素共同塑造的高端环境，用园林手段参与城市设计，深刻提升着城市以人为本的国际化高端环境。塑造这些美丽、深邃并富有活力的环境，园林是解题的钥匙。北京有世界上最伟大的皇家园林，深厚的文化积淀以及现代园林的多元展示和综合功能。高质量的园林环境潜移默化地陶冶培植人们的自信，只有建设生态型园林城市才有可能走向国际和谐宜居城市的彼岸。

园林所散发的文化甘露，与城市精神内涵是一致的。大部分历史园林都是最重要的爱国主义教育基地。园林是包容文化的典范，它博采北雄南秀之众韵，具有海纳百川之胸怀。绿地中各种活动培植的友善，也滋润着包容和谐的人际。美好的园林环境是迸发创新火花的摇篮。朱自清的“荷塘月色”、张志和的“斜风细雨不须归”以及李白的“花间一壶酒”都是园林中蕴酿的创新境界，不知激发了多少人的思维跨越。绿荫花间升华的厚德修养也是必然的。园林是宣传、践行和培植城市精神最好的园地。

12. 全国城市工作会议提出，城市生态修复、城市修补（城市双修）和重视加强“城市设计”，为城市园林开辟了新的工作领域，城市园林成为继续引领城市建设的重要引擎

盛世兴园林。我们已经进入了一个现代园林的新时代。在这样的背景下思考园林工作，视野会更广阔，也才有可能高屋建瓴地把握时代机遇。

二、城市园林近期发展遇到的若干挑战

改革开放近 40 年，我国经济与社会得到了史无前例的发展，中国城市园林也发生了巨大的革命性变化，并成为我国城市发展的最重要力量之一。它在改变城市的同时也收获了学科和行业发展的机遇。在此之前，以广场、行道树、10 公顷以下的中小型公共绿地和楼盘绿化为主的规模园林是我们城市园林的主体，以习近平同志为核心的党中央，已经带领我们进入了城市生态文明建设的新时代。大规模、大尺度的生态修复为主和原有园林建设并驾齐驱，给现代园林赋予新的时代使命和更加广阔的机遇。目前以生态修复、城市修补和城市设计为中心，以和谐宜居城市、海绵城市、智慧城市等为主线的城市工作，都在改变和充实着园林建设的新任务。

1. 园林在城市生态修复、城市修补和城市设计中前行

（1）大尺度、精细化

建设部周干峙部长生前说过，我们改善生态大致有三个层面：生态保护、生态修复和生态再塑。生态修复又应以自然修复为主，工程修复也是必要的，过去对园林较多的关注是亭台楼榭、曲径通幽、诗情画意，这些也是必要的，甚至也是生态的一部分。现在我们把视野多数对准大园林、大尺度和大生态。原来的眼界和思路已经不够了。“人与天调、师法自然”是园林的出发点又是归宿，然而人类社会发展不可避免又可能伤害自然。因此，保护自然、尊重自然、顺应自然，还要最小干预自然。大尺度园林往往营造的是大地景观，大片的纯林、混交林多了起来，但它又不是纯粹的林业，譬如长江流域的城市郊区营造大片的“梅林梅海”、香樟、水杉，天津滨海和渤海边大片的小叶白蜡，北京则是大片的国槐、垂柳、毛白杨。尺度大、片大可能带来粗放，按园林的要求恰恰又有精细化养护管理，在进军生态修复中，彰显园林的精细化，既还原大自然又高于大自然，既注意宏观又要注意细部。这正是新时代园林手段修复生态的重要特点即“大尺度、精细化”。如果不可能一下全部精细化，也可以一部分精细化，其他逐步精细化。这就是园林区别于林业的生态修复。

（2）绿化和公园基础设施建设为主，竖向和水体则要慎重

那些几到几十平方公里的大尺度园林在规划设计上动不动就挖湖堆山，调动景观用水对一些干旱城市可能是一场灾难。水量充沛的城市调动景观用水不必吝啬，但是那些连喝水都成问题的干旱城市则要理性对待，不能大笔一挥，几个亿的花销用来玩水，搞的一发而不可收，是不合算也是不允许的。

（3）生态修复要高度重视原有城市环境和文脉的延续，精细化而不是过度园林化

以北京“三山五园”周边环境整治为例，最初的很多方案几乎都是想重新塑造更多的传统园林，大有营造“七山八园”之势，用所谓新的古典园林去抢“三山五园”的风头，这些方案七改八改根本行不通。最终还是回到大面积拆迁违建和绿化，并恢复了当年“三山五园”周边的稻田和极少量的民居，甘当烘托“三山五园”主题的配角。北坞公园的设计和施工实践所呈现的景观，把握得十分准确得体，成为生态修复中尊重城市环境和古建文物的典范，在园林设计评奖中拔得头筹。

2．园林要成为“城市设计”的桥梁和纽带

用园林的手段驾驭城市三维空间，把各种城市要素联系起来，让园林成为城市设计的重要角色，应该引起更多地关注。园林是改善城市空间的主要手段和缓冲剂。高厦、立交、绿地、道路和公共艺术可能都很成功，然而，把它们放在一起，又可能支离破碎。园林艺术的介入可能一下子把一个城市组织得生动起来、艺术起来、深刻起来。

这是园林在城市中彰显的独特而不能替代的功能：各类园林要素把错落有致的建筑和道路组织起来，形成城市有机的、人性化的、现代的、有丰富内涵的艺术环境。这是园林独有的本事，大有文章可做。一句话：让园林在“城市设计”过程中发挥更大优势。我在北京顺义中粮广场、京东集团大厦和陕西韩城的一条古街看到了园林在城市设计中运用自如的范例。

3．塑造“大树景观”，同时对密植树木实行“减法设计”

一个城市要有大树、古树、老树来塑造城市景观，彰显城市的历史、文化、气质和品味。“槐树庄”讲述的是一个革命故事，“山楂树”则表达的是一个凄美的爱情故事，可见大树在城镇中的历史、文学意义。改革开放几十年后的今天，营造大树景观已经成为城市园林新的关注点。这并不是说要把别处的古树、老树实行“大搬家”，而是对城市现有的树（不包括行道树，行道树要一致），用施肥、灌溉等各项养护手段加快生长，逐步长成大树。这是很容易做到的事情，也只有这样，一个城市才可能逐步“长大”。这件事很重要，却很少有人去做。应引起高度重视，并付之以行动。

现在的情况是全国大部分城市绿化，都是以密植为主，不管是行道树还是绿地统统一样。一次我乘车走在一条公路上，近百公里的公路两侧，单排并列栽满两米株距的香樟和雪松。由于太密，香樟树冠横向挤满，雪松只留下一个纵向的树尖，树冠都已开始衰老，且互不相让。如不采取移植或减法手段，简直是一场灾难。这种局面肯定已维持了若干年，却从无人问津。

那些过分密植的小树由于营养面积不够，逐步变成“小老树”。一个问题提出来了——对行道和绿地植株过密要一律实行“减法设计”，成为一个共性的迫切需要认真对待的问题。这个全国性的情况至今没有引起高度重视。这一做法不仅对改善植株的营养条件，促进植物旺盛生长有利，还可以腾出大量的密植苗用于新的绿化工程或进行苗木储备。这个问题全世界多数国家几乎都不存在，这是某些领导期盼早出“效果”，而设计和施工部门也有按造价和比例取费的需求产生的恶果，需要政府决策出钱或用 PPP（政府与社会资本合作）企业参与的形式大力推进纠正。这正是新常态下城市园林绿化最需要关注的聚焦，“救救那些密植的小老树！”已经成为城市的良心。

4．扶持和引导园林企业的健康成长

城市园林经费除了部分来自政府财政和房地产商之外，吸收大批社会资金用于园林建设已经成为主流。一批大型园林企业以 PPP 形式投资园林，正在摸索经验逐步走向成熟。这需要政府、人大等部门立法，使投资企业的回报得到保障。园林是公益性的民生工程，企业只有得到回报才能可持续，政府的诚信是这一形式的保障。李克强总理在2017年政府工作报告中指出：落实和完善促进民间投资的政策措施。政府要带头讲诚信，决不能随意改变约定，绝不能“新官不理旧账”。

还要更多的关注全国五万多家（据不完全统计）园林中小企业，没有垫资融资的能力，找不到活源所遇到的无奈和尴尬。同时，政府“营改增”的税改，初衷本来是减轻企业负担，然而不少园林企业却面临着加税压力。这些改革中的实际问题将影响园林企业的生存。一是实力雄厚的大型企业虽然进入了发展的壮大期，甚至包揽着几亿、几十亿的项目，但是经常遇到不是施工力量薄弱，就是设计力量捉襟见肘，拿到大活的企业铺的摊子很大却找不到最好的设计单位，效果和质量难以保证。二是大中小园林企业都存在加强自身技术建设，提高园林品质的驾驭能力，使其逐步长翅膀、扩实力，赢得社会的承认。按照中央倡导的“工匠”精神，培训技术骨干，提高设计和施工水平，依据国际化的管理，搭上时代的列车，谋取更大的发展。当然，政府也要更多的关注和扶持园林中小企业，找到发展机会，在公平竞争中使其羽翼丰满，寻找适合自己的项目，在大浪淘沙中求得更多的就业机会。学会、协会和社团也要努力承担各种技术培训，以期发挥更大作用。

在经济发展新常态下这几个问题需要认真研究，让我们共同努力破解这些矛盾，才能迎来更快更好的发展。

5．园林文化一大堆，表达文化的手段和方式也极其丰富

中国传统文化的深邃含蓄和诗化境界，独树一帜，多彩斑斓，关键是要有深刻准确的驾驭能力，表达的方式力度拿捏得体，这本来是园林文化的优势所在。一片层林尽染、一幅雨打芭蕉，太湖鼋头渚的“包孕吴越”，西子湖畔“南屏晚钟”，都是相当精彩的意境。文化是一种气质和风采，凝聚着思想和精神。文化有多大就是多大，没有必要拼命“放大文化”，过分“解释文化”，图解“符号文化”。要从经典中吸取这些艺术营养，寻找时代和地域深刻的诗意情愫。中华文化的精髓本来就流淌在我们民族的血液中，和谐社会里那些美丽的文化就是百姓的千户炊烟、万家灯火。汶川地震那个四岁的男孩在危难中救人，正是中华民族慷慨善良的文化基因所在。无论决策者还是设计者都要提倡“解题”的设计思维和方法论，“意在笔先”是创作之首。要宏观把握鲜明、准确的立意，确定规划框架，把项目放在整个城市或区域环境中，结合现状对其性质、功能和形式定位，针对要解决的问题提出解题的办法和手段。总之，是实施综合性和实事求是的创作路线。方案确定后，细部决定成败，园林尤为如此。匠心往往要透过细部传达。作为一种“强迫艺术”，园林随时接受游人的品味和评说，要经得住推敲。景区往往要“不经意捻来”，细部却要“娓娓道出”，这些功底对设计施工人员都至关重要。

6．城市园林规划设计的某些误区

在园林规划设计百花齐放、成绩卓著的同时，作为专业人员应理性思考，冷静地看到某些不足。趋势是战略性的，不足则多是战术性的。

（1）小型园林多要素化：一块不大的公共绿地，运用过繁过多的手法，变成了设计人倾吐张力的实验场。某些局部也可能精彩，但节奏过于紧张，韵律缺乏统一，一篇文章多个主题，欠失章法。

（2）简单设计复杂化：不少绿地实际上只需要简单设计，甚至栽上几排树就挺不错的。用不着动不动就这理念那理念。20 是 50 年代天安门广场英雄纪念碑周边的油松、80 年代首都机场路的杨林大道都是简单设计的典范。收到大气、恢宏之效。简约有时更能体现身份，其实朴素本身就是理念。设计者暝思苦想追逐所谓“亮点”，表面文章做多了却显浮躁和好大喜功。当然，也并不是所有设计都要简单。

（3）设计标准奢豪化： 大量使用花岗岩、大理石、不锈钢、玻璃幕、高级灯具、进口喷泉等昂贵材料，少园林之美，多暴富之嫌。

（4）广场设计八股化： 低头是铺装（加草坪），平视见喷泉，仰脸看城雕，台阶加旗杆，中轴对称式，终点是政府。千孔一面、大同小异。忽视了广场休闲、纳凉、交际等社会功能。草多树少，大而不当。堂皇有余、朴素不足。

（5）绿荫不足硬质化： 大树少、铺装多。路面、池底、驳岸等混凝土化，阻隔地气，不透水、不环保。

（6）居住绿地山水化： 居住环境有别于公园，过分叠石理水，危及老幼安全。深浅高差过繁，影响居民出行。住区应多为居者设置绿荫和活动场地，而不是山水。

（7）小区景观展示化： 居住小区有限的空间左一个“威尼斯水桥”，右一个“爱奥尼柱式”，形象张扬显示华贵，环境排场取悦参观者。小区环境应该安静、安全、绿盖、舒缓，而不是扰民。有的植物配置十分讲究，路旁却故意不栽大树，忘记了把人当成小区的主体，给予遮荫呵护。

（8）集中绿地架空化： 随着小区功能的叠加，一些设施进入地下，有些是适当的，有些是无奈的。但是，把集中绿地全部架空，建车库、商场、会所、游泳池，整个楼盘下挖几层。绿地变成了不接地气的“大盆景”，无法保证生态健全。

（9）构图理念非哲理化： 平白无故的出锐角、加楔形、破轴线，片面理解“解构主义”，形象横眉冷对，尺度比例不当，秩序和思维混乱。

（10）“文化”运用标签化： 胡乱添加不着边际的文化标签，没有依据的张贴“文化”邮票。一块绿地展示多种文化。牵强附会。文化应该有多大就是多大。

（11）电脑设计浮躁化： 设计图板一大摞，天下景观一大抄，有用的却很少。把“人与天调”“师法自然”当作口头禅和教条，头戴三尺帽。

（12）“小楷”不就“狂草”化： 不注意基本功，不考虑功能需求，尤其是那些故作深沉、形象浅薄的所谓城雕。七棱八角的变化，以“假帅”代替“狂草”，以玩酷充当超前。摆在那里欲拆浪费，欲留累赘。优秀的雕塑家淹没在人人搞雕塑的平庸中。

（13）植物配置与景区划分程式化： 一讲植物造景就是春夏秋冬四季园。千篇一律的“三季有花、四季长青”。“常绿与落叶相结合、乔灌果篱草相结合”云云。不管条件是否具备，需不需要，都设置水景、水法和景区的“四字经”。

（14）立树成景反季节化： 大幕拉开的剪彩一瞬，正是媒体报道舆论强势之时。为这一刻的最佳效果，反季节栽大树成了一道新风景。这种加大成本和违背植物生长习性的做法，不应成为绿化工程的主流。园林成品需要生长期的支持，当年不可能收获最佳景观。

（15）寻求猎奇世俗化潮流化： 曾经的北方园林江南化，以及后来的欧风、日风、洋风的光顾，当然这其中不乏有成功的作品，但作为一种潮流和时尚，势必走向世俗。

（16）置景手段舞美化：把影视置景和舞美手段搬到园林里来，其中有些艺术质量尚可，并为园林注入了一些现代意识。但是如果每每皆是竹篱茅舍，断垣残壁、寒窗瓦窑、鱼网井台，我们必将输给影视舞美界，丢掉园林的本分。

7．休憩——城市园林的永恒命题

生态和休憩是城市园林的两大支柱功能，让大批城市人进入公园绿地享受生活，这一命题至今没有研究透，解决好。譬如，公园避险功能的释放，安全、减噪体系的建设，坐凳、厕所的设置，交通系统的完善，救护、照明、水源、输变电等基础设施，都是民生问题。还有绿地的排洪防险、雨洪和污水的分流、景观用水的净化等，哪一样都少不了。每每都是一篇大文章。当然，城市园林的伪生态、假文化等值得商榷的问题，也有一大堆。

三、悟语

中国园林在历史上曾有过辉煌。隋唐宋和康雍乾的盛世园林，那些山水园林、文学园林、宅院园林都曾有过辉煌。今天城市园林则进入一个为人居服务的全新时代。既要体现社会功能又要实现对自然山水的最小干预。这些既是园林的也是城市的出发点和归宿。设计者应有较全面的修养，高足点、大视野、全方位的把握。任何单纯或极端地追逐其中一种功能，都可能是不完整的。创作思维在科技飞速发展和信息爆炸的现实面前也在裂变。生态的、传统的、后现代的以及批判的把城市推向过于雕凿的思想，显现着平等的对话和海纳百川的包容。

足够的绿量，讲究的构图，精良的施工，适度的文化品位，体现对人的关怀和找到独特的创新视角，这些是园林设计与时俱进的新思维。过分的非哲理化、让人看不懂；过分的程式化，又会落入俗套。专家、领导（或业主）、群众之间存在着一条夹缝，走出这条夹缝，前面才是一片蓝天。

要加强园林学科的理论建设。搭建规划设计和理论争鸣的平台，提倡各种学术观点的公平对话，用更高的理论水平来支撑和指导专业。重振我国在世界风景园林学科的风采和地位。在全国城市工作会议的指引下，我们要站在新的制高点上按照“看得见山，露得出水，留得住乡愁”和青山绿水就是金山银山的科学理念，出新招、敢担当、拿捏得体，创建人与自然和谐的生态园林城市。

关于北京园林文化
大发展大繁荣的一些思考

各行各业都在学习中央关于文化大发展大繁荣的精神，并思考如何贯彻中央要求，立足本行业，做出准确的分析和判断，形成落实意见。

文化是民族的血液，是人民的精神家园。北京园林文化的讨论和实践，从新中国成立初期至今基本一直没有中断。北京古典园林和现代园林的修缮与建设成果，都是在这一过程中不同时期的产物。老一辈国家领导人非常重视北京园林文化，充分认识到北京皇家园林在世界的地位和价值，当时组建第一届北京市人民委员会（政府）只有十个局的编制，就有独立的北京市园林局。从那时起，颐和园、天坛、北海乃至十三陵、八达岭、潭柘寺等风景园林的修缮整理，根据国力逐步展开。在科学保护利用和修旧如故的建设原则指导下，成果辉煌。现代园林在继承传统和适应新时代功能要求两方面也做了富有成效的有益探索。总体上讲，北京园林大气、简约、恢宏、壮丽、朴素和富有哲理的造园风格已经形成。在北京文化的大格局中，园林文化一直是一枝奇葩，受到国内外的关注和肯定，显示着它的身份和地位。

一、北京园林文化的时代背景

首先，现代园林的生态、景观、文化、休憩和减灾避险五大功能的定位，已经得到业内和社会的普遍认同。

这其中“生态优先”“以人为本”和“物种多样性”的基本理念，在这些功能中占据着主导地位。绿化是改善城市生态唯一的主动手段，并塑造着城市景观。绿荫把个性不同的高厦连起来，发挥着协调和统一的纽带作用，成为城市绿色的“裙衣”。许多城市文化通过公园、绿地空间来表达，同时它又是群众健身、游览和舒缓情绪的休憩之地，在非典和抗震等各种城市灾害中展露出独特的避险功能。城市离不开公园绿地。

第二，今天公园绿地已经成为城镇人民的生活方式，是城市化重要的里程碑，是城市进行曲的主旋律之一。

过去公园绿地是城市的奢侈品，“逛”公园不那么容易，主要是因为公园太少。今天，公园绿地已经成为人民大众健身消遣的必需品、消费品。公园已经进入千家万户。有人甚至把公园健身看得和吃饭一样重要。这是一个享受公园的新时代，它成为一种普及了的生活方式，只有今天公园的功能才发挥得如此淋漓尽致。公园绿地正像高速公路、互联网、电视一样在改变着社会和人。

第三，园林绿化建设促进了城乡大发展，公园与城市之间形成良性互动、互促的发展态势。

公园绿地建设不仅是城市化的重要标志，也是民生工程。作为转变经济发展方式发展生态文明建设的工程项目，是拉动内需、惠及民生的重要投资方向。园林绿化还对城市环境的整体提升、新建楼盘环境品质的塑造，特别是筹办奥运期间，对环境水平的贡献作用都是巨大的。皇家园林、现代园林都是旅游业和文化创意产业的重要依托，文化深厚的公园还带动着旅游、交通、出版、影视、艺术生产各行各业。

第四，北京古典园林的新生是60多年成就的重要亮点。

北京是世界上皇家园林含量最多的城市。京华园林丰厚的历史积淀，皇家园林所独有的浩然王气，使它成为一部异彩纷呈的大百科。这些世界级的文化遗产经历了清末和民国的战乱，从满目疮痍到半个多世纪的休养生息，大部分恢复了历史原貌或者达到历史上最好的时期。特别是筹办奥运，对颐和园佛香阁长廊、天坛祈年殿轴线以及北海琼岛景区三大皇家园林的全面修缮，使之金碧辉煌和修旧如故，是园林修缮的一次高峰。

第五，现代园林在发展中正在走向多元、开放和包容。

从传统到现代，从文脉到时尚，现代公园绿地走到今天已发生了巨大的变化。虽然各国都有自己的传统文脉，全球经济一体化已经导致城市现代生活的趋同。园林与城市规划、建筑各学科一样，都在尽量保留传统文化的前提下，顺应城市发展大潮，其成果都具有社会思潮和现代生活反哺的印记。因此，城市园林在继承文脉和走向国际化两方面将并存。一个多元化园林创作的趋势将不可避免，程式化将让位于功能与形式的多样化，时代感可能带来走向国际趋同的一面，文脉又让我们不时地从民族、地域中寻找到文化亮点。两者在高层面上的对接（或并存），可能是新世纪园林文化的趋势和众生相。无论如何，园林是以植物作为主体，设计者有责任以清新的环境给人以“良丹”，来治疗由混凝土和机动车伴生的现代城市病。在园林中当家的永远是绿荫、花卉（有时还有草坪、水体）。同样是树木花草，又有不同的设计构思，创作出千变万化的画图，这些是永恒的。世俗化、潮流化则可能是来去匆匆的过客。足够的绿量、讲究的构图、精良的施工、适度的文化品位，体现对人的关怀和找到独特的创新视角，这些就是今天园林规划设计与时俱进的新思维。群众的喜闻乐见是必需的，而理念的前瞻性和把握设计潮流和趋势的准确性也很重要。传统园林在今天的园林创作中依然有许多借鉴启示之益，并将与时俱进、立足本土、博采众长。

第六，经济与社会的发展在催生园林学科内涵与外延的不断扩出，园林正在承担更广泛的使命。

园林学科方向将面对全球温室效应和气候变化，面对资源枯竭型城市转型和生态保护、修复、再塑，面对国土规划、城市规划、绿地系统规划、工业遗产地（棕地）改造等新的课题。譬如城市中心区与新城、新城与新城间的绿化隔离带和楔形绿地的新布局，高速公路、高铁、空港对城市的改变将面对相应绿地的新要求，正在兴起的城市内部和城市间的“绿道”建设等。科技发展、人口增多、交通拥堵、城市灾害、人的行为多变等，地球变得更加扑朔迷离。谁会想到沉睡了千万年的湿地，今天一夜走俏，变成时尚，引起社会那么大的关注。我们的学者已经与国外联合承担气候改变城市，园林干预气候的课题，如此等等。

世界在变，中国也在变。园林已经不是传统意义上的学科范围。它正与相邻学科、边缘领域融合、渗透、对接。生态学、环境科学、园艺学、现代农业、林业、花卉业、环境艺术、公共艺术……还有那些相关的社会科学、文化历史、思想艺术等，变得谁也离不开谁，相互依存、借鉴。而风景园林在城市科学中还依然处在一定的主导地位。

第七，从市区走向市域，构建城乡统筹、城乡一体的绿地系统是近年城市园林绿化建设的最大进步。

从见缝插绿的随意性走上规划建绿，并走向绿量、绿质和科学绿地结构为一体的城市绿地系统，这是近几年城市园林绿化视野的重大改变。而这一系统在实践中又不断完善，从市区推而广之，发展到城乡一体并覆盖整个市域。它还是实行城乡统筹中纳入建设小城镇、新农村的重要内容。园林绿化在市区不断完善的前提下，其工作重点不断向市郊转移。这是一个巨大的进步，从近几年新城万亩滨河森林公园、郊野公园到营造百万亩平原森林的重大举措，都是完善城市绿地系统的伟大实践。最近区域经济发展和城市群的出现，将给区域绿地系统提出更高的要求，并逐步发展为国土绿地系统。园林工作者不仅要驾驭园林绿化的规划建设，还参与城市总体规划和介入城市设计。

第八，创建国家园林城市和长期的园林建设实践，为中国特色的城市规划、建设、管理和运行，积累了丰富的经验。

在创建国家园林城市的工作实践中，坚持的一些原则也很值得总结。例如：城市规划坚持法定绿地率和植物造景、绿化为主的原则；坚持生态优先以人为本、体现对人的关怀的原则；坚持生物多样性的原则；坚持大气、简约和赋予时代感的设计风格；坚持传统文脉与现代风格结合或并存的原则；坚持节约型园林的原则；坚持工程出精品和阳光工程的原则；坚持以地带（乡土）树种为主，适当引进新优品种和运用园林科技新成果的原则；坚持生态、景观、文化、休憩和减灾五大功能的原则；坚持城乡一体、城乡统筹的原则等等。提倡使用环保节能材料；提倡节水、使用再生水和集水技术的措施；提倡生物防治、少用农药等有污染的材料。实现以生态为核心、以人文为主线、以景观为载体、以空间优化为基础新型的绿地系统。

第九，规划、建筑、园林三个一级学科的一体化是对世界人居理论的贡献和创新。

2011 年我国把城市规划学和风景园林学上升为一级学科，与建筑学科并列，成为人居学科的三大支柱，这是国家生态文明建设战略的呼唤。它将意味着风景园林学科和行业要承担更重要的经济社会发展的使命。

第十，园林文化肩负着构建国际化和谐宜居之都、践行北京精神之重任。

北京正在构建国际化和谐宜居之都，其中生态环境质量、文化气质、景观特色、绿地水平都是评价体系的重要内容。园林是城市生态环境的核心保证，也表达着文化景观气质风采。北京不缺高厦、立交和绿地，缺的是这些城市要素共同塑造的高端环境。园林正是组织这一环境的关键手段。城市环境美丽、深邃并富有活力，园林是解题的钥匙。北京有世界上最伟大的皇家园林，深厚的文化积淀以及现代园林的多元展示和综合功能。高质量的园林环境潜移默化地陶冶培植人们的自信和身份感，只有建设生态型园林城市才有可能走向世界城市的彼岸。

北京精神与园林文化一脉相承。园林散发在这片土地的文化甘露，与北京精神内涵完全一致。大部分历史园林都是最重要的爱国主义教育基地。园林是博采北雄南秀之众韵，具有海纳百川之胸怀，是包容文化的典范。绿地中各种活动培植的友善帮助，也滋润着包容和谐的人际。美好园林绿色天地是生产创新火花的摇篮。朱自清的“荷塘月色”、张志和的“斜风细雨不须归”以及李白的“花间一壶酒”都是园林中酝酿的创新境界，不知激发了多少人的思维跨越，绿荫花间升华的厚德修养也是必然的。园林是宣传、践行和培植北京精神最好的园地。

盛世兴园林。我们已经进入了一个现代园林的新时代，在这样的背景下思考园林文化，视野会更广阔，也才有可能高屋建瓴地把握时代机遇，迎接园林文化的大发展大繁荣。

二、园林的基本属性是城镇，是城市化，是人居环境

规划建设城市园林绿地是人类在实践中认识城市、规划城市过程中最伟大的发现、最重要的进步。城市是人类的聚集地，这个地块从古至今只有永续利用，城市才能生存、发展、进步并延续至今。园林绿化是城市生态环保、休憩、景观、文化和舒缓空间、减灾避险的重要保障，是可持续发展的必要手段，是城市诸要素中不可或缺的构成，城市绿地的比例与优劣成为衡量“宜居”的重要尺度。

风景园林学的定义是规划、设计、保护、建设和管理户外境域的学科，核心是户外空间营造，这个户外空间，当然是城市为主。根本使命是协调人和自然之间的关系，风景园林与建筑及城市构成图底关系，相辅相成，是人居理论支柱性学科之一。园林则是以一定的地块，用科学和艺术的原则进行创作而形成的一个美的自然和美的生活境域（汪菊渊《中国古代园林史》）。

这里讲的根本使命，就是要解决在城市化进程中如何顺应与自然的协调，使城市发展与生态保护和谐统一。“天人合一”“人与天调”“师法自然”这些理念是园林的基本立足点、出发点，也是归宿，当然也是城市的立足点、出发点和归宿。有人讲园林即城市，就是说用园林的理念和手段（方法论）协调人与自然的关系，这也是城市发展的基本理念。这当中包括科技与艺术的手段，科技使园林技术不断进步，实现园林功能的最大化，如增加绿量、绿质和绿地的合理布局；艺术则是塑造城市文化，陶冶情操，升华城市气质，呵护城市文脉。科技与艺术手段都是城市的文化表达。有人讲，文化即人化，艺术即人工化。就是说，所有这些都是通过人的努力完成的。在城市化的进程中，

园林一直与城市发展相伴。没有城市就没有园林（游离于城市之外的园林也是城市的一部分），没有园林的城市也是不可想象的。城市与园林是相互依存的，这正是每一个城市的绿地率都要超过城市用地的三分之一以上的基本解释。

中共十七大首次提出建设生态文明，并把其定义为人类在改造客观世界的同时，积极改善和优化人与自然的关系，建设科学的生态运行机制和良好生活状况的总和。园林不是城市生态文明的全部（还有绿色农业、绿色食品、绿色 GDP 等等），但肯定是城市生态文明建设的核心内容。园林是城市经济与社会发展相伴的产物。园囿宫苑到文人、市井园林、庭院街道园林都是如此。从传统园林到城市绿化再到城乡一体的绿地系统，这条绿色轴线正是园林伴生城市的例证。园林承担着城市文明建设最重要最直接的任务，这也是当前其他行业受经济环境影响下滑，而城市园林发展依然火热的基本解释。由此可见，园林的基本属性是城镇、是城市化、是人居环境。当然，是城市中的园林，还是园林中的城市，这个问题还需要研究商榷。

三、关于传统园林文化与现代园林文化

中国被称为“世界园林之母”，是因为我们有丰富的园林植物资源和博大精深的园林艺术，有在世界上堪称绝佳的传统园林范例和理论。

北京作为历史文化名城、世界著名古都，最重要的人文品牌首先是反映灿烂文化的文物古建和皇家园林（简称古建园林）。北京是世界各大都市中皇家园林含量最多的城市。京华园林丰富的历史积淀，皇家园林所独有的浩然王气，使之成为一部异彩纷呈的大百科。有人讲京剧、烹饪、书画和园林是北京的四大国粹，这其中园林之花格外夺目。皇家园林经历了清末悲剧和历史沧桑，从满目疮痍到半世纪的休养生息，大部分又恢复了历史原貌，重新绽开笑颜，颐和园、天坛、八达岭、十三陵，当然也包括承德的避暑山庄，遵化和易县的清东、西陵，沈阳皇陵以及苏杭风景园林，这些都已纳入世界文化遗产。联合国宣传中国的主要文化标志就是八达岭和天坛祈年殿。传统的风景园林作为遗产已成为北京最宝贵的文化财富，我们应以自豪和敬畏之心对待这些遗产。

从古至今，北京都是荟萃国之精英的文化竞技场，绽开中华各路风采的百花园。北京的传统园林更是博采北雄南秀之众韵，具有海纳百川之胸怀。盛清昆明湖西堤以及谐趣园（借鉴西湖苏堤、无锡寄畅园），现今集园内古亭精粹之陶然亭名亭园都是吸纳各地园林营养的例证。无论皇族王室之园，还是名公巨卿之庭，都以其深刻的文化底蕴和情趣令人回味，具有极高的艺术品位和不可替代的历史价值。今天我们园林人不仅要用更多的新绿浸润它，还要用更细的匠心保护它、修复它、完善它。而在传统园林的修葺中，要尊重历史并持谨慎科学的态度，吸纳种种社会、历史、自然与艺术的营养，以翔实的史料为依据。今天北京古典园林的新生将会载入史册。

传统园林理论的继承、发扬与创新是一篇大文章。纯传统所呈现的环境、建筑、园林与现代生活相距甚远，封闭的布局为现代生活所摒弃，与城市也难以融合，完全复制传统园林与时代需求已有差距。但是中国传统园林的理念和技法，至今依然是城市规划、建筑、园林实践最重要的依据和手段。天人合一、师法自然、诗情画意、宜居环境、“巧于因借、精在体宜”、循序渐进的景观序列、

委婉含蓄的诗意表达、小中见大欲露先藏等手法，以及借景、对景、框景等等都在被广泛借鉴运用，并有深刻的现实意义。将这些融入现代规划设计，并立足本土、博采众长、把握趋势、与时俱进，予以创新发展。总之是把人类与自然融为一体，而不是主宰自然。总体上讲，吸取这些园林传统的营养，变被动为主动，则成为我们这时代突出的特征。过去一想到园林创作，往往马上把亭台楼榭、山石小桥搬到园里来，一时间园林几乎成为传统手段和符号的代言者。城市是现代的，园林则是传统的。似乎传统城市文化只能靠园林来表达这是不公平的。现代社会生活因时代发生巨变。现代规划理念、现代建筑，还包括电脑、互联网、高速公路、高铁都在改变着社会形态，园林也要紧随时代，一方面继承传统同时也要适应现代社会需求。传统与现代、文脉与时尚在当今的碰撞是空前的、不可避免的，这是时代特点。时尚是有时代局限性的，往往用“快餐”来形容时尚变化之快。当然，时尚通过大浪淘沙，留下来的就会逐步从“快餐”变为半永恒直至永恒，纳入新的文脉秩序之中。

现代园林体现的是在生态优先、以人为本、生物多样性原则下，从传统园林到城市绿化再到城乡一体的绿地系统的城市化进程。更多的表达则是宜居、可持续、低碳等等理念。现代园林并不是发达国家的专利。正如我们有传统园林文脉一样，英国的疏林草地、法国的整形式园林、意大利台地、日本的枯山水，各国都有自己的传统文脉。现代园林则是面向并服务于全社会和整个城市。

四、确立“北京市区园林古建文物体系”，开启文物旅游新思维

北京有 3 000 年的建城史，850 多年的建都史，是世界著名古都、历史文化名城。它不仅在世界城市史上占有重要地位，随着对外开放，世界在重新认识北京。

1. 两个北京的偶合体。高厦林立、道路纵横的现代北京，与沿着历史进程不断积淀和遗存的古建园林的文物北京。两者并存、交融、对话，形成现代文化与传统文物文化的偶合体，这在当代世界城市中具有典型意义。世界上有些城市古建园林文物是整体保护的，如罗马、巴黎、佛罗伦萨、布拉格，也有不少城市是偶合保护的，如莫斯科、首尔，也包括北京。但是无论如何，北京的形象标志依然是故宫、天坛、八达岭这些世界级的风景园林古建文化符号。

2. 北京古建园林文物的三大板块。北京古建园林文物分布大体为三大板块：以故宫为中、三海为辅、天地日月坛为衬和星罗棋布的寺庙宅院为底的中心城区文物板块；以颐和园、圆明园等三山五园为代表的小西山皇家园林风景区板块；还有分布于太行山、燕山余脉相交的西北部远郊的文物群，如大葆台、卢沟桥、潭柘寺、戒台寺、云居寺、红螺寺、八达岭、十三陵、慕田峪等为代表的第三板块。其中，第一板块是与现代北京深度交错纠葛又并存相容的聚焦。

3. 北京市中心区古建园林文物体系的确立。现代化城市建设以其迅猛之势，使北京的形象正在迅速改变、提升。不用回避，现代北京正在淹没、淡化历史文物北京的分量，这是事实。从飞机上鸟瞰北京，除了故宫的黄面、北海的白点和天坛的绿块，粗看上去已是混凝土的森林和楼顶的海洋。不要着急，如果把四环以内的现有文物文化建筑和园林景观加以修复和梳理，并归纳为体系，再虚化现代北京的实体，一个北京城区古建园林文物的五脏六腑却还依稀可见。按历史时代脉络的体系，按地域区位分布的体系，沿城市旧路网络和护城河长河的水系，形成的那些串联和并联的文物斑点，

是何等的让人一下子激动起来，雀跃起来。一个举世无双的令人振奋的北京城区古建园林文物体系依然那么清晰地显示出来。

4. 剥离高厦，让古建园林文物体系北京浮出地面。规划展览馆的城区模型，让观者刮目兴叹——北京的伟大在于日新月异、不断前进。如果设想在这个模型的咫尺，再做一个剥离、虚化、取消现代北京的市中心区古建园林文物体系模型（已经破坏了的不可再生的文物不必再现），剩下的故宫、三海、六坛、庙宇、道观、故居、宅院、水系、路网、园林、部分城楼，用绿色走廊将其连接。啊！一个令人神往的文物文化北京不仅美丽深邃还是那么容易形成一个完整的巨大的体系。是的，是体系。是我们的先辈宗祖用历史的笔墨描绘勾勒的历史北京。

5. 文化中心的再认识。规划修编赋予北京市的四大功能，算起来文化功能的彰显相对最弱。北京是政治中心不言而喻，是文化中心，不是一个虚拟的概念，是一个可触可及的文化实体。北京文化是中华文化的重要构成，是体现中国历史文明的首要窗口和聚焦亮点。文化当然包括现代文化，对北京更重要的则是历史文化这一实体，其中古建园林文物正是具有北京文化唯一性的重要表达，是谁都夺不走，诋毁不了的物质形式的文化。当然还有昆曲、京剧、宗教、民俗等非物质文化，这里不去赘述。从北京城市的定位，以人文认识的一般概念，古建园林文物这张美丽独特的王牌打出来，一个浩然大国之都的形象一目了然，这就是历史文化的魅力。有了文化中心的定位，就要揭示其文化内涵，不然这个中心是虚的。

6. 几点建议

（1）首先研究搭建北京市中心区古建园林文物体系的理论范畴。界定范围和级别规制，笔者粗认以四环以内为界较具可操作性。从图上体系走向三维体系，在电脑上形成三维动态的中心区文物体系图像；从模型上让人感受古建园林文物体系的历史氛围和沧桑变迁；从理论上认识并体验历史北京的文化意义和现实意义；从课堂上让后辈看到一个现实存在的历史北京。

（2）规划建设北京市中心区古建园林文物体系。随着北京市规划修编的深化，城市中心区的功能定位，一个弱化四环以内城市新项建设的趋势将是必然的。弱化建设，虚化现实，将古建园林从现代北京与文物北京的偶合体中剥离出来，有意识地重新让古建园林浮出地面。还要研究现代北京与古建园林文物北京的和谐理论，用中庸、包容、和而不同等一些理念建立两者的桥梁纽带，一个现代前沿的北京与一个古代独有的北京在规划建设中走向协调、融合、统一、和谐。（当然，有时对比也许是更高层面的统一协调，这需要理论支持。）

（3）分期、分批、分段修复文物，用绿色廊道逐步链接，用十几年的时间实现古建园林文物体系的建设，对后代有个交代。不是一下子全建成，冲动是没有用的。在图上、模型上、电脑里统一筹划年度建设规划，划定区段、时段。

举例说明：

例一，把五塔寺、畅观楼、福荫紫竹院、广源桥、苏州街、延庆寺、万寿寺用长河串联起来，建设北京的新“清明上河图”。

例二，把朝阜路上鲁迅故居、历代帝王庙、广济寺、西什库教堂、国家图书馆、三海、景山、故宫、北大红楼、美术馆、东四清真寺、孚王府、东岳庙等串联起来，开展文化一条街几日游，并带动古建园林文物修葺，形成世界上最著名的古建园林文物大街。

例三，把段祺瑞执政府、赵家楼旧址、“三一八”惨案发生地、孙中山故居、北大红楼、三眼井故居、辅仁旧址、鲁迅故居等串联起来，建设近代民主革命和新文化运动廊道。

这样，一步步、一串串，从支离破碎归于修葺成系，逐步地扎实地完成所有子项目。

（4）建议成立北京市古建园林文物修缮协调机构，由市政府牵头，中央、军队、院校等驻京单位配合支持，每年盘点工作目标完成情况，一定会有实效、有成果，老百姓支持，全国、全世界都会支持。

这一善事应成为北京文化创意产业的新思维。这不仅是寻找古建园林文物北京的最后机遇，也是带动现代旅游经济的有效手段。更是所有北京人、中国人对北京历史文化的衷肠倾诉。

五、古建园林应该成为文化创意产业的重要着力点

北京文化创意产业从开始被关注走到今天，时间短、成效大，产值比例直线上升。但是，一些我们在搞、别人也能搞的“创意”产业，一开始很红火，后来也有可能搞不过别的城市而萧条。只有这些创意具有唯一性，才最有生命力。数字、动漫、影视、古玩都火起来了，但是偌大中国，这些在北京并不具备唯一性。古建园林应成为北京文化创意产业的着力点。因为只有它具备可贵的唯一性。

提到文化，往往马上想到文学艺术；提到文化产业，又会想到影视、时装；提到文化创意产业，往往又把画家村、中关村、演艺业连在一起。其实文化范畴十分广泛。北京文化从周口店“北京人”开始，可以涉及文物、建筑、园林、烹调、京剧、方言、宗教、民俗等诸多方面。有人提出研讨确立北京“大文化”，由于不同门类文化归属不同部门管，以至对文化创意产业关注的面有局限，不归文化部门管的，考虑就相对少。

在诸多北京城市文化当中，你会马上找到一颗璀璨的明珠——京华古建园林文化。是的，古建园林在北京的现实地位和历史地位，确实是突出的，是北京独有的最具代表性的文化。北京的皇家园林世界第一。北京的古建筑使它堪称世界三大最著名的古都，即北京、巴黎、罗马。别说颐和园、北海、故宫乾隆花园，就是那些王府园林，恭王府、醇王府、那家花园、半亩园……哪儿哪儿都透着文化。犄角旮旯都能寻觅一个个值得争论的题材。加上那些恬静的四合院，蝉鸣的老胡同，残砖陋瓦的城墙、坛墙，歪脖枯枝的槐柏，处处都能抖出一个个神秘有趣的故事。晚报上登，杂志上写，弄得大伙茶余饭后没完没了的琢磨。连国外的韩素音、基辛格都一趟趟不厌其烦，穿洋过海寻幽探古。北京实在是一部永远写不完的书。京华古建园林的浩瀚与深邃，使它表达的城市文化在世界上具有唯一性。

记得有一年电视上播出《乔家大院》，惹得五一节几天去了六七十万人，太原派了几千名警察去维持秩序。说实在的，山西省在利用文化符号推销自己上，确实很成功：乔家大院、走西口、一把酸枣、晋商文化、黄河情等等。北京随便找一处古建园林，其文化内涵或由此衍生的故事，甚至是荒诞传闻，都不比乔家大院逊色。别说天坛、故宫，就是潭柘寺、红螺寺、畅观楼、庆霄楼、淡宁堂、幽风堂、蓟门烟树、金台夕照等等。我查了一下文化创意产业的概念，有一条就是文化的外延和扩展，哪一个景点和故事稍微一扩展都不得了。俄国有托尔斯泰，中国的小说巨匠首推曹雪芹，

但是有谁知道曹雪芹著书黄叶村就发生在北京西山？就是说红楼梦诞生于北京。乔家大院的分量能与之相比吗？还譬如，乾隆皇帝在建完圆明园后，本想不再花百姓的钱修建园林了。有一天，他突然产生构思清漪园（颐和园）的创作冲动，以其矛盾的心理，促使他用完美的艺术表达，又建成了清漪园，而他本人则反省自律，建成后一次没在颐和园住过，只留下了1 500首赞美颐和园的诗。总之，园林的故事太多了，创意来创意去，哪能忘掉北京最具优势的古建园林这一重要品牌呢？一首《太阳岛上》，把一个不起眼的太阳岛唱成旅游宝地，少林寺、庐山也是这么红火起来的。这是一种潜在的文化生产力，是文化创意迸发的火花。在北京市政协我曾建议过朝阜路中国文化第一街，并在当时北京市委主要领导同志的支持下，把建议写入了当年的政府工作报告。因为它是北京文化历史风情的长卷。这么多的古建园林集中在一条街上，中国没有，世界也少有。我讲巴黎有条塞纳河，北京有条朝阜路，难道这一文化优势不值得去扩展吗？《基督山伯爵》《巴黎圣母院》《卡萨布兰卡》《华沙一条街》《罗马不设防的城市》《上海滩》都是地域品牌的创意影视产品。当然，也不一定每每古建园林都要去拍电视剧，外延扩展的方式和手段多了去了，多种多样。政府应该关注古建园林，找一些专家深入研究，这比潘家园、大山子、宋庄更有得可做。

六、吸取传统营养、开启创新思维，全面提高城市园林文化水平

城市园林文化固然与施工养护管理和运行中的匠心以及精细化质量相关，但更多的则体现在规划设计的理论功底和艺术手段的把握和创新方面。园林应该说是我国一门古老又年轻的学科。说它古老是因为我国造园史可以追溯到几千年前，有一批成为世界文化遗产的传统园林范例和实践理论，再加上我国丰富的园林植物资源，荣幸地被誉为“世界园林之母”。说它年轻是这门学科在实践中发展、演变和现代生活的融合接轨，又是近几十年的事。20世纪五六十年代由于国力有限，除了个别优秀作品，园林总体上还处于比较初级的水平。受传统园林和苏联城市与居民区绿化及文化休息公园理论的影响，一般地讲，轴线、景区、山水绿地，加上传统的或革新式的园林建筑符号，成为园林设计的普遍模式。人们心目中的公园就是绿荫下的亭台。改革开放以来，城市功能逐步健全，园林观念在不断探索深化和完善，设计队伍在扩大。在实践中，设计人员结合国情在继续从传统文脉中吸取营养的基础上，吸纳国外新思潮新理念，顺应现代需求创造了一些较好的作品。不少风景园林师不仅主导着园林规划设计，还参与城市规划，介入城市设计。在更大更宽层面上发挥作用。设计者在社会思潮、学术动向和决策者喜恶的夹缝中，探索、追逐、捕捉，以求适者生存。主流是好的，但要找到既能为群众乐见和专家认同，又能成为经典的作品还不多。

譬如，一块不大的公共绿地，运用过繁过多的手法成为设计人倾吐张力的实验场，一篇文章多个主题欠失章法；本来简单的设计动不动就理念一大堆，殊不知简约朴素就是理念；用各种昂贵奢豪的材料堆砌，少园林之美多暴富之嫌；广场设计八股化，低头是铺装（加草地），平视见旱泉，仰脸看城雕，台阶加旗杆，中轴对称式，终点是政府，千孔一面、大同小异，忽略了广场休闲交际功能，草多树少、大而不当；铺装、池底硬质化，不透水阻隔地气；居住绿化过分山水化，环境排场，取悦参观者，对住民则不安全、不安宁；集中绿地因修车库、会所全部架空；平面构图非哲理化，

加楔形、破轴线，尺度不当秩序混乱；用电脑技术天下景观一大抄，出图一大摞；把“人与天调、师法自然”当作口头禅，实际方案则与其相反；不少城雕七棱八角的变化，以假帅代替狂草；植物配置则是春夏秋冬四季园，三季有花四季常青等等；不顾施工成本，立树成景反季节化，以及寻求猎奇世俗化、潮流化等等。

在把握表达园林文化上也往往呈现浮躁浅薄之风。当然不仅园林，各行各业都有类似情况。决策者、设计者从某些功利出发，煞费心机放大文化，用具象符号不断解释文化，唯恐别人看不明白。例如，把雕塑尺度放大再放大；为一些所谓的名人修广场建故居，筑与其身份不相称的纪念馆；把本来很自然朴素的风景区“加工”为城市园林。园林文化一大堆，表达文化的手段和方式也极其丰富，中国传统文化的深邃含蓄和诗化境界，独树一帜多彩斑斓，关键是要有深刻准确的驾驭能力，表达的方式力度拿捏得体，这本来是园林文化的优势所在。一片层林尽染，一幅雨打芭蕉，太湖鼋头渚的“包孕吴越”，西子湖畔“南屏晚钟”，都是相当精彩的意境。文化是一种气质风采，凝聚着思想精神。文化有多大就是多大，没有必要也不可能拼命放大，过分具象图解。一位名人讲：中华文化的精髓本来就流淌在我们民族的血液中，和谐社会里那些美丽的文化就是百姓的千户炊烟、万家灯火。汶川地震那个四岁小孩不顾生命危险去救别人，这就是我们民族慷慨善良、以救人为己任的文化基因的突出表现,可见要抓住真谛表达深刻的思想内涵。不反对通过公共艺术恰如其分点出主题，但要惟妙惟肖。一个安徒生笔下的“海的女儿”，一个亨利·摩尔的抽象人体成为公共艺术的典范，要从经典中吸取这些艺术营养，寻找时代和地域深刻的诗意情愫。

无论决策者还是设计者都要提倡“解题”的设计思维和方法论，“意在笔先”是创作之首。要宏观把握鲜明、准确的立意，确定规划框架，把项目放在整个城市或区域环境中，结合现状对其性质、功能和形式定位，针对要解决的问题提出解题的办法和手段。总之，是实施综合性和实事求是的创作路线。方案确定后，细部决定成败，园林尤为如此。匠心往往要透过细部传达。作为一种“强迫艺术”，园林随时接受游人的品位和评说，要经得住推敲。景区往往要“不经意捻来”，细部却要“娓娓道出”，这些功底对设计施工人员都至关重要。

值得欣慰的是，一代风景园林师的成长，使规划设计的思路已经大大拓宽。创作思维在科技飞速发展和信息爆炸的现实面前，也在裂变之中。各种观点以及批判把城市推向过于雕琢的思潮，在规划设计平台上，显现了平等的对话和海纳百川的包容。然而不管发生了什么，园林的主体永远是源于自然高于自然的绿色空间，即“人化自然”。世俗和潮流将是匆匆过客。关键是驾驭文化的人要多读书沉下心来，深入生活深入实际，不断积累沉淀，敏感地抓住要表达的主题。

党中央一再强调文化的自信、自觉和自强。对待园林文化要高屋建瓴。现在主要矛盾是减法而不是加法，是写意不是解释，从文化的制高点和绝妙处感染和启迪群众，这不仅仅是园林，所有文化都一样。

从国家层面上看园林，城市面对的问题主要是生态，群众面对的问题主要是休憩，环境建设面对的问题主要是景观，社会进步面对的问题凸显文化，灾害面对的问题主要是避险。要破解园林在改革开放进程中深层次的问题，需要顶层设计，这是我们的期盼。

原载《北京园林》2013 年第 2 期

关于城市行道树及其精细化管理

有一次，陪同几个国外同行在三元桥参观北京市的立交绿化，有个朋友感慨地说：“啊，这可能是世界上最美的立交绿化了。”我随便讲，这样的立交绿化大概在北京有100多座，有的比这里还要好。他惊讶，我自信。事实上北京的道路绿化就是非常好。还有一次，有位领导说：“人家纽约曼哈顿那么多马路并没有行道树，我们为什么那么重视道路绿化？”我回答他：“曼哈顿左侧是哈德逊河，右侧是东江，南邻大西洋海风习习，没有行道树大气照样很好。北京有这些条件么？再说曼哈顿中心3.7平方千米的中央公园，两个世纪以来没有人敢侵占这大块绿地的分毫，我们做得到么？还有，难道曼哈顿就是样板么？殊不知多少国外园林人不厌其烦到中国考察城市行道树足以让我们自豪，还要去捡国外的劣迹吗？”

再有一次，一个日本环保学会来北京考察行道树感动至极，决定在此停留一年观察季相并出书介绍北京美丽的行道树，我欣然为此书作序并惭愧地反思，那么值得总结的经验那么值得宣传的材料却让日本人抢先动笔，而我们自己却没有人去写。

总之，道路绿化是北京也是中国的优势。在今天城市化进程中它正在彰显更加多元的形态和惠民的口碑。笔者最近随北京市环境建设委员会检查城市道路综合整治，发现关注最多的还是绿化。一个城市一条道路的环境景观至关重要的就是行道树。从0米到15米占据城市道路竖向空间的行道树，像绿色的裙衣成为纽带和桥梁，把个性不同、形象各异、高差甚大的临街建筑统一协调起来。它品质的优劣代表了一个城市的整体。在道路绿荫下人们忽视了大厦的存在，感受到郁闭的浓荫和清爽。城市如果没有行道树，这个城市简直难以想象。

行道绿化那么重要就应该高度重视它、呵护它，让它在城市里淋漓尽致地发挥其功能：碳汇制氧、净化有毒气体、吸尘滞尘、防疫杀菌、吸收放射性物质、净化水源、防噪、监测环境污染、降低城市气温（冬天还增温）、防风固沙防止水土流失，它强调着城市道路的导向，呵护着交通安全。与城市道路、建构筑物、街景、公共艺术交相辉映，成为表达城市的景观与文化的名片，对城市生态、休憩、景观、文化和避险发挥着不可替代的作用。

近年来随着城市的发展，道路断面不断演变。那些一条路两排树的简单格局早已打破，三块板、五块板再到分车带和两侧宽大的绿地比比皆是。立交桥也从简单的“苜蓿叶”到今天的辅路、匝道纵横的全立交。规则式、自然式、微地形、色彩质感组图组字的色块线条等等的复层绿化结构，把人们带到一个个全新的城市丽景。人们不自觉地发现道路节点三维环境越来越艺术并个性化了，分车带树组的节奏、韵律，自然、大树荫、反眩光以及地被爬蔓植物的运用，因塑造车流的动态景观感受备受关注，一般绿化与节日花坛的有机结合，展示新优品种市树市花、大色块大高篱大树阵，还有爬满墙体的垂直绿化……把城市道路装扮得如此精彩。以至有一次我接过一个电话：“你们把这么好看的蔓性月季栽到分车带里，司机的目光都夺走了，对交通安全有影响哩。”这的确成为一种“新烦恼”。

北京在构建世界城市和践行北京精神的实践中，塑造城市形象、美化市容环境、净化大气质量的需求，就更加把目光聚焦城市行道树的巨大作用了。行道树在城市里占有那么重要的地位，发挥如此巨大作用，而我们又有这么好的行道树的栽植传统和优势，对未来就更有必要认真总结经验并找到不足和管理的薄弱环节，把北京行道树这一品牌做到世界最强最棒，成为展示北京华彩、服务北京市民的一篇大文章。

问题和对策有哪些呢？我们不妨从规划、施工、养护管理诸多方面去找一找。

首先是树种选择要科学。国槐和毛白杨是占据绝对优势的基调树种。国槐树大荫浓是老北京城市风格的文化体现。在南北池子、南北长街这些尺度宜人的街道上，市树国槐就是北京的代言者，它仿佛在诉说着老北京的变迁。毛白杨高大挺拔屹立两侧，把道路高高地框在中间，给人蓬勃向上的力量。机场路杨林大道让人联想到茅盾先生赞美华北人民的《白杨礼赞》。然而“文革”期间易县雌株杨的引进，一时间杨絮飞城的烦恼也挥之不去。近年开展的选雄工作已大有成效，当然还不可能一下子消灭已经生长旺盛的大量雌株，随着时间逐步恢复毛白杨雄姿指日可待。大量种植银杏显示了我们这一代人的自信，银杏生长速度慢，“前人栽树后人乘凉”，需要二三十年方展效果。可喜的是一批批大银杏，已经前仆后继登上北京行道大舞台，展示它华丽的秋容和与共和国首都身份相符的大气。但是苗木紧缺致使价格不断攀升，加上反季节移植带来的风险，选择此树要格外小心。其实近年异军突起的小叶白蜡、各种栾树（本地和南方的）以及千头椿、垂柳在北京都有很好的表现。尤其是小叶白蜡，植株高大胜过国槐，抗性强、生长快、耐盐碱成为极有前途的重要行道树，只是也要注意选雄的现实问题。鉴于法桐是边缘树种，在干旱寒冷的绝对气候下很容易把嫩芽吹干冻死。作为庭荫树可能没问题，因为树组死几棵还能活下来若干，但作为行道树一旦有死株再补栽就呈现“爷爷和孙子”的差异。很多人喜欢法桐，它叶片大、树荫浓、生长快、很浪漫，但事实证明它的一夜死去是有风险的，因此要慎重理性。至于那些常绿树花灌木这里不再一一赘述。

第二是行道树栽植方式的讨论。过去一边一排哨兵站岗似的路树，倒也单纯可爱。城市进步和道路断面的不断变化，似乎人们已不满足这种单纯。一排树 AB 式甚至 ABC 式插花栽，绿带、分车带群落式配植以及树形、色彩的搭配呈现出丰富多彩的美好景观当然也值得肯定。无论如何，栽植方式还是要放在城市大环境和道路功能的全面呈现上。不是越复杂越好，有时秩序和节奏还需要有些规矩。譬如，当年亚运会期间盛行的色带近几年开始退居二线，那些被强调的自然群落实际上只能称之为植物配置，艺术也有高下之分。

第三是施工管理问题。首先要强调的是科学浇水，这是目前行道树最要关注的问题。大部分树埯太小，很多树栽时浇过水以后就不再浇了，有的即使浇水也不开埯。最近时兴安装的树箅子变成不再浇水的理由了，而且箅子与树埯土面又不留距离，无法存雨水。要知道根系分布于地下 60 到 80 厘米，水渗不下去，根喝不到水，水的渗透压达不到根系和维管束吸水上输的要求就会干死，这种情况不是少数，应给予高度重视。第二是剥芽，专业上叫去孽。短截栽植的无主干乔木，春季发芽后要分几次剥芽，留存少量茁壮的方向芽，有助于枝条的生长和树冠的形成。剥芽不及时树冠往往处于多芽竞长的小毛头状态很普遍。第三是对缺株断垄的行道树及时补栽并格外呵护使其迅速追上已有的大树。当然病虫害防止、扶直等一系列养护措施缺一不可。行道树养护管理琐碎细致，管得好很快会形成树大荫浓的效果，忽略哪一项环节，效果都会大打折扣。

北京的行道树在世界上有很好的口碑，行道树好了北京的模样会大大改观。做好行道树精细化管理，对塑造北京国际化和谐宜居之都意义十分重要，应引起全市包括各区县主管部门和施工养护人员的高度重视。

原载《北京园林》2013 年第 1 期

创新举园林，力悟展宏图

——北京创新园林设计公司《梦笔生花》序言

北京创新景观园林设计公司成立 20 周年，他们决定以出版系列丛书的形式纪念、庆祝和总结公司的不凡业绩。同时，他们还抓住时机，研讨在国家经济与社会发展大背景下如何走好今后的路，继续占据专业的制高点。我认为这是一个学者型规划设计企业的远见之举。他们邀请我为此写序，我欣然命笔，因为这是件很有意义的事情。

作为创新景观公司的掌门人檀馨女士，在北京、在全国园林界都是赫赫有名的设计大家。檀馨是我的学姐，高我四届。她一辈子从事城市园林规划设计，总是能在同一时代的设计项目中引领潮流，是业内最勤奋的女强人。我在早年的设计作品也常常向她请教，每次印象总觉得她老有新点子，作品中总有闪光的东西。当然檀馨的贡献不仅在于她笔下呈现一片片佳作，更重要的是她还能慧眼独具，发现并培养了一大批优秀的中青年设计师。

从一个人壮大成一个十分有实力的团队。20 年来她在设计创新和培养后人两个方面的成果，足可以谱写一首辉煌的优美音律。创新景观可圈可点的优势和个性需要精心总结，这里我只能简单从几个方面谈谈自己的认识。

首先是关于创新。20 年前公司冠名“创新景观”就亮出了这个团队的远见和宗旨。当时，设计界在讨论如何继承发扬传统的基础上，以创新来适应社会的诸多变革。传统与现代，文脉与时尚，如何融合（有时也需要剥离）是个世界性课题。纯传统与现代生活相距甚远，封闭的布局也不适应新的生活方式。但是传统园林中天人合一、师法自然、诗意表达的理念，以及巧于因借、循序渐进的空间序列，还有小中见大、委婉含蓄的手法等等，这些优秀的传统理论却还在现实规划设计的实践中闪烁着无限的生命力和巨大的启示意义。把这些优秀传统的理念和技法立足本土、博采众长、把握时势并与时俱进地把自然与宜居环境融为一体，在总体上形成传统与现代设计意识的互补。“创新景观”在寻求这些尝试中创作了一批具有时代意义的优秀作品，如皇城根遗址公园、菖蒲河、元大都城垣遗址公园、地坛园外园、中关村广场、通惠河庆丰公园等，这些植根于本土和传统理念的作品成为一个时代的标志，得到社会的认同，体现了创新园林人的社会责任和驾驭成果的智慧，一时间成为全国学习的样板。

当然，传统也要发展，新时代的这些创新成果，在大浪淘沙中又为我们留下并形成新的“遗产”，在时代长河中永驻青春。

毕竟时代在前进，经济一体化、政治多元化的时代特征渗透在包括城市园林在内的所有领域。城市园林在继承文脉和走向国际化两方面将并存。一个多元园林创作趋势将不可避免。时代感可能带来走向国际趋向的一面，文脉又让我们不时从民族、地域中寻找文化新亮点。这两者在高层面上的对接，就有可能是新世纪园林文化的趋势和众生相。“创新景观”的实践本身就证明了这一点。

有一天，我在“两会”上遇到一位很有影响的画家。他见到我很激动地讲道：“这几年你们园林界进步太大了，东二环路的绿化带，那广厦下的绿荫与公共艺术融合达到了国际化的城市环境。这里既有传统、又有现代精神，是园林与公共艺术联手创造的划时代意义的新高度，东二环的环境已经成为时代的范例。”

我听到这些反响，对创新公司一帮年轻人的创新实践感到由衷的钦佩。而传统启示和现代优秀成果将成为时代的印迹。让现代人共享，这美丽的一页已经翻转过来。

太多的夸奖“创新景观”已经没有多大的意义了。但无论如何，创新实践从一个角度折射出我们这个时代的真实状态。应该认真总结，并努力让设计走向更加成熟的彼岸。为此也寄予创新景观更多的厚望和期待。

下面想说说园林规划设计行业的社会责任和新观念。

奥运会的成功让我们园林人得到社会的进一步认同，而“后奥运”时代给予北京更大的发展际遇。一个城乡统筹、城乡一体的新版绿地系统从市区推向市域进而推向环渤海城市群。新城建设的前提首先是生态优先，以人为本和物种多样性。城市园林的生态、休憩、景观、文化和避险五大功能的彰显，给我们带来设计发展的更大领域和空间。郊野公园、万亩滨河森林公园、平原造林等一系列的城郊园林绿化任务接踵而来。大尺度开放空间为特征的新型园林，正在全国风行。除了上述京郊的变化还包括近几年不少城市在新城规划中以行政中心为轴线的大面积公共绿地和大尺度水面等等。

我们能把握和驾驭新形势下大尺度的以开放空间为特征的公共园林新领域吗？最初的困惑是找不到依据和可参照的模式，曾使我们一度陷入迷茫。有人讲郊野公园就是一片树林，越野越好，不加修饰。也有人把过去城市尺度下的园林惯性思维，照搬到尺度大于原有十几倍、几十倍的新的开放园林中来。

几年的实践，回头看看这些大尺度开放园林的状态，可以基本认定，通州运河公园的实践是11个万亩公园的排头兵。它基本形成了大尺度公共园林的基本方向和模式，在驾驭这一领域的新思维中，创新景观又走在了前头。不信，你周末去通州看看，那些来这里度假的年轻人，包括老人，大都是从市区来享受的群体，当然当地老百姓更多。为什么来？因为吸引人。在这些大景观和有一定设施服务的临水绿荫中找到了享受安静且管理有致的大自然，让压力巨大的社会人找到了他们喜欢停下来的绿荫和滨野。因此，用那么大的投资建成的管理良好的郊野绿地成为城市人的首选。创新景观成功地把握到这些大尺度公共绿地的脉络和风格，这是一种重大的社会责任。

20年的成长对一个人来讲是从“襁褓”长成了一个俊男或靓女。20年的成长让一家有志向、有追求的园林规划设计公司走向成熟。面向专业和责任，面向市场，面向设计国际化趋势的成熟。

在这里我还要提到一个人——我在工作中结识的创新景观的新任总经理李战修先生，他是个基本功扎实，思维敏锐，然而又为人低调的年轻人，这些素质是设计界的人才优势。实际上创新景观已经成长了一批很有成就的新锐。我为他们的专业功底和为人品格感到骄傲。创新举园林，力悟展宏图。我希望更多的人关注创新景观园林现象，去迎接首都园林规划设计的大发展、新高度。

2013年8月

樱花在北京

“冬去春来玉渊潭，那樱花绽开迷人的笑颜，让我们打开沉寂的心扉，去拥抱这绯红的人间。春水涟漪玉渊潭，那樱花散发着温馨的香甜，让我们打开青春的歌喉，去赞美祖国永恒的春天。”

这是我在20世纪樱花园刚建成时，写下的歌。

是啊！玉渊潭的樱花，在北京所有公园绿地中最具有鲜明的个性和特征。每年盛开的季节游人如织，这已成为园林上的盛事。和东京上野的樱花、美国华盛顿中心区一样，高耸伟岸的樱花大树，在春的时节变成樱花的世界。我去过世界不少地方，对这三个地方的樱花印象最深。

一、樱花在北京

其实，北京本不是樱花最佳生长地，青岛、武汉等地都有大片的樱花，那里的樱花不需要什么环境和栽培条件。北京则不同——春天寒冷干燥、土壤大都不太适合樱花生长。20世纪70年代，田中首相送来上千棵日本的大山樱，当时栽到天坛、日坛、玉渊潭几个不同的公园里，几十年过去，这批樱花只有在玉渊潭生长最良好，这得益于这里独特的小气候。于是，北京市决定在这里建设樱花园，集中展示各类樱花的英姿，从 1990 年至今二十几年过来，这里已成为樱花的世界，当然也带动了其他一些地方樱花的普遍栽培。人们越来越青睐这个美丽的“春姑娘”，它作为北京春天交响乐的重要篇章，与榆叶梅、碧桃、海棠、丁香、黄刺玫陆续闪亮登场，扮演着春天的形象大使，集中表达着物候中的每每篇章。

当然，从单瓣的大山樱到各色（白、粉等）的重瓣樱、垂枝樱，樱花种类十分丰富。从日本、国内各地不断引进，越来越丰富多彩。樱花原产我国长江流域，在日本、韩国和我国华北、东北等地均有分布，在中国构建小康社会和城市园林建设中扮演了重要角色。现在的盛会，还有武汉大学那人山人海的一幕，都已经被传为佳话。

和城市化进程中的全中国大多数城市一样，北京由于高厦林立，创造了人为的风障，城市水系不断完善和丰沛，局部地区湿度也大大改善。这些城市栽培条件的优化，为樱花在北京创造了好的条件。可以说，樱花的栽培和普及在北京已经展示了美好的前景。

二、樱花的气质、情感和文化

大片的山樱形成气势恢宏的花海，大朵大朵的重瓣樱、品种樱艳丽、妖娟、娇美。几棵樱花点缀于庭院、建筑、山坡，作为小路上的引道时，都给人带来温馨和美好。浩瀚的樱花林，让那些躺在林下草地上的俊男靓女们沉浸在春的梦幻中，享尽人间的绯红。

樱花气质典雅、热情又不乏佳贵和清高，有知识分子和劳动群众都认可的雅俗共享的大众气质。古代诗人往往更多的赞美牡丹、梅花、兰花、碧桃、荷莲，那时人们看到更多的是樱桃花，樱花从近代广为栽培，直到今天一下子闯进人们的眼帘和感觉，形成一种现代美的标志。樱花既有“下里巴人”，又有“阳春白雪”，名人对樱花的赞美，不少都成为名篇，鲁迅、冰心老人都对她张开抒怀的双肩。田中首相用智慧的目光投向了她，使她成为中日友好的形象大使。中日关系无论友善还是波澜，每年樱花依然灿烂！樱花是和平的象征，它与阳光交相辉映！正处地震罹难的日本人民，想必樱花盛开也会带给他们重建家园的信心和力量。对于构建和谐社会生活城市的中国人、北京人，一年一度的樱花浪潮也不断激发着人们热爱樱花的那颗心。

樱花成为中日交流的友谊纽带和桥梁，我们北京园林人，一批批出访日本交流樱花品种和栽培经验，已形成机制和惯例，关于樱花种和品种的分类、栽培技术的研究推广都在稳步进展，樱花还带动了生态、环保、物种多样化以及城市绿化的繁荣，播下中日两国世代友善不再战的种子，绽放出和平的花朵。

今天的聚会和论坛再次证明，樱花的美好不仅表现在生态、文化、景观、休憩等方面的功效和魅力，也成为中日人民心灵交融的真诚记忆，樱花不仅是中国和日本的，她是属于全世界的，她是人类的朋友，美的天使。

三、玉渊潭樱花园的建设

樱花原产中国，在北京也有一定的栽培应用基础，20 世纪 70 年代田中首相访问中国，不仅给中日关系揭开了重要的一页，具有里程碑的意义，其间他代表日本人民送来的一千棵大山樱，在当时也传为佳话。

北京在接受这些苗木后，广植于不少公园绿地。几十年过去了，由于栽植环境的不同，有些生长表现并不好，究其原因是干燥寒冷、土壤条件差、风大等立地条件恶劣，唯独玉渊潭成了这批樱花生长最好的地方。这里有大片水面，樱花又有背风向阳，土层深厚的潮湿环境的呵护，至今这批樱花已成为后来玉渊潭樱花的基础，和最早落户的友好使者。

1990 年北京亚运会前夕，我们把公园西北部 25 公顷的地方，也是公园环境最安静的一段，经过规划设计和详细论证后，辟为樱花园，集中展示在北京和在国内表现好的各种樱花的种和品种。

经过土方调整，湖面调整，园路新建，改善灌溉条件，一时间把这里种满了樱花，并分成若干表达诗情画意的景区，还为此修建了展示樱花文化的景观建筑“鹂樱苑”。大园林玉渊潭中的这一方樱花天地，成了游人春游的胜地。你要看樱花吗？你要赏春、品味春的美丽温情吗？那你就到这里来，我们把谢冰心老人赞美樱花的散文，镌刻到这里，增加它的文化气息；我们把榆叶梅、海棠花也种在这里，有意补充樱花的花期，使花的物候在这里停留的时间更长；我们还把横亘在这里的土山做了竖向的放坡，横向的切割，意在改善局部小气候，更加有利于樱花和各种花木的生长；湖面驳岸用技术手段做了亲水处理，显得更加自然生态；就连服务设施和卫生间，都在后来的逐步改善中，尽量与环境协调。经过不断努力，这里樱花数量和品种越来越多，今天我们看到了一个春季人海与花海交织的世界，这里成为北京春天最美丽的公园，也是公园赏樱和了解樱花科学文化知识的重要基地。

上野是日本赏樱最好的地方之一，它在东京；国会大厦前独立广场是美国赏樱最佳处，它在华盛顿；玉渊潭是中国赏樱最好的地方之一，它在北京。我们没有理由不把他们联系在一起，在今天中日友好人士共同栽植、欣赏和谈论樱花的大好日子里，请大家记住这个美好的地方，它不仅是樱花科普和文化的园地，也是中日友好的重要见证。令人鼓舞的是，玉渊潭新的一轮规划建设，又要拉开帘幕，我们的玉渊潭樱花园，将迎来更加璀璨的明天。

注：作者曾参与最早樱花园规划设计，并对后几次樱花园改造规划提出多项建议。

京城的园林

如果把北京四环以内的现有文物文化建筑和园林景观加以修复和梳理，按历史时代脉络的体系，按地域区位分布的体系，沿城市旧路网络和护城河长河的水系，形成的那些串联和并联的古建园林长线，何等的让人雀跃。

一

北京有 3 000 多年的建城史，850 多年的建都史，是世界著名古都、历史文化名城，其皇家及传统古建园林的数量世界第一。这些古建园林历尽沧桑与沉浮，经历了清末、民初的历史悲剧，从满目疮痍到近半个世纪的休养生息，今天，大部分又恢复了历史原貌，甚至达到历史上最好的时期。

由于工作关系，我参与了部分古建园林的修葺，感受颇深。颐和园从恢复四大部洲、苏州街、景明楼直至耕织图，修缮佛香阁、排云殿、畅观堂和大船坞等等，一年修一处，年年有新举；气势恢宏的昆明湖清淤工程，20 万人次的义务劳动，一个月清走 67 万立方米湖泥。如今，水面湖光粼粼，碧波荡漾，春柳依依，被赞誉为世界风景园林之壮举。天坛从 20 世纪 70 年代祈年殿落架大修，到 20 世纪 90 年代搬走“文革”中留下的土山，近 20 多年来修葺斋宫、南北神厨，恢复东北坛墙，整理祭天乐谱和礼仪展具，拆迁花木公司，恢复绿地，复壮古树。之后，又全面复建了神乐署景区，一步步为天坛添神韵，增光彩。

园林古建的异地重建在北京也有成功的尝试：20 世纪 50 年代在周总理的关心下，云绘楼从中南海迁至陶然亭公园；20 世纪 70 年代双环亭、瑞象亭也分别异地重建于天坛、陶然亭；20 世纪 90 年代顺承郡王府从全国政协大院移至朝阳公园。所有这些成果，是在几届政府的共同努力下完成的，其中浸透着决策者、建设者、复原设计者和管理者的汗水与辛苦。

从古至今，北京的古建园林博采北雄南秀之众韵，具有海纳百川之胸怀。无论皇族王室之园，还是名公巨卿之庭，都以其深刻的文化底蕴和情趣令人回味，具有极高的艺术品位和不可替代的历史价值。

二

近年来，文化创意产业兴起，提到北京的文化创意产业，我们立马会想起 798 厂、宋庄画家村、动漫、古玩、中关村、演艺业等。但是，这些别的城市也能做的“创意”产业，很可能一开始很红火，最后却可能做不过其他城市而萧条下去。只有文化创意具有唯一性，最有生命力。北京的文化创意产业必须在北京特定的文化背景下进行。古建园林就是北京的特殊优势，这是北京文化唯一性的重要表达，是谁都夺不走，谁也替代不了的物质形式表达的历史文化。京华古建园林的浩瀚与深邃，使它表达的城市文化在世界上具有唯一性。古建园林这张美丽独特的王牌打出来，一个浩然王气的大国之都形象一目了然，这就是历史文化的魅力。

古建园林在北京的现实地位和历史地位突出，是北京独有的最具代表性的文化，别说颐和园、北海、故宫乾隆花园这些皇家园林，就是那些王府园林，什么恭王府、醇王府、那家花园、半亩园……哪儿哪儿都透着文化，犄角旮旯都能寻觅一个个值得争论的题材；而那些恬静的四合院，蝉鸣的老胡同，残砖陋瓦的城墙、坛墙，歪脖枯枝的槐柏，处处都能抖出一个个神秘有趣的故事，惹得大伙茶余饭后没完没了地琢磨。

记得那年，电视上播了《乔家大院》，惹得五一节几天去了六七十万人，太原派了几千名警察去维持秩序。山西省在利用文化符号推销自己上，确实很成功：乔家大院、一把酸枣、黄河情……但是，在北京随便找一处古建园林，其文化内涵或由此衍生的故事，甚至是荒诞传闻，都不比乔家大院逊色。文化创意产业的概念，其中重要一点就是文化的外延和扩展。北京古建园林任何一个景点和故事稍微一扩展都不得了。譬如，中国的文学巨匠曹雪芹著书的黄叶村就在北京西山，也就是说红楼梦诞生于北京，乔家大院的分量能与之相比吗？还譬如，乾隆皇帝在建完圆明园后，本想不再花百姓的钱修建园林了。有一天，他突然产生构建清漪园（颐和园）的创作冲动，这种冲动促使他用完美的艺术表达建成了清漪园，而他本人则反省自律，建成后一次没在园内住过，只留下了 1500 首赞美颐和园的诗……总之，北京古建园林的故事太多了，提文化创意产业，怎么能够忘掉北京最具优势的古建园林这一重要品牌呢?

三

现代化城市建设以其迅猛之势，使北京的形象正在迅速变革，现代北京正在淹没、淡化历史文化北京的分量。从飞机上鸟瞰北京，除了故宫的黄面、北海的白点和天坛的绿块，几乎都是高厦林立。

然而，如果把四环以内的现有文物文化建筑和园林景观，加以修复和梳理，并归纳为体系，再虚化现代北京的实体，一个北京城区古建园林文物的五脏六腑依稀可见。按历史时代脉络的体系，按地域区位分布的体系，沿城市旧路网络和护城河长河的水系，形成的那些串联和并联的古建园林长线，何等的让人雀跃。设想剥离高厦、虚化现代北京，剩下故宫、三海、六坛、庙宇、道观、故居、宅院、水系、路网、园林、部分城楼，用绿色走廊将其连接，一个令人神往的美丽深邃的文化北京，一个我们的先辈宗祖用历史的笔墨描绘勾勒的历史北京，一个北京城区古建园林的整体倩影依然那么清晰地浮现。

大体而言，北京古建园林分布为三大板块：以故宫为中、三海为辅、天地日月坛为衬和星罗棋布的寺庙宅院为底的中心城区古建园林的文物板块；以颐和园、圆明园等三山五园为代表的小西山皇家园林风景区板块；还有分布于太行山、燕山余脉相交的西北部远郊文物群，以大葆台、卢沟桥、潭柘寺、戒台寺、云居寺、红螺寺等为代表的第三板块。其中，第一板块是与现代北京深度交错纠葛又并存相容的聚焦。

北京园林体系的深化和构成，将是一个循序渐进的过程。首先，研究搭建北京市中心区古建园林文物体系的理论范畴。界定范围和级别规制，在电脑上形成三维动态的中心区文物体系图像，从模型上让人感受文物体系的历史氛围和沧桑变迁。其次，规划建设北京市中心区文物文化体系。随着北京市规划修编的深化、城市中心区的功能定位，将古建园林从现代北京与文物北京的偶合体中剥离出来，有意识地重新让文物园林浮出地面，一个现代前沿的北京与一个古代独有的北京在规划建设中走向协调、融合、统一、和谐。当然，这些工作需要我们分期、分批、分段修复古建园林文物，用绿色廊道逐步链接，用十几年的时间实现文物文化体系的建设，对后代有个交代。

比如从动物园北至万寿寺长河一线，全长不到三公里，两岸却集中了大量名胜古迹。如高梁桥、万牲园（动物园）、畅观楼、五塔寺、白石桥、福荫紫竹院、延庆寺、万寿寺、郭守敬时代的双子支渠、广源桥等等，把这些名胜古迹用优美的绿色长河水道串联成为北京最典型的文化风景长廊，建设北京的新“清明上河图”。

再比如朝阜路，堪称中国文化第一街，那么多的古建园林集中在一条街上，中国没有，世界也少有。巴黎有条塞纳河，北京有条朝阜路，难道这一文化优势不值得去扩展吗？把朝阜路上鲁迅故居、历代帝王庙、广济寺、西什库教堂、国家图书馆、三海、景山、故宫、北大红楼、美术馆、东四清真寺、孚王府、东岳庙等串联起来，形成世界上最著名的文化历史风情大街。

还有，把段祺瑞执政府、赵家楼旧址、“三一八”惨案发生地、孙中山故居、北大红楼、三眼井故居、辅仁旧址、鲁迅故居等串联起来，建设近代民主革命和新文化运动廊道。

这样，一步步、一串串，从支离破碎归于修葺成系。我们会看到，高厦林立、道路纵横的现代北京，与沿着历史的进程不断积淀和遗存的古建园林的文物北京，两者并存、交融、对话，形成现代文化与传统文物文化的偶合体，这在当代世界城市中具有典型意义。古建园林是一种潜在的文化生产力，这不仅是寻找历史文化北京的最后机遇，也是带动现代文化旅游经济的有效手段，更是所有热爱北京的人对北京历史文化的衷肠倾诉。

原载《中国政协》《中国名城》等期刊

园林与政府管理30年
——为《园林》创刊30周年而作

改革开放以来，我国城市园林顺应经济与社会发展大潮和城市化的进程，呈现了史无前例的繁荣。作为生态文明建设的核心内容，不仅为城镇及其周边通过绿化植树，浸润了大面积的绿色，同时也营造了和谐的宜居环境，展示并表达了城市文化的巨大魅力，为国人和世界所瞩目。这其中，人民群众对建设美好家园的极大热情和政府对城市园林的领导和管理相结合发挥着决定性作用。政府通过政策、方针、法规、制度、规划、路线和措施等手段，共同引导和把控城市园林的发展轨迹。

规划建设城市绿地是人类在认识城市、规划城市的过程中最伟大的发现和最重要的进步之一。绿地维系着城市的生态、环境和景观文化，是城市中人与自然融合的载体，是实现美丽中国和中国梦的重要路径。

一、城市园林建设的时代特征

首先，现代园林的生态、休憩、景观、文化和减灾避险五大功能的定位，已经得到业内和社会的普遍认同。这其中“生态优先”“以人为本”和“物种多样性”的基本理念，在这些功能中占据着主导地位。植树绿化是改善城市生态唯一的主动手段，并塑造着城市景观。城市道路通过行道树把个性不同的高厦连起来，发挥着协调和统一的纽带作用，成为城市绿色的“裙衣”。许多城市文化通过公园、绿地空间来表达，在非典、流感和抗震等各种城市灾害中展露出户外空间独特的避险功能。绿地还是衡量城市宜居水平最重要的标志。

第二，今天公园绿地已经成为城镇人民的生活方式。特别是大批公园取消了门票，城市人结束了家庭—工作单位两段式生活，公园绿地成为健身、游览和舒缓情绪的第三空间，公园从城市的奢侈品变成人民的必需品，进入了人民享受公园的新时代，从此公园的功能才发挥得如此淋漓尽致。园林建设成为城市化重要的里程碑，是城市进行曲的主旋律。公园绿地正在像高速公路、高铁、互联网、电视一样在改变着社会和人。

第三，园林绿化建设促进了城乡经济大发展。园林是民生工程，也是城镇化的重要标志。作为转变经济发展方式和生态文明建设的工程，它是拉动内需、惠及民生的重要投资方向。园林绿化对城市环境的整体提升、新建楼盘环境品质的塑造，特别是筹办奥运、亚运、大运、青运期间和园博、世博、绿博、花博等大型节庆，对环境水平的贡献作用都是巨大的。传统园林、现代园林还是旅游业和文化创意产业的重要依托，文化深厚的公园也带动着旅游、交通、出版、影视、艺术生产各行各业。

第四，古典园林的新生是新中国成立以来伟大成就的亮点。北京是世界上皇家园林含量最多的城市，京华园林丰厚的历史积淀，皇家园林所独有的浩然王气，使它成为一部异彩纷呈的大百科。这些世界级的文化遗产经历了清末和民国的战乱，从满目疮痍到半个多世纪的休养生息，大部分恢复了历史原貌或者达到历史上最好的时期。特别是北京三大皇家园林在奥运前的全面修缮，使之金碧辉煌和修旧如故，是园林修缮的一次高峰。全国各地古典园林和北京一样也得到了基本恢复。

第五，现代园林在发展中正在走向多元、开放和包容。从传统到现代，从文脉到时尚，现代公园绿地走到今天已发生了巨大的变化。虽然各国都有自己的传统文脉，全球经济一体化已经导致城市现代生活的趋同。园林与城市规划、建筑各学科一样，都在尽量保留传统文脉的前提下，顺应城市发展大潮，其成果都具有社会思潮和现代生活反哺的印记。因此，城市园林在继承文脉和走向国际化两方面将并存。一个多元化园林创作的趋势将不可避免，程式化将让位于功能与形式的多样化。时代感可能带来走向国际趋同的一面，文脉又让我们不时地从民族、地域中寻找到文化亮点。两者在高层面上的对接（或并存），这可能是新世纪园林文化的趋势和众生相。无论如何，园林是以植物作为主体，设计者有责任以清新的环境给人以“良丹”，来治疗由混凝土和机动车伴生的现代城市病。在园林中当家的永远是绿荫和植物，同样是树木花草，又有不同的设计构思，创作出千变万化的画图，这些是永恒的。世俗化、潮流化则可能是来去匆匆的过客。足够的绿量，讲究的构图，精良的施工，适度的文化品位，体现对人的关怀和找到独特的创新视角。这些就是今天园林规划设计与时俱进的新思维。群众的喜闻乐见是必需的，而理念的前瞻性和把握设计潮流和趋势的准确性也很重要。传统园林在今天的园林创作中依然有许多借鉴启示之益，并将与时俱进、立足本土、博采众长。

第六，经济与社会的发展催生园林行业和学科的内涵与外延不断扩出，园林正在承担更广泛的使命。园林学科方向将面对全球温室效应和气候变化；面对资源枯竭型城市转型和生态保护、修复、再塑；面对国土规划、城市规划、绿地系统规划、工业遗产地（棕地）改造等新的课题。譬如城市中心区与新城、新城与新城间的绿化隔离带和楔形绿地的新布局；高速公路、高铁、空港对城市的改变将面对相应绿地的新要求；正在兴起的城市内部和城市间的“绿道”建设等。科技发展、人口增多、交通拥堵、城市灾害、人的行为多变等，地球变得更加扑朔迷离。谁会想到沉睡了千万年的湿地，今天一夜走俏，变成时尚，引起社会那么大的关注。我们的学者已经与国外联合承担气候改变城市、园林干预气候的课题，如此等等。

世界在变，中国也在变。园林已经不是传统意义上的行业与学科范围。它正与相邻行业与学科、边缘领域融合、渗透、对接。生态学、环境科学、园艺学、现代农业、林业、花卉业、环境艺术、公共艺术……还有那些相关的社会科学、文化历史、思想艺术等等，变得谁也离不开谁，相互依存、借鉴，而风景园林在城市科学中依然处在一定的主导地位。

第七，从市区走向市域，构建城乡统筹、城乡一体的绿地系统是近年城市园林绿化建设的最大进步。从见缝插绿的随意性走上规划建绿，乃至于按需建绿。绿量、绿质、绿地结构与布局为一体的城市绿地系统，在实践中不断完善，从市区推而广之，发展到城乡一体并覆盖整个市域，还被纳入建设小城镇、新农村的重要内容。园林绿化在市区不断完善之后，工作重点不断向市郊转移，这是一个巨大的进步。从近几年新城万亩滨河森林公园、郊野公园到营造百万亩平原森林等大尺度园林形态的出现（以北京为例），以及绿道、绿廊、绿心和区域经济战略的城市群等重大举措都是完善城市绿地系统的重要实践，以至与国土绿地系统接轨。园林工作者不仅要驾驭园林绿化的规划建设，还参与城市总体规划和介入城市设计。

第八，创建国家园林城市和长期的园林建设实践，为中国特色的城市规划、建设、管理和运行，积累了丰富的经验。在实践中形成了国家园林城市的一系列基本做法。实现以生态为核心、以人文为主线、以景观为载体、以空间优化为基础的新型绿地系统。

第九，规划、建筑、园林三个一级学科一体化支撑的人居环境学科得到社会认同，是对世界人居理论的贡献和创新。2011 年我国把城市规划学和风景园林学上升为一级学科，与建筑学科并列，成为人居环境学科的三大支柱，这是国家生态文明建设战略的呼唤。它将意味着风景园林学科和行业要承担更多的经济社会发展的使命。

第十，园林肩负着构建城市文化之重任。园林是宣传、践行和培植城市精神最好的园地，是彰显城市文化、体现城市软实力的重要标志。盛世兴园林，我们已经进入了一个现代园林的新时代。在这样的背景下思考园林工作，视野会更广阔，也才有可能高屋建瓴地把握时代机遇，迎接园林的大发展大繁荣。

二、园林与中国特色的政府管理

改革开放以来，在市场经济的发育逐步成熟的同时，政府的职能在逐步地转变，并得到了应有的加强。园林的各项方针、政策、法规、规划、制度和措施的完善，保障了城市园林健康科学的发展。这些是政府与群众智慧的有机结合，是城市园林发展和进步的保证和依据。

首先，以 1992 年开始的创建国家园林城市为契机，极大地推动着我国城市和谐、宜居、科学、健康和现代化的发展。目前我国已有近一半以上的城市和县城荣获这一称号。随之开展的省级园林城市的先期创建共同推动着园林绿化水平的提升，成为城市素质全面发展的重要抓手。结合创建国家园林城市，住建部对所管辖的城市规划建设管理和运行诸多方面——城市市政基础设施、住房建设、城市历史风貌保护等都纳入了检查考核内容，把创建过程发展为全面提升城市水平的有效手段。

第二，组织编制并审批城市绿地系统规划。城市绿地系统规划是依法制定城市未来的重要依据，是城市总体规划中最具权威性的规划之一。绿地率、绿化覆盖率和人均公共绿地等重要指标，从根本上勾勒出城市绿化的未来。与之相伴的城市物种多样性规划、城市绿线管理办法以及市区与郊区、新城与老城之间的绿化隔离带、大尺度园林绿地的划定，都是绿地系统的发展和补充。从市区走向市域再走向城乡一体化的绿地系统，以及城市区域经济和城市群的发展，将推动着城市和城市间的生态格局，制约着城市禁建区、限建区和生态敏感区的违章建设。绿线管理则是实现绿地系统规划的制度保证。它不仅捍卫现有绿地，而且实行绿色图章管理对捍卫规划绿地也有了法律保障。各地成功地创造了不少可行的绿线管理经验，为子孙后代守住美好家园。

随着新一轮城市空间形态的规划修编，绿道、绿廊、绿心等不同形态的绿地，以及城市行政新区周边的大尺度园林绿地的规划建设成为新时期绿地系统的重要特点。不少城市谋划的郊野公园、万亩滨河森林公园、郊野湿地公园以及城镇显山露水、留住乡愁的整治项目，使城市成片的大块绿地应运而生，是新世纪绿地系统的新特征，将对城市生态系统的完善和环境水平的提升发挥着重要作用。同时也要警惕以大面积改变原有自然山水骨架为代价，造成新一轮的城市伤害。

第三，政府主导、工程项目带动，开展大规模以生态、休憩建设为核心的公益性、民生性园林建设，推动了城市风貌的大幅度提升。相比其他大型基本建设项目而言，城市园林是花钱较少对社会贡献率相对最高的民生工程，受到各地政府和群众的青睐。例如，20 世纪 90 年代北京大规模“绿化隔离带”，成功地实现了 120 平方公里的城市中心区周边的“公园环”；21 世纪奥林匹克森林公园、京郊万亩滨河森林公园和国家园林博物馆的建设，以及近期即将完成的北京百万亩平原造林，都是具有重大影响的宏伟工程；上海利用拆迁政策迅速完成了 30 多公顷的“延中绿地”，并建设了浦东世纪公园、世纪大道、城市外围绿环、炮台湾、滨江和顾村森林公园以及世博会绿地。广州在亚运会期间实现了城市新轴线和“花城广场”的建设；深圳以大运会为契机建设的深圳湾公园，实现了在密集型城市建筑群中建设滨海休闲带；合肥的环城公园、济南的大明湖东扩、杭州的西溪湿地、成都的府城河整治、武汉的长江风光带、长沙的湘江、福州的闽江、沈阳浑河以及各地利用园博会、世博会、绿博会、花博会等契机大规模的园林建设。许多省会城市和中小城市在创建国家园林城市中，规划建设了一大批完全可以超越大城市的同类项目，一下子把城市水平提高了一大截，不胜枚举。

第四，在市场经济中城市园林企业的成长发育与政府服务和监管相结合，不断走向成熟，成为新时代园林产业的重要特征。目前具有一级资质的园林企业已经达到上千家，部分园林企业已经成长为股份制上市公司。园林规划设计标准和理论逐步成熟，园林工程投招标制度不断完善。园林工程监理制度的开展，新的各项城市园林工程规范、标准、导则的制定，苗木繁育规划、植物多样性规划、园林科研规划等在各地陆续出台。特别要提出的是，在大量调研的基础上较大幅度地提高园林绿地的养护经费，对一贯“重栽轻养”的现状及时给予纠正，为城市绿化提供了有力的管理保障。

各级政府还积极发挥园林社团的优势，组织专家评审、学科建设、学术交流和职业培训，提供对行业的技术支持。

第五，政府关注园林发展过程中的新情况新问题，并及时发出声音，给予指导或纠正。例如，反对奢华提倡节约型园林，提倡节水和集水工程，提倡生态、环保、自然、朴素、以绿为主的设计风格。相关部委联合发出通知制止以牺牲别处生态效益为代价的古树大树进城现象。总结土地盐碱型城市排碱改土技术，推广天津滨海新区、东营、大庆、濮阳等盐碱城市绿化的成功经验。在大量城市道路改造中，保护原有行道树成果，对乱砍滥伐树木依法惩处。提倡城市屋顶绿化和垂直绿化增加城市绿量的有效措施，提倡尊重城市自然山水构架及其历史演变，以及保护城市历史风貌，在规划中给予最小干预。对各地举办的园博会等大型园林建设在政策与技术理论上给予指导帮助。

第六，城市园林的法制建设也取得新的进展。例如，及时向人大报告规划法、森林法、文物法等执行中的问题，协助人大酝酿出台自然遗产保护法，修改完善城市绿化管理条例、公园管理条例、风景区管理条例等。

各地城市有的还将园林与市政、林业合并实行城乡一体统一管理，带来一定的宏观成果。与此同时，也要注意总结梳理园林与林业建设的职能分工，为生态文明建设提供各自优势的功能支持。

各地政府还在大力推进城市绿化增加绿地的同时，积极探索城市用于绿化的土地政策，这是一项政策性很强的工作。征地、绿地补偿、租地绿化以及利用沙滩地、荒地、坑地、拆违地、棕地、土地置换以及苗木果树生产与绿色产业相结合的政策等方面，都有值得总结的经验。各级政府还依靠新楼盘和公建绿地率、新建道路、立交绿地率政策、旧路拓宽、城市水系改造、古都风貌修复、拆违等手段，千方百计寸土必争植树绿化。政府园林管理部门还对城市所在单位的庭院绿化给予技术支持、创建花园式单位等，使城市环境质量焕然一新。

各级政府在城市园林建设管理中积累的具有中国特色的施政经验，已经取得成功并令人铭记。回顾30几年城市园林发展进程，这些成果将载入史册。

当然，在总结经验的同时还希望：

1. 结合推进新一轮城镇化建设，将园林建设作为重要内容纳入其中，成为新时代园林建设的亮点。特别是要按照习总书记的指示，在实践中更加关注“看得见山，望得到水，记得住乡愁。”

2. 全面提高园林职工的专业素质是时代的呼唤，要特别关注园林规划设计人员的常规培训、施工人员尤其是农民工的培训。要提高各级行政领导对园林的认识水平，实现园林的精细化管理并向国际化水平看齐。还要积极发挥社团等组织的作用。

3. 进一步提高城市园林的科技水平、机具水平、产业化水平、种苗质量和新品种推广，缩小与发达国家在园林科技和管理上的差距。

4. 关注园林学科和行业的建设，总结中国风景园林的理论和实践，形成国际公认的“中国风景园林学”的专著，丰满一级学科的羽翼，为风景园林学科申报世界非物质文化遗产奠定基础。

5. 探索并建立与国家城市园林现代化和国际化相适应的管理体制和机制。

原载《园林》三十年系列
2014年10月

请关注"北林风景园林现象"

1951年由清华大学营建学系梁思成、吴良镛先生和北京农业大学园艺学系汪菊渊先生共同倡导、推动并组建造园组（现北京林业大学园林学院），成为我国最早的风景园林专业学科。学科与专业的设置一开始就集合了国内风景园林相关专业课程最豪华的教师阵容：汪菊渊、李驹、陈俊愉、孙筱祥、陈有民、金承藻、郦芷诺、孟兆祯、杨赉丽、宗未成、张守恒、陈兆玲等一大批教授。教育质量的保证和充满敬业精神的学术氛围，使北林园林系一开始就不断地培育了一大批学科领军人才和专业行政管理人才。由于"文革"之前在全国范围只在北林有这个专业的毕业生，改革开放初期专业领域的政府行政领导、各地学科带头人，特别是当时极为匮乏的城市风景园林规划设计人才，几乎全被北林园林人"垄断"。至今他们依然活跃在国内外风景园林的专业舞台上，成为独有的"北林风景园林现象"，这是一道美丽的风景。是这些大牌教育家的风范和学识造就了中国风景园林的中坚力量，支撑着事业的发展呢？还是这批学子用业绩更加证实了这批教育家的实力和地位呢？也许两者兼而有之。1989年中国风景园林学会作为一级学会，在成立大会的近百名代表中，北林园林系师生竟占了56席。这种一校为主的学科现象是独有的。

教育走到今天，全国近300所高校都组建了风景园林学科的院系，风景园林学科由"一花独放"已逐步走向"百花齐放"。现在，学科教育和社会需求都有了长足的发展提高，一大批风景园林专业的后来人已经成为专业主体，社会对风景园林学科的认识更加客观和深入了，学科的内涵和外延也在不断延伸和扩出，2011年风景园林学科还被教育部提升为国家一级学科。然而，我依然还是怀念当年的教学方式和学习氛围，首先夯实基础教育，同时在校期间学生参加各种社会工作和园林规划设计实践，还有军训、劳动锻炼以及丰富的文体社团活动等等。这些都给了学生认知社会和磨炼意志的机会，并大胆倡导以"提出问题、解决问题"的学风和思想路线作为办学宗旨。

其实，现在我们的风景园林教育状态和国际上的同等院校还都在过程中，也基本都在同一起跑线上。我至今也没有看出那些国际名牌大学在这个专业领域能比我们好多少。作为一门应用学科它肩负着生态文明建设的国家责任，由衷希望母校培养出一大批热爱专业、思想活跃、具备创新精神、德才兼备、与边缘学科兼容的尖子人才，这样才能引领专业走向中国和世界。为风景园林社会功能的发挥和释放，为改革开放城市化进程中宜居环境的塑造和建设，为风景园林事业的更大辉煌发挥作用。就是说，现代风景园林的教育应该借鉴"北林风景园林现象"和世界经验走得更远，这不仅仅是北林风景园林的辉煌，也应该是所有园林人的期盼。

原载《风景园林》2012年第4期

关于北京营造平原森林的一些思考和建议

地球三大生态系统：森林、湿地（加草原）和海洋。其中湿地和海洋除了人们有破坏它的可能，几乎没有太大的力量改善它。而森林的营造则是人类提升地球生态环境质量最直接最主动的行为。当然，一个地区无论是山地还是平原，能不能营造森林要有很多前提和条件。

新中国成立以来，北京在城市发展的同时，大力推进植树绿化，生态环境和城市景观都发生了巨大变化。例如，山区造林、平原农业地区的四旁绿化、经济林、防护林，以及为遏制城市无限扩张在城市中心周边建设绿化隔离带。就城市建成区而言，对原有皇家园林的保护、恢复和修缮，对现代公共绿地、街坊绿地、单位绿地以及行道绿化的建设、升级并与国际化逐步接轨等成绩巨大，特别是利用筹办奥运会的契机，使城乡绿地的生态、休憩、景观、文化和减灾避险功能得到充分释放。

尽管如此，迈向和谐宜居国际化都市的北京，还是面临着城市建设、人口增加、车辆拥堵等“城市病”的极大挑战。城市生态环境虽然得到改善，但是大气质量却不断地被抵消。报告显示，PM2.5 的改善缓慢，与发达国家相距甚远。中央和北京市都在采取措施，例如，实施京津冀一体化战略、建设北京城市副中心等等都在积极进展中。从根本上讲，还是要转变城市发展方式，科学规划完善城市，理性评估城市人口、资源和环境的承载力，警惕盲目地超负荷超强度开发，这些应该成为主流。当然，城市还是要发展的，主要是内在的发展。第二是转变经济发展方式，调整产业布局。减少污染和排放，减少资源特别是能源的无序消耗，实现低污染、低排放、低能耗、低物耗。例如，自律交通出行、限制尾气排放、城乡污水处理、垃圾分类减量和焚烧、实施建筑节能、绿色厨卫等等。以上这两条都是对工业社会给地球带来的破坏行为的约束，是一种被动的治理行为。第三就是绿化。通过绿色植物不断地向地球输送氧气，吸收二氧化碳和有毒气体。因此，只有植树绿化才是最主动的增氧固碳手段。国土造林和城市绿化双管齐下，发挥着不可替代的碳汇作用。森林覆盖率、森林质量、城市绿化水平的高低都与城市大气的质量直接挂钩，同时城市林地还发挥着吸尘、增湿降温、抵制热岛、抗风、杀菌、减噪和改善小气候等综合功能。城市园林除生态功能外还担负着休憩、景观、文化和减灾避险的多重功能。城市发展和规划方式的改变、节能减排力度的提高加上现有的绿化成果，这些正能量的共同推进，虽然成果斐然，但面对城市环境（大气、水、垃圾等）的脆弱，必须下大气力，营造更多的平原绿地，逐步推进森林包围城市来完成这一历史使命。

去过欧洲的人都有这样的体验，从空中看莫斯科、华沙、法兰克福等城市周边，平原森林之壮观令人惊叹和羡慕。由于土地原因，在北京建设这样的平原森林过去几乎不敢想，一场城市周边亦农亦林的争论持续到今天。北京是首都又是特大城市，甚至是世界上最大的城市之一，人口之多，建设强度之大，以至于不知采取了多少措施和手段，大气质量的改善其收效几乎到了极限。北京绿地系统规划令人鼓舞地勾勒了两道城市周边的绿化隔离带和郊区导入市区的楔形绿地，多年的努力虽有成效却也喜忧参半，尤其是所谓第二道绿隔实现难度很大，更有画饼充饥之感。就是说，用平原森林包围和分割城市，以期改善大气质量，不下最大决心不行了。就全国而言，守住耕地红线的任务不可动摇，没有粮食吃说得再好也没有用。然而，就作为首都的北京而言，要权衡自身的情况拿出改善大气质量的战略措施，这也是国家的大局。如何科学规划做好农林统筹，拿出一部分包括城市废弃地、拆迁整理地、砂石土坑地，当然依据科学布局也要包括一部分农地，营造平原森林，用大面积的绿量浸润城市周边，以其改善大气质量，这是一种必然选择，没有别的更好的办法替代。这一举措是要在全国的支持和统筹下以确保耕地红线为前提来实现的。这是战略的考虑，一旦选择了它，不能再犹豫了。这是北京历史上一次具有划时代意义的明决。

那么，怎么才能实现北京平原森林的科学规划合理布局和健康实施呢？这要通过调查研究认真思索逐一破题。专家和领导都有了不少高见，这里我也谈几点自己的建议。

第一，首先要摸清家底、搞好规划。

首都改善大气环境，周边种庄稼好还是种树好，要有科学依据，用数字说话，给社会各界一个合理的交代，要统一思想争取大多数人认同，并要形成“按需建绿”的科学格局和空间结构。就北京而言，要弄清楚营造多少平原森林、保留多少农田才是最佳临界点。这项工程还应该与北京早已规划的两条环型绿化隔离带以及楔形绿地相吻合（当然也可以有一些大片块状森林），形成山区森林和平原森林包围中心城市和隔离新城的基本格局，使首都人口密集、环境严峻的状况通过这些手段加以遏制。

第二，要有相应的政策准备、技术准备和苗木准备。

第一条“绿隔”现在仍还存在一些政策遗留问题，这次要吸取教训，在政策上予以保证。这其中，土地资源和水资源是制约植树的关键，要摸清造林所需要灌溉用水的基本状况和集水造林的可能条件。另外，树种的选择、抗旱造林技术等方面都要下足功夫。要特别注重乡土树种的合理运用，譬如国槐是北京的市树，可是过去没有成片栽植的国槐林，臭椿在北京适应性最强，这次能否试一试营造纯林的可能性等等。

第三，要开展相应的科研工作。

例如，平原森林的结构形态、纯林混交林各自的优势、林农结合和林下经济的考虑、植株疏密度以及尽快形成林相、林貌的规划措施。当然，无论是纯林还是混交林都要合理界定每一树种的种植单元，科学设置养护管理作业道等等。

第四，一方面大面积平原绿化在改善生态环境，另一方面又不顾环境和资源的承受能力不断扩大城市规模。

这是两件相互抵消的城市运动，平原绿化的举措固然重要，但很难抵御城市规模迅速膨胀带来的后果，这笔账也是要算清的。

第五，只靠平原造林还是不够的，北京山区林相和林木生长状态也不容乐观，由于多年森林抚育措施不当，过密的小老树影响了林木蓄积量的增加和生态效应的释放。

山林要茁壮郁闭呈最佳生态状，以发挥更有价值的生态作用，这些要特别给予关注，就是说山区森林和平原森林两手都要抓。

第六，从一开始就要注重森林景观和森林文化的塑造。

形成华北地区独有的恢宏大气、朴素的森林文化特征，注重用森林塑造北方的季相，让人们看到这些树就联想到是北京，而不是别的什么地方。还要注重在城市中培植大树（而不是破坏别处生态，起人家的大树），以体现首都的身份和历史感。

第七，不要一起步就走向过度设计和烦琐论证，要从简单开始，从城市周边开始。要结合生态、特别是为市民营造休憩环境、景观、文化和避险功能，这些都要综合考虑。当然也可以规划一些公园，但大多数则是简单的森林形态。在城市中心区和新城之间的隔离地区搞平原森林，可以结合城市“绿道”建设为市民提供跑步、驾车、骑马等健身项目，呈现给市民的是新城区之间的绿色走廊。

此外，先选择速生树种、先锋树种，尽快绿起来，形成足够多的绿量，并先从沙地、废弃地、棕地（大部分是工业遗产地）开始干起，不可避免的也要占一些农田，通过营造经济林、建设大苗储备基地、林下经济、开展旅游等来弥补对农业的损失。

有学者认为森林是个巨系统，是个宏观概念，北京刚刚要搞一些平原绿化就急切地成为“平原森林”，不利于舆论宣传，称为城市周边的“平原林地”为好。当然这只是部分人的看法，可供参考。

在全国政协常委会上的一次发言
发表于国务院参事室机关期刊《国是咨询》
2012 年 3 月

学习、乐观、实事求是、不断进取

——2015年北京林业大学园林学院毕业典礼上的讲话

亲爱的同学们：

你们好！

我叫刘秀晨，整整50年前我也是从这个校门走出来的园林专业的毕业生。今天是你们毕业的庄严时刻，同时也是我毕业并工作整整50年的日子。半个世纪再加上学校四年，我一直在园林岗位上坚持到今天，因此我也成为中国风景园林学科和行业成长壮大的见证人。在生态文明建设大背景下，我们迎来风景园林专业成为国家一级学科，共同体验着改革开放历程中城市园林行业由小变大、由弱变强，它的羽翼不断丰满，在国家战略中的地位不断提升。

北林风景园林作为中国风景园林教育的排头兵和领头雁，我这个校友和你们共同为之自豪。你们是幸福的，在这个时刻不仅要感谢培养你们的学校、师长和情同手足的同学校友，更要感谢祖国的发展给我们带来的机遇和展翅高飞的希望之光。

我有几点感悟想和学弟学妹们分享：

一个人一生平安健康是前提，这里不再赘述。下面讲几点。第一点，学习，永远学习，任重道远。大学这个阶段（包括硕、博）首先给我们的是基础知识。同时，学校给我们更重要的是学习的思维和方法论，以及思想和工作路线。日后的路还要靠我们自己开创，进入社会后要不断地实践和修行。学习是一生的任务，我的前半生就有不少学习的经历。1979年我设计北京市第一个居住区公园——古城公园时，亭子水榭都已支好了模板，我把眼眯起来一看，坏了，由于尺度比例把握的缺陷，建成后将会留下太多的遗憾。我只好把支模板的工人师傅请到家吃涮羊肉，求他们把模板拆了重来，直至满意。在多次的规划设计实践中我不知找过多少专家老师，这期间自己的经验和理论也随之总结和成熟。有一天胡耀邦同志路过公园，他对在居住区建公园的做法给予充分肯定。从此把公园建到老百姓家门口，成为20世纪80年代园林进入主流社会的开端。今天已经进入了一个大尺度园林的新时代，网络又给我们的学习带来极大方便。向实践学习，向专家老师学习，向所有人和新知识领域学习，成为我们的主课。提倡阅读的风气尤其重要。新的人生大幕将拉开，广泛阅读和实践，在“干中学习”，把提出问题解决问题的路线走好，无论干什么这都是永恒的真理，哪怕你改行创业也一样。

第二条，团结、乐观，构建多彩人生。如果你和周围的人不能团结，别别扭扭，这是很痛苦的。要善于团结人，发现别人的长处和优点，不要认为自己总是对的。在工作集体中寻找人情和温暖，无论顺利还是挫折，都要这样。

同时，还要坚持多彩人生的追逐。你喜欢音乐吗？你愿意画水彩吗？想健身或旅游吗？学科要与艺术联姻，加上身体保持健康状态，这些是人生的基础。当然，也还要有一个幸福的家庭。除了专业，我这些年一直坚持学习和实践音乐，写过不少反映专业和更广泛题材的歌曲。这使我的人生更充实和有滋有味，并把这些艺术思维用于园林创作。快乐人生与园林实践是美丽的双胞胎。钱学森先生说，搞科学的人要学点文学艺术，搞文学艺术的人要学点科学，可能激发跨越思维和创新火花，回首一生如果是快乐的才是幸福的。

第三条，学会吃苦并要实事求是。一个不能吃苦的人，一个不能容忍别人的人，什么事都干不成。现在条件比我们那会儿好多了。然而，时代的内涵也越发复杂了，面对的学科与行业的任务也越来越广泛，越是这样越要坚持实事求是，越要接地气。风景园林说到底是一门应用科学，在今天这“理念”那“理念”满天飞的时代。要干好自己的事，实事求是是法宝。

例如，一个城市有较充沛的水源，于是就把所有的水都拦在自己的城市，修成最大最美的湿地公园。可中、下游城乡生活用水、农业用水、城市用水全都被阻隔了。从局部看貌似为这个城市做了好事，从全局看这种本位害苦了整个地区。这是我们经常遇到或面对的问题。因此园林人要有大局观念，要讲真话、察实情、作有良心的园林人，这是何等重要。当然，工作之外，家庭、爱人、孩子为我们付出爱心，把苦留给自己，因此做一个有责任有担当的人，也很重要。

最后一点，求进取固然很重要，但进取的方向则是多种多样的。园林专业很广泛，不仅仅是规划设计才能带来功利，施工、管理、科研、教学，特别是要有一批优秀人才进入政府等决策机构，在全社会要有园林学科和行业的声音，为风景园林做出宏观的贡献和指导。以上这些领域都可能给园林人带来机遇和成就。

巴顿将军在西点军校毕业典礼上对学生讲：“我嫉妒你们，因为你们终于遇到了战争。”我可能没有这样的豪放，不过我也要讲：“亲爱的同学们，我也嫉妒并羡慕你们，因为你们遇到了一个改革开放的伟大时代。”也许，在几百个学生中只有几个出类拔萃的人，但所有同学在岗位上的贡献则是最广泛最基础的成果。如果在你们中间出现太多优秀的学子，那是我们老人的期盼。让这些尖子成为事业的脊梁固然很好，但是能有一些同学回到家乡和边远地区为那里的园林事业做出平凡（也许是不平凡的）的贡献，做一个平安、健康、幸福的普通人，也是不错的选择。你以为那些星光灿烂在风口浪尖上被人瞩目的人都幸福吗？其实很难。一生怎么度过要有谋划，也要顺其自然。这些都是真心话。谢谢大家！

“国家园林城市”20年访谈录

记者手记：早就听闻国务院参事刘秀晨先生是园林界鼎鼎有名的才子，他热爱园林设计工作，他主持设计的北京国际雕塑园、石景山绿色广场、石景山游乐园等等屡屡获奖；他擅长音乐和作曲，佳作不断，《醉在桃花中》《园林华尔兹》《奥林匹克北京》也屡屡获奖。记者怀着崇敬的心情踏进刘秀晨先生的家，先生侃侃而谈，声音洪亮，俯仰开合之间，理性之中不乏艺术家的率性；先生乐观且欣喜于对新事物的热爱；爱学习且擅于学习的天性在谈话中徐徐展现，给记者留下深刻的印象。今年是“国家园林城市”创建20周年，为了贯彻落实住建部精神，宣传、展示各地园林绿化取得的成就，中国风景园林网近期就“国家园林城市群”以及“国家园林城市”创建工作和相关问题采访了一批国内知名的专家、学者，并将相继推出“国家园林城市20年系列访谈”。国务院参事刘秀晨先生在家中接受了本网站记者的采访。

一、园林城市在中国城市化进程中的作用

2012年是“国家园林城市”创建20周年，创建“国家园林城市”工作开展以来取得了巨大成果，这是非常值得回顾和总结的大事件，它具有承上启下、继往开来的意义。利用20年庆典的契机，总结一下我国园林城市发展很有必要。

创建国家园林城市是我国改革开放后城市化进程中一个重要成果，它与城市规划、建设、管理、运行紧密相连。宏观上看，城市发展到今天各项市政基础设施都已经有了很大提高，其中园林绿地建设又走在所有基础设施的最前端。

城市化进程是一把双刃剑。优点是城市越来越现代，房子越来越多，城市景观不断进步；缺点是人也越来越多，交通拥堵，空气质量下降，城市的生态和环境受到挑战。园林城市的创建则是不断地在和城市化过程中“混凝土”建设博弈，两者同时前行，这其中由于创建国家园林城市的成绩占据了上风，城市中的树多了、绿地也多了，从目前看大部分园林城市绿地率都能达到35%以上，这是一个很大的进步。城市发展了，绿地发展比其他发展还快，这就是国家园林城市建设的一个可触可摸的重要成果，这也是中国城市化过程中的一次伟大实践。

回顾20年前开始创建园林城市，再看现在所取得的成绩，园林绿化已经从“见缝插绿”到“规划建绿”，甚至于正在走向可能条件下的“科学建绿”和“按需建绿”。

以北京为例，北京第一条绿化隔离带在四环五环之间，是公园环，包括朝阳公园、红领巾公园等等；第二条绿化隔离带在五环六环之间，是生态带。这两条绿化带，加上几条楔形绿地的构建，成为北京市绿地系统规划的基本构架。两圈七楔就是规划建绿，而北京市人口已经接近3000万，发展规模越来越大，北京的绿量还是不够，新城又建设了11个万亩滨河森林公园。从今年开始，100万亩平原森林的建设，就是应对PM2.5所采取的“按需建绿”的重要举措。等将来这些树木都长大了，从空中俯瞰北京，就会发现北京和莫斯科、法兰克福、柏林、华沙一样，形成了森林包围城市的态势。节能减排，低污染、低排放、低能耗，这些都是被动的措施，而解决碳汇唯一主动的办法，就是绿化。

世界上有三大生态系统：森林、海洋和湿地草原。对于人类来说，改变海洋和湿地几乎是不太可能，但人类对森林的干预力量却是很强大的，通过国土绿化和城市园林增加绿量，成为解决低碳问题的唯一有效措施——因为只有植物能吸收二氧化碳和释放氧气，具有碳汇功能。20年创建园林城市的过程中，大规模城市绿化和科学的布局，对城市未来的发展奠定了基础。现在城市三分之一以上的土地都是绿地，这就是园林城市对绿地率的基本要求，以园林城市为样板，带动全国所有城市，这一成果非常突出，园林绿化在改变着城市、改变着地球、改变着人类的生存环境。

二、园林在城市化进程中彰显了五大功能，这五大功能正是我们国家创建园林城市所追求的基本目标

1. 生态功能

城市园林建设能使城市生态环境不断改善，抵消建设过程中的破坏和挑战，例如污染、噪音、空气干燥等问题，通过园林绿化可以改善并达到减少污染、抗菌、减噪、增加空气湿度等等，让环境变得更好。

2. 休憩功能

过去人们“逛”公园是一种奢侈的消费行为，而现在，城市处处公园，社区片片绿地。“到公园去”已经成了老百姓日常的生活方式。市民生活在充满生机的公园绿地中，生活质量有了提高，大部分公园都免费了，人们在公园里唱歌、跳舞、散步、健身，在亲近自然中减压减负，极大地改善生活品质。

3. 文化功能

每个城市都有自己的历史和文化，可以通过园林景观表达和展示这些文化的内涵。比如在公园、绿地里塑造历史事件和人物的雕刻和其他公共艺术，可以潜移默化地接受它所表达的内容，这是一种“强迫艺术”，只要你经过它，你便会不由自主地看上几眼，接受它所传达的文化信息。园林植物本身就是地域文化的形象表达。

4. 景观功能

城市道路的景观是由城市的天际线和平面的凹凸线两条线决定的。从地面0到15米的行道树占

据了人们视野尺度的第一空间，为城市穿上绿色“裙衣”，它让城市不统一的建筑形象一下子变得协调起来，给城市更多的自然气息和美感，丰富了城市景观。通过园林手段不仅渲染了城市文化气氛，而且花团锦簇、姹紫嫣红、浓荫郁闭，使城市更美了。

5．减灾避险功能

一旦发生地质灾害、瘟疫等，人们都需要到开敞空间避险，而城市最多的开敞空间就是公园绿地，绿地会成为人们恐慌中舒缓情绪的好去处。这一点我深有体会。2003 年 SARS 爆发，5 月 1 日我在颐和园，看到整个园子冷冷清清，没几个人，偌大昆明湖上只有一只小船，当时我的心也沉甸甸的。可是到了 5 月 4 日，市民好像一下子都觉悟到公园空气最新鲜，最能让人释放压力、舒缓紧张情绪，那天我去紫竹院公园，发现公园里人一下子多起来了，那里空气最好、环境最好，心情也好了起来。当然，公园的避险功能对公园建设也提出了新的要求，比如要增加避险设施、电源、救护手段等等。有的公园里还要建直升机的停机坪，有紧急病患，在交通中断的情况下还是可以通过直升机救助的。所以建设公园时不仅要考虑到有山有水的景观之美，还得考虑到避险设施的健全。

创建国家园林城市 20 年来，园林绿化这五大功能在不断地得到扩充和彰显。历史上我们经历了隋唐宋和康雍乾两次园林的辉煌，现在中国园林正处在第三个辉煌时期，这是一个全新的为整个城市服务的新的历史阶段，我们要抓住机遇，让中国园林大放异彩。

三、国家园林城市的创建，推动住建部管理的各项城市职能得到充分完善

国家园林城市评审中有很多重要选项，比如住房、危房改造、历史名城保护、城市垃圾和污水处理、广告牌匾的整治等等。这些城市规划建设管理中的诸多问题，都在创建国家园林城市的过程中得以解决和改善。创建园林城市一头牵百头，带动了各项城市管理职能和城市建设的方方面面，如果一个城市没有污水处理场或者垃圾处理场，就可以一票否决，不能被评为园林城市。

这使领导和市民对创建国家园林城市的工作提升了高度，也使得群众非常拥护创建园林城市的工作。群众 1 的参与对鞭策、监督政府如何把城市建设和管理得更美、更好、功能更完善起到很大作用。“创园”过程就是领导和群众互动的过程。

四、国家园林城市群的出现与区域经济紧密相连

改革开放初期，1985 年我第一次去日本，看到东京—大阪城市群。一路高铁走来，名古屋、神户、京都、奈良等城市都在这条线上，那时我对这个城市群特羡慕，觉得日本做得很棒，一条线上能串联起那么多城市。现在我们国家区域经济的发展水平不亚于当年日本的东京—大阪城市群，比如从南京到上海，镇江、扬州、无锡、苏州、常州、张家港、昆山、南通等城市都囊括在其中了。园林城市群的出现其实与区域经济的发展是一脉相承的，现在出现了很多“国家园林城市群”，以国家园林城市为核心，周边的城市都争先恐后在创建或者已经成为国家园林城市，比如山东沿海地区以及长江三角洲、珠江三角洲等城市群。小平同志说过“要使一部分人先富起来”“先富带动后富”，

我们创建园林城市也是这样的发展模式——一部分国家园林城市先创建成功，再带动周边的城市加入到国家园林城市的行列中来。园林城市群为区域经济的发展奠定了生态和环境的基础。

要把园林发展放在经济社会发展的大背景下分析评估。园林城市群多出现在经济发达的沿海地区，而中西部经济相对落后的地区构建园林城市群还有一些难度。经济发展了，社会进步了，国家园林城市群就会应运而生，区域经济推动了园林城市群形成。同样反过来，国家园林城市群的形成又会推动区域经济的发展和完善，如武汉、郑州、长沙、西安、成都、厦门、南宁等。珠三角 2 800 公里的“绿道”就是最先出现在发达地区的，先是珠三角、长三角、环渤海经济区，中部也开始崛起，出现了郑汴洛、长株潭、武汉经济圈等，西部的重庆、成都、西安等城市圈也相继形成，绿色浪潮将逐步由东向西滚动。

五、园林城市的共性与个性

国家园林城市的量化指标和内涵是一样的，这使得所有园林城市有共性的一面，但每个城市地域不同，具有各自不同的经济、社会和文化特色。比如青岛、威海、烟台是典型的海洋城市。

曾经有记者问我：现在中国城市里的园林绿化都基本一样了，都有绿荫、花坛、微地形、喷泉、花架、雕塑、广场，这些是不是都学国外的，没什么新意呀?

其实，各国都有自己的文脉，比如法国的整型式园林、英国的疏林草地、意大利罗马台地式园林、日本的枯山水，当然也包括中国的自然山水园林，随着世界经济一体化，经济的发展让全世界的社会生活趋同，人们的思维也在趋同，园林也不会例外。

我们要注意把握好两方面，一方面要对城市文化不断地汲取、继承、发扬，比如北京要有首都风范和京味个性，上海要有海派特色；另一方面，随着国际化、现代化的推进，全世界的城市规划与建筑也在走向趋同。城市园林应在继承文脉和走向国际化两方面并存，一个多元化园林创作的趋势将不可避免。时代感可能带来走向国际趋同的一面，文脉又让我们不时从民族、地域中寻找文化亮点。两者在高层对接或并存，这可能是新世纪园林文化的趋势和众生相（当然，城市规划和建筑也一样）。

六、创建国家园林城市 20 年，有以下一些方面形成共识

1. 现代园林的生态、休憩、景观、文化和避险五大功能的定位，已经得到业内和社会的普遍认同。这其中生态优先、以人为本、物种多样性三大理念在这些功能中占据上风。当然，还有一些普世化的功能，如科普、水保、杀菌、防噪等等，这些都可以融入五大功能之内。

2. 公园绿地已经成为城镇人民的生活方式，是城市化重要的里程碑，是城市进行曲的主旋律之一。公园绿地已经成为人民大众健身消遣的必需品，这是一个享受公园的时代。

3. 公园绿地建设促进了城乡大发展。公园与城市之间形成良性互动、互促的发展态势。公园绿地不仅是得民心、顺民意的民生工程，也是拉动内需，发展经济的着力点。公园绿地建设全面带动

房地产和城市环境的整体提升，北京皇家园林、现代园林都是旅游业和文化创意产业的重要依托。有人讲“城市暨园林”，就是说园林和城市都在遵循师法自然、人与天调的基本理念，这个说法很重要，也很准确。

4. 古典园林的新生是一大重要亮点。京华园林丰厚的历史积淀、皇家园林所独有的浩然王气，使它成为一部异彩纷呈的大百科。这些世界级的文化遗产经历清末和民国的乱世，从满目疮痍到半个多世纪的休养生息，大部分恢复了历史原貌或者达到了历史上最好的时期。北京古典园林的新生将被载入史册。

5. 现代园林在实践发展中正在走向多元化、开放和包容。从传统到现代，从文脉到时尚，现代公园绿地走到今天已发生巨大变化。传统园林理论的继承、发扬和创新在今天还要强调，但是纯传统和现代生活还是相距甚远，不可能全部照搬，传统园林中天人合一、师法自然等理念和巧于因借、小中见大等手法，对今天的创作仍有许多借鉴启示之益，它将会融合于现代设计并与时并进，立足本土，博采众长。

6. 经济与社会的发展在催生园林学科的内涵与外延不断扩出，其覆盖面越来越大，园林正在承担更广泛的使命。世界在变，中国也在变。园林在适应新的创作环境，已经不完全是传统意义上的学科范围，它正在与相邻学科、边缘领域相融合、渗透、对接。“园林暨城市”就是说一个城市的规划建设，依据师法自然、人与天调的共同理念和哲学思想，这正是赋予现代园林的时代特征。

7. 从市区走向市域，构建城乡统筹、城乡一体的绿地系统是近年来城市绿地建设的最大进步。从见缝插绿到规划建绿，城市绿地系统在实践中不断完善，按需建绿将使城市绿地系统规划走向更加合理科学。园林人不仅要驾驭园林绿化的规划建设，还应参与城市总体规划和介入城市设计。

8. 创建国家园林城市和长期的园林建设实践，为中国特色的城市规划、建设和管理积累了丰富的经验。在创建国家园林城市工作中，坚持的一些原则也值得总结，例如，城市规划坚持法定绿地率和植物造景、绿化为主的原则；坚持以人为本、体现对人的关怀原则；坚持大气、简约和赋予时代感的设计风格；坚持传统文脉与现代风格结合或并存的原则；坚持节约型园林的原则；坚持工程出精品和阳光工程的原则；坚持以地带（乡土）树种为主，适当应用新优品种和园林科技新成果的原则；坚持生态、景观、文化、休憩和减灾五大功能和生态优先的原则；坚持城乡一体、城乡统筹绿地系统的原则；坚持生物多样的原则等等。提倡使用环保节能材料；提倡节水、使用再生水和集水技术的措施和融入“海绵城市”的理念；提倡生物防治、少用农药等有污染的材料。实现以生态为核心、以人文为主线、以景观为载体、以空间优化为基础的新型绿地系统。

9. 党中央关于生态文明建设理论与实践的呼唤，风景园林已经与规划、建筑并列成为以人居科学为基础的国家一级学科。创建国家园林城市的学科和行业基础更加坚实敦厚，创建的实践经验也将会进一步丰富学科的内涵。

以上总结，概括了当今现代园林学科和行业的基本状态，也可以说是创建国家园林城市的基本经验。

原载中国风景园林网 Http://www.chla.com.cn/

2012 年 9 月

为了一棵3 600岁的银杏

【提要】国务院参事刘秀晨今年6月份给山东省委书记姜异康同志写了一封信，建议采取措施保护山东莒县浮来山上的一棵3 600年以上树龄的银杏王。姜异康书记收到信后做了批示：“此信反映的情况应予重视，建议请有关部门专家研究并提出对策，有关方面给予积极配合，采取有效措施予以保护。”山东省副省长贾万志同志也做出了批示：“请日照市政府、山东省林业局落实好异康书记的重要批示，省林业局邀请国内一流专家研究会诊提出对策，日照、莒县切实做好古树保护工作。”山东省林业局获知省领导批示后，马上组织专家现场查看，会诊提出保护措施，并将落实情况上报山东省委、省政府，同时也向刘秀晨参事做了汇报。

现将刘秀晨参事致姜异康书记的信和山东省林业局的回信全文刊出。

刘秀晨参事致姜异康书记的信

异康书记：

您好！

我是国务院参事、全国政协委员、中国风景园林学会副理事长刘秀晨（原北京市园林局副局长），几次在济南和北京“两会”有机会见到您并叙旧很荣幸。有件事实在不知怎么办，只好向您反映。咱们山东省莒县浮来山有棵3 600年以上树龄的银杏王，据查是世界上树龄最长的，我想你肯定也知道或去看过。我几次曾慕名考察过，此树当年荫浓如盖，所有观者为之景仰惊叹。它不仅是山东的骄傲也是中国的象征之一，几千年的历史连绵至今，它比那些古建园林更能代表中国的历史与生态文明，况且它又在我们的山东。

近日因调研偶然去浮来山，令我惊讶和恼火的是：这棵树现已全然处于病态，枝条稀稀落落，本应翠绿的树叶都已焦黄了一半。参观者依然络绎不绝，导游者依然津津乐道于那些根本叫人笑不起来的解说。出于职业习惯，我预感到这棵银杏的命运正在受到历史上从未有的威胁。我向当地的人了解，他们也很着急，也请过“专家”都无济于事。有的说是当地农田使用除草剂挥发造成的结果，我个人认为这种解释根本站不住脚，浮来山上千万棵树，怎么就这棵树处于病态？当然树老了免疫力差了，难道就这样任其每况愈下导致更加可怕的后果吗？

我不反对地方上发展旅游，更何况这里还是4A级旅游区，如果这棵世界级国宝不行了，谁也负不起这个责任。现在的情况是要立即下决心，马上采取抢救性措施，甚至应不惜代价地采用各种科学的复壮手段，让这棵树尽快缓过来。

我建议：

1. 应立即关闭银杏王周边的中心游览区，减少进而杜绝游览带来的各种伤害古树的可能。

2. 马上请省里甚至国内第一流的古树复壮专家，通过调研、化验、分析其致病的原因，找到切实可行的复壮手段。

3. 古树复壮应该是国家行为、政府责任。不能靠企业和部门，省里主管部门应立即敏感地意识到问题的严重性，成立抢救小组，工作要有责任制、要有成效。

4. 建议马上派工作人员现场查看，了解真实情况，组织这项复壮工程（如果您有时间能去亲自看一下当然更好）。

这确实是对历史对祖先对省情对生态都很重要的事情，请您百忙中关注。

刘秀晨

2012年6月10日

于国务院参事室

山东省林业局的来信

刘秀晨参事：

非常感谢您对银杏树王、对林业事业的关注、关心。姜异康书记收到您的关于银杏树王的信后，及时做出批示：“此信反映的状况应予重视，建议请有关部门专家研究并提出对策，有关方面给予积极配合，采取有效措施予以保护。”我省副省长贾万志同志也做出了批示：“请日照市政府、省林业局落实好异康书记的重要批示，省林业局邀请国内一流专家研究会诊提出对策，日照、莒县切实做好古树保护工作。”我局非常重视，6月21日便专门组织专家现场查看，并和当地的党委政府及有关部门一起研究解决问题的工作措施。详细情况见我局给省委、省政府的报告。目前，经过采取一些浇水、松土等有效措施后，银杏树王的长势基本稳定，特别是这几天连降大雨，黄叶落了不少，树的长势向好的方面发展，不少枝条已出现新芽。

近日我局将邀请国内一流专家到现场，进一步研究复壮的方案，并抓好落实。

恳请您对古树名木保护工作和山东林业的发展多提宝贵意见。

（上报省委、省政府的报告，略）

山东省林业局

2012 年 7 月 9 日

感谢信

山东林业局各位领导：

非常高兴收到你们的来信和转来你们给省委办公厅、省政府办公厅的报告。得知你们为莒县“银杏王”的复壮做了一系列的工作，我也见到你们在北京请的专家会诊带回来的最新信息，对你们及时的富有成效的努力表示衷心的感谢和致敬。（在此之前我还请中国林学会江泽慧会长通过尹发权秘书长向省林学会反映了情况。）

听到你们采取了拆除铺装、加强水肥管理、清理封堵树洞、铺设木栈道、控制结果量和准备桥接等正确的技术措施，这棵树重新焕发活力将大有希望。我还建议是否暂时围挡树体周边核心保护范围，尽量减少游览带来的伤害。待树体复壮迹象明显基本恢复后，再有条件地让游人接近。这样做并不会影响旅游收入且对复壮有更多的帮助。

这是一项功德之举，你们的工作将载入史册。

非常感谢。

此致

敬礼

刘秀晨

2012 年 8 月

点评

从相关部门发来的照片看，省、市、县相关部门已经做了大量工作，使古银杏树王的保护得以改善，无疑，这项工作应该是给予肯定的。美中不足的是这棵古树的保护栏杆范围仍然太小，根据古树名木保护的规范和标准，这种珍贵的国宝级、世保级古树，从胸径边算起，栏杆在其周围至少要有五米以上的距离。这样不仅保护了树体，还可以对植株进行常态性的灌溉、中耕保墒、保护裸露的根系，甚至适当施肥，只有这样才能按规范全面完成古树复壮，进一步的技术措施有待期盼。

天下银杏
第一树

山东莒县浮来山上的银杏王

关于贵安新区月亮湖公园文化主题的思考

贵安新区的负责同志希望我向您袒露我个人对文化建园，尤其是表达月亮主题的意见。表述如下：

1. 亮湖公园的规划经多次论证，已基本认同（某些景区还要调整，如东大门广场、西部交通等）。关于文化命题的思考是重要的，您提出月亮主题很有新意，它可以带来诗情画意和深刻的“乡愁”。因此，我以为在公园基本功能（生态、休憩、景观、一般文化和城市减灾避险等）不变的情况下，切入“月亮”并给予加强，无疑是正确的。问题是如何表达月亮，看了这几个方案，都是以具象的月亮作为重要手段加以张扬的，这是浅薄的，要重新思考。

2. 园林文化一般有具象和抽象两个层面。就是说用具体的形象还是用意境留给游人多重思考，这是个文化深度问题。我国园林中的“月亮”有千万个，例如平湖秋月、三潭印月、二泉映月、卢沟晓月、春江花月夜以及各种“问月”“得月”“赏月”的亭台楼榭和“举杯邀明月”等诗意，如今已不知用过多少手段和形成多少丰富的思想内涵，然而没有一个具体的人造的月亮形象。那些大声疾呼“我是月亮”，本身是简单肤浅的，是不可取的。功夫在诗外。没有月亮，却又向往月亮、依恋月亮，“境”

才是园林中的月亮之魂。意境，它不是一个具体的符号。当然，太阳或者真实月亮及其水中倒影、瀑布、叠水以及爱情、革命故事、神话、传统等在园林中也是通过启蒙、联想、隐喻等手段表达的。任何不断“放大文化”“解释文化”和“符号文化”，恕我直言，都会带来浅薄。改革开放以来，不少实践带来的教训太多太多。因此，“造”一个月亮符号实不可取。园林中任何表达月亮的手段，都是要唤起游人对月亮美好、靓丽、纯洁的追逐，“她”是虚拟的。卢沟晓月就是当年进京赶考的文人拂晓由西入京，恰逢月入眼帘，给他们带来中举的希望。平湖秋月则是中秋逢时美好的启迪。这些都是高层次的审美，在公园里建个假月亮我坚决反对。

3．我建议：

（1）寻找公园一处最美的较为隐蔽的风景处，建一组赏月的园林建筑。可以临水，也可以在山半腰，在那里赏月、寻月，向月亮表达爱意，享受月亮给人间带来的美好，十分得体。别人叫楼、亭、阁、榭，在贵州这片未开垦的处女地，则可以叫寨、溪、涧、坊，有贵州味（这有点像美国的“流水别墅”、法国的“朗香教堂”）。

（2）在全国已形成品牌的《贵州生态论坛》应该搬到贵安新区月亮湖畔，这里才是最生态的。还可以利用公园东侧的建设用地，把论坛的接待中心放在那里。这样，赏月建筑和论坛中心都能与月亮主题相得益彰、取得共赢。

（3）贵州多彩民族文化无比丰富，遗憾的是近年来几乎没有叫得响的好作品。月亮湖畔要成为贵州文化、艺术从这里出发的名人沙龙，让全国和省内的文化人荟萃于此，为繁荣多彩的贵州文化侃大山、献良策，每年搞几次这样的活动。也许，就在这里生产出一批贵州名歌名曲、名诗名人，从这里走向全国。北京北海公园庆霄楼，当年，彭真同志就是每周末邀请在京音乐家、演艺家、画家、书法家以及文艺评论家在这里搞沙龙的。

（4）贵州是高原气候且凉爽，阴天多、晴天少。贵阳就是难得太阳而得名的。当然，有贵阳也应该有贵月，月亮是美丽的、纯洁的，是爱情和美好的象征。贵阳和贵月用高境界的诗意勾勒了贵州的两种审美，寓意好，有空间。一首《月光曲》或者嫦娥和吴刚的穹顶雕塑就足够了，把寄托爱情、祈祷、拜月、祝愿和时空的要素加起来就是月亮湖。这个心中的月亮始终没有出现，但比那个具体的月亮更伟大。

（5）显然，这个公园还是要有一个主景的。正像颐和园的佛香阁、天坛的祈年殿、北海的白塔和西湖的保俶塔。这需要在建设和管理过程中通过不断地文化积淀和“大浪淘沙”最终产生。我以为要有时间慢慢推敲，不急于一个早上就呈现，就像北京奥林匹克森林公园至今没有主景，只是预留了空间，这才是文人园林的成熟思考。我听说您来自美丽的西湖，这种共识你我之间也许能成为友情的基础。

2016 年 8 月 15 日

谈杭州四季酒店园林绿化施工

这次来杭州是一次学习，向人文园林有限公司的年轻人学习。这个项目“绿城”是东家，园林规划方案人是美籍泰国人，在我看来这些并不重要，重要的是我们人文园林有限公司的二度创作。我更加体会到设计与施工结合的重要性。园林是一门应用学科，图画得再好，表达不出来也不行。有了图，对每个环境、细节用二度创作拿捏得体，就是要把握环境，把植物、铺装和构筑物落在地上，这个过程就是二度创作。你们做得很成功。20 世纪 50 年代孙筱祥先生的花港观鱼是一个时代的高度。每个时代都应该有代表作，陈胜洪老总的二度创作可以称得上代表作。他 17 岁入园林之门（我也是 17 岁进入园林专业），很不容易，一直在实践中探索。酒店园林往往都比较张扬，总要有一种表达感、张扬感，基于这样的属性往往手段就显浮躁。今天看了四季酒店，总体上表达手段比较完整，把酒店园林的表达感掩映在比较高雅的手段中。

首先是入画。植物的个体美、群体美、林缘线、林冠线和群落都表达得相得益彰。当然，现在树还没有长大，一定不要放弃养护管理的不断追踪，要让植物的画图在最佳生态状中表达得淋漓尽致。粉黛墙为背，水石草为底，花树葱茏，色彩体量配置得宜，一片生机，展示了几乎完美的画图。

第二是意境。入画后才能有山石、水体、植被与阡陌小路等要素共同构成环境的升华，这一升华上升为意境，表达的却是一种情感。不同的环境，使人对环境氛围产生了情感，这就是艺术创造的职责。轻松愉悦是一种情感，孤山的梅妻鹤子也是一种有艺术强度的情感。园林的任务就是用各种元素创造意境并升华为情感，这就是艺术。

第三是个性。每个环境氛围都能有不同的艺术表达，开阔的、封闭的、张扬的、深邃的……大统一下赋予的每种个性，更加丰富了主题，深化了意境，形成个性鲜明的不同构思，做得很有意思，这需要匠心。

第四是植物造景和园林手段的成功，掩盖了这个酒店的规划与建筑的某些不足。我觉得整个酒店的流程有些乱，建筑在传统与现代的文化与功能的表达上，一些尺度和形象如何表达也值得商榷。恰恰是我们园林交出了一张较为满意的答卷，把这些缺陷弱化了。

当然，也有些不足。我不太喜欢那些大的山水瀑布放在大空间中去争俏，酒店有时需要张扬，这些是可以理解的。但是，也要处理好空间中主、从、次的构图关系，也许会更贴切。总体讲，树栽得比较密，植物生长过程中应循序渐进地施行减法，“删繁就简三秋树，领异标新二月花”。

又及，去年我本想把传统园林作为非物质文化遗产申报世遗，因为世界园林之母、苏杭园林范例、中国园林植物材料等等一大堆理由。孟兆祯、欧阳中石先生却认为不妥，理由是我们还没有一套完整的园林理论文献，规划设计不能代表全部的理论体系。甚至我们还不如昆曲，从新中国成立以后至今形成一套完整的体系。我认为两位老先生的意见是对的，我们不仅理论体系总结不够，在应用和实践方面如何做得更完美也需要研究。

看了胜洪老总的心血之作，更加体会到园林实践的重要性。他有一种求真的精神，不断用心思考。可以总结成四句话：“用心不躁难得全，追真弃浮乐有边（不是做完就沾沾自喜，而是不断追真弃躁）。思梦化境心力竭，无愧我心慰先贤。”用最大的努力，在传统的基础上往前走去，不停滞在先贤的原位上，还要不断探索。我认为胜洪做得很好，是年轻人的代表，相信他在历练中会更加成熟，成为楷模。

原载《人文园林》

传统园林艺术鉴赏的一些相关知识

一、园林的真谛、命题、出发点与归宿——人与天调，师法自然

1. 风景园林学的产生、发展与实践

有人讲风景园林学伴随着生产力的发展，最初产生于统治阶级开始向往大自然并伴生闲情逸致。“园囿”的出现始于圈划一定的自然山林，用于狩猎和玩赏，这可能是园林的最初形式。社会的进步导致人类的聚集地——城市的出现，人类追逐风水与沃土，定居家园并建设园林。无论囿还是城市都是对美好生活的向往和对生态的追求，当然，同时也伴生着对自然生态的伤害。于是，尊重自然、顺应自然、保护自然和最小干预自然并逐步走向人与天调、师法自然，这些理念在实践中得以应用，并呈现风景园林学科的雏形。在人类社会的历史长河中，这个学科逐步走向成熟并成为经济与社会发展中的重要实践。最近有人讲风景园林学科一开始就是统治阶级占据风水、狩猎等等，直至后来老百姓建设城市和家园也占据了风水宅地，因此是一种罪恶。这个观点是不成立的。人类向往美好

的自然生态本身是朴素的，这个学科就是实践生产生活和人与天调的统一性。园林的真谛、命题、出发点与归宿就是这些，它不是罪恶，相反这个伟大的实践与人类社会的发展将伴生到底。

2．传统园林的继承发扬和创新

传统园林理论的继承发扬和创新，是一个不可回避的实践问题。纯传统与现代生活相距甚远，封闭的布局为现代生活摒弃，但是人与天调、师法自然，实现天人合一，再加上过程中的诗情画意、委婉含蓄、宜居环境、巧于因借、循序渐进的空间序列，小中见大、欲露先藏的艺术手段等等，在今天仍有重要的借鉴与启示意义。应融入现代城市规划和城市设计，从传统中汲取营养，立足本土，博采众长。这正是传统园林在今天要发扬光大的精髓和基础、源泉和力量。城市园林的本质是一门应用科学，经验告诉我们，它是要靠落地才能完成的，因此要警惕园林理论的玄学化。

3．园林文化的解读

文化是民族的血液、人民的精神家园。园林是表达城市文化的重要载体，要力求准确、含蓄并恰如其分。中国传统文化深邃含蓄且具有诗化境界，关键是要有深刻、准确的驾驭能力，表达方式和力度要拿捏得体，这正是中国园林文化的优势所在。任何放大文化、解释文化、符号文化都有可能陷入浅薄，必须慎重。有学者指出，中华文化的精髓本来就流淌在我们民族的血液中，和谐社会里那些美丽的文化，就是百姓的千户炊烟、万家灯火。汶川地震那个四岁小孩不顾生命危险去救别人，就是我们民族慷慨、善良、以救人为己任的文化基因的突出表观。园林文化不仅表达人类对生态美好的向往，还体现以民为本的休憩理念，创造美好的诗情画意和减灾避险的开敞空间，是人类对美好家园宜居环境的创作实践。

二、中国园林艺术理论与实践

1．明代计成所著《园冶》，精炼地概括了园林艺术的实践与理论。“虽由人作，宛若天成（宛自天开）”是传统园林的主线和精髓。

2．中国园林在历史的长河中逐步形成了若干原则。例如，因地制宜、顺应自然；山水为主、浓缩自然；有法无式、重在构图；借景对景、延伸空间；小中见大、欲露先藏（以颐和园仁寿殿耶律楚材墓和从玉澜堂看万寿山为例）；诗情画意、情感委婉（以西湖保俶塔以及林和靖梅妻鹤子为例）；主从次不对称的均衡构图关系；节奏与韵律的景观序列（以颐和园仁寿殿、乐寿堂、长廊、排云殿、画中游、石舫等为例）；蓬莱、瀛洲、方丈三仙岛；集锦式园林等等（以西湖十景、大明湖、北海为例）。

在漫长的历史长河中还逐步形成了以下一些园林规划设计的手段，譬如：

（1）统一中求变化（以长廊为例）；

（2）模拟序曲、高潮、尾声的音乐系列表达（以颐和园为例）；

（3）轴线——园林规划设计的主调和重要基础（不是唯一基础）；

（4）蓬莱三仙岛——中国式园林的传统构图之一；

（5）有分有合的空间变换（颐和园暨清漪园后山苏州河的空间造园，宿云檐、苏州街、澹宁堂、谐趣园等）；

（6）“神似”胜于“形似”：谐趣园借鉴无锡寄畅园的神韵以及巧妙运用昆明湖至六郎庄水体落差的叠水，又如西堤六桥、景明楼与西湖苏堤白堤的对应；

（7）山体建筑群的轴线与空间组织：佛香阁、排云殿、智慧海、铜亭、转轮藏、画中游等建筑；

（8）经典的植物配置模式：如乐寿堂中的“玉、堂、春、富、贵”，乡土树种的序列“杨、柳、榆、槐、椿”“桃红柳绿”“红杏出墙”等；

（9）借景：从昆明湖看玉泉山塔，拉长了景深，扩大了视野，引远山入园；

（10）皇家园林功能区的序列：如颐和园行政、生活、宗教三大功能的延伸，龙王庙、廓如亭、铜牛和文昌阁的合理布局。

3．案例

（1）**皇家园林（以颐和园为例）是代表中国园林最重要的表达形式之一：**从夏代的瑶台、秦代的上林苑阿房宫、汉代的建章宫、唐代的大明宫、宋代的艮岳直到清代的三山五园、避暑山庄，所有的皇家园林不仅是中国园林的历史宝库，还代表着朝代变迁中的帝王思想，成为历史文化的重要体现。

（2）**宅院园林：**以苏州园林为例，沧浪亭（宋）、狮子林（元）、拙政园（明）、留园（清）、网师园（宋、清）、环秀山庄（宋、明、清）、耦园（清）、艺圃（明）、退思园（清）以及南京瞻园、煦园、上海豫园以及安徽的水口园林等。

（3）**寺观园林：**以潭柘寺、戒台寺、碧云寺、卧佛寺、红螺寺以及承德八大庙为例，以浙江的国清寺、天童寺、报国寺为例，以苏州寒山寺、杭州灵隐寺、登封少林寺、洛阳白马寺、开封相国寺、福州鼓山涌泉寺、普陀普济寺和法雨寺、扬州大明寺、拉萨大昭寺、泉州清净寺等为例。

（4）**文化景观园林：**以西湖、五台山、庐山为例。

（5）**风景名胜区（自然遗产区及国家公园）：**泰山天下雄、黄山天下奇、华山天下险、峨眉天下秀、青城天下幽，唯有南岳衡山独如飞。

（6）**历史遗产园林：**如夏代的瑶台、秦代的上林苑、汉代的建章宫、唐代的大明宫、宋代的艮岳。

（7）**传统文化标志园林：**如中国十大名楼（黄鹤楼、岳阳楼、滕王阁、阅江楼、蓬莱阁、山西永济鹳雀楼、大观楼、长沙天心阁、西安钟鼓楼、杭州城隍阁）。

4．园林风格与流派：京派园林（皇家园林为主以及庭院寺观等）、江南（苏式）园林、徽派园林、岭南园林（东莞可园、番禺余荫山房、顺德清晖园、佛山梁园四大名园）、巴蜀（川派）园林等。

5．园林文学与园林意境：

落霞与孤鹜齐飞，秋水共长天一色。（王勃《滕王阁序》）

惊涛拍岸，卷起千堆雪。（苏东坡《念奴娇 · 赤壁怀古》）

飞流直下三千尺，疑是银河落九天。（李白《望庐山瀑布》）

青箬笠，绿蓑衣，斜风细雨不须归。（张志和《渔歌子》）

故人西辞黄鹤楼，烟花三月下扬州。（李白《黄鹤楼送孟浩然之广陵》）

先天下之忧而忧，后天下之乐而乐。（范仲淹《岳阳楼记》）

劝君更尽一杯酒，西出阳关无故人。（王维《送元二使安西》）

枯藤老树昏鸦，小桥流水人家，古道西风瘦马。夕阳西下，断肠人在天涯。（马致远《天净沙·秋思》）

远上寒山石径斜，白云生处有人家。

停车坐爱枫林晚，霜叶红于二月花。（杜牧《山行》）

6. 园林与宗教：宗教思想借助园林手段艺术表达。儒释道（孔子尚正气、老子尚清气、释迦尚和气，正清和三气贯通为精髓）、天地人、文史哲、真善美的贯通和营造园林意境。寺观中常用的园林植物有银杏、松柏、七叶树、楸树、腊梅、丁香、石榴、葡萄等。

三、园林植物与园林艺术

1. 中国——世界园林之母：丰富的园林植物资源和经典的造园理论与实践。

2. 关于国花与中国十大名花：牡丹、梅花、菊花、兰花、月季、杜鹃、茶花、荷花、桂花、水仙。

3. 关于古树名木：如莒县银杏王、团城白袍将军、嵩山大将军二将军等，大树景观和植物造园。

4. 关于行道树：行道树的起源、发展、功能、栽培形式与道路规划、现代城市文化密切关联。

5. 关于水生植物：浮水、挺水、水下植物的运用，以及芦、荻、茅、苇、芒和水生观花观叶植物等。

6. 关于乡土树种（地域树种）：北京杨柳榆槐椿，长江流域香樟、水杉、桂花、广玉兰、珙桐、悬铃木等，华南榕树、木棉、凤凰木、罗汉松、椰树、南洋杉等。

注：此文为作者在国家行政学院授课课件。

60年从公园发展看祖国繁荣
——人民政协报记者国庆60年
对全国政协委员刘秀晨的访谈录

新中国成立以来，我国公园的增长速度飞快。以北京为例，新中国成立前只有7座公园勉强维持生存，而截至目前，已经发展到近千个，是新中国成立初期的百倍以上。60年来，公园的变迁折射了共和国的飞跃成长，令人刮目。

谈起公园，经历近半个世纪园林生涯的刘秀晨感慨不已。作为研究园林的权威专家，作为新中国公园发展的见证者和参与者，刘委员从几个故事说起，娓娓道出了中国公园的昨天、今天和明天。

一、上海黄浦公园的那些事儿

“新中国成立前，上海黄浦公园门口曾有‘华人与狗不得入内’的牌子，让百姓在自己的国土上受尽侮辱，难以忘怀。”刘秀晨说，这只是一个点，反映的是我国旧社会，公园对于百姓是可望而不可即的，甚至是奢侈的。

刘秀晨介绍，我国的公园起步于20世纪初，当时北京的一批皇家园林、坛庙园林经改建，相继向公众开放，成为北京的第一批公园。自1907年北京动物园建成开放，先后开放的公园有颐和园、天坛公园、中山公园、北海公园等，公园就此诞生了。其他城市也先后诞生了一批各有特色的公园，比如上海的黄浦公园、复兴公园等。

“但是，那时候的公园是有钱人消遣的地方，百姓与之无缘。况且旧中国战乱不断，在新中国成立前的近半个世纪中，这些公园艰难生存，乏陈活力。”刘秀晨举例介绍，新中国成立前夕，北京仅有的几个公园残墙断壁，荒草丛生，一片破败，只能勉强维持生计。被称之为“万牲园”的北京动物园只剩下13只猴子、3只鹦鹉和1只瞎眼鸸鹋。“那时候哪有人去公园？老百姓苦于奔命呐！哪有心思逛公园呢？公园没有办法成为百姓的消费品。”

二、“让我们荡起双桨”

欣慰的是，随着新中国的成立，公园开始进入老百姓的生活。刘秀晨说，1949年3月25日，毛泽东与其他中共中央领导人一起，来到颐和园参观游览，毛主席有感而发：“过去我们有打游击的经验，进了大城市搞公园就不行了，没有管理公园的经验，要向老工人学习，从没有经验，到有经验。我们不但要管理好原有公园，还要建设新公园。过去地主资本家逛公园，今后要让工农老百姓也逛公园。”

这段话成了园林人的动力。20 世纪 50 年代，兴起了建设公园的热潮。“那时候，公园建设主要学习苏联的‘文化休息公园’的理念，也结合了一些传统园林的手段。比如北京当时建的陶然亭、玉渊潭、紫竹院公园，至今还有苏联公园的影子，当然，也有一些我们自己的文化园林景观。”《让我们荡起双桨》是 20 世纪 50 年代电影《祖国的花朵》里的插曲，歌中描述的是一群少先队员在北海公园划船的幸福景象，此歌此情一直流传至今。

“歌曲背后也有一些需要深思的。”刘秀晨说，“新中国刚刚成立，百废待兴，休闲对于百姓来说基本还是奢侈品，就算这首歌曲中所描述的是公园划船，孩子们参加一次游园活动还要带着写篇作文抒发对党和毛主席热爱的任务。当时群众并没有强烈的公园需求，社会发展也还没有关注这些，以北京为例，到改革开放之初，公园仅发展到 36 个。”

三、古城公园迸发多年积累

刘秀晨设计北京石景山区古城公园，是在 1979 年。“文革”结束，改革开放刚起步。那时他尚存困惑和迷茫。

“1965 年，我从北京林业大学园林系（那时还叫林学院）毕业，正值‘文化大革命’前夕，当时园林专业被视为‘封资修’。北京中山公园花坛里种上了小麦和棉花，成千上万棵盆花全部被扣盆扔掉，紫竹院公园被称为‘流氓公园’。园林人的志向和抱负，一夜之间被打碎了。很长一段时间，园林人和群众都很迷惑。”刘秀晨回忆说。

刘秀晨下放到石景山绿化队“劳动锻炼”，“那时候我跑遍石景山区的工厂、企业、部队、学校、街道，只要能帮他们把庭院绿化起来就很欣慰，哪里还敢想设计公园，搞什么绿地系统规划？”

1979 年的一天，当时的石景山区领导找到刘秀晨，对他说：“石景山区一个公园也没有（其实有一个八大处公园，但距城区较远），你把古城公园给建起来吧！”刘秀晨激动了，带着早已积累了十几年的设计欲望和想法，在纸上画来画去。

1980 年，古城公园开园了，游人如织、好评如潮。古城公园是改革开放后北京市建起的第一座现代公园。有一次，胡耀邦同志路过这个公园，停下来看了又看，对身边的北京市领导讲：“就要建这种公园，不能让老百姓周日挤公交车为去看一个公园很疲惫。公园就是要建在老百姓的家门口，方便他们的生活。”

“古城公园现在看来很小，它的意义在于代表着解决百姓就近文化休息的一种方向。”刘秀晨说。此后，他一发而不可收地设计了石景山雕塑公园、石景山游乐园以及后来的石景山绿色广场、国际雕塑园等一系列公园，成为 20 世纪 80 年代北京市设计公园最多的人。这期间，刘秀晨被评选为北京市劳动模范、北京市绿化模范，被推荐为北京市政协委员和常委并荣任北京市园林局副局长。

四、由紫竹院公园说今天

刘秀晨现就住在北京市紫竹院公园旁边，几乎每晚他都会抽空到公园里散步、锻炼。“有空的话，你去看看，晚上的紫竹院公园跳舞的、散步的、打拳的，人山人海，夏日晚上在里面都有上万人。”

“全国的公园数量翻了多少倍我没有统计过，但是走遍大小城市，甚至乡镇、村落，供百姓休憩、游赏的公园、绿地处处可见。”作为园林人，刘秀晨感到自豪，“而且绝大部分公园现在都不收费了，老百姓自由出入。不再是逛公园，而是去享受一份轻松惬意的时光，公园成了老百姓健身、休闲不可或缺的场地，从奢侈品进而成为消费品。”

随着社会的进步，百姓对公园的需求与时俱进，各类主题公园应运而生，植物园、动物园、儿童公园、游乐园、雕塑园比比皆是。去公园消遣的人群也多元化了，不同年龄、不同阶层、不同性别，在公园里可以找到任何群体的踪迹。“紫竹院公园里经常有人教跳舞蹈，譬如《天路》……游人们自由跟着学，我经常看到一些年轻的农民工也会跃跃欲试地跟着跳，那场景很让人感动。而周边不少高校的员工在合唱老师的指导下唱起几个声部的《长征组歌》。”公园已经成为提高群众文化素质的重要园地。

正如小轿车、电脑、电视改变人类生活一样，公园也加入其行列，成为当今人类的生活方式，改变着全世界，尤其是改变着我们的国家。

刘秀晨说，未来公园的发展趋势，就是城乡一体化。“北京就要在城郊建设万亩滨河森林公园，现在起码公园已经分为三个层次了：城市公园、近郊郊野公园、远郊森林公园。大家生活好了，城市人、农村人都需要公园。”

五、公园成为生活的“必需品”

改革开放初期，刘秀晨去美国，看着人家如此发达的经济，找到了一些“现代化”的感觉。

没想到没过多长时间，中国也走向现代化了。刘秀晨说：“你看看，他们玩电脑，我们也玩电脑；他们开车，我们也都开车；他们休假出去旅游，我们也出去旅游；他们享受着城市的公园绿地，我们也同样享受着公园的绿地。公园休憩对于美国人和中国人来说，变成相同和等量的词汇。”

“告诉你一组近于可怕的数字，颐和园和天坛公园每年接待游客都超过千万人次，天坛甚至达到 1 400 万人，除了来自世界、全国各地的游人外，周边市民每天到公园放风筝、踢毽子、唱歌、跳舞的太多了。全世界有多少公园一年有超过 1 000 万的游客接待量？美国、欧洲都比不上。”刘秀晨说：“20 多年前，逛一次公园成为那时候人们可贵的记忆，而现在，家门口就有大大小小的公园。”

今天，公园已经成为人民大众的一种生活方式和“必需品”，从秧歌到街舞，从京剧到国标，从群舞到合唱，多种文化享受弥漫其中。小小的公园折射出祖国日新月异的变化。

园林在生态修复和城市设计中前行

最近住建部正在考虑园林行业如何走进城市生态修复的领域，这是改革开放走向深度发展的今天，时代赋予我们园林的历史使命。“人与天调、师法自然”是园林的出发点又是归宿，然而人类社会发展不可避免又可能伤害自然。因此，保护自然、尊重自然、顺应自然，还要最小干预自然。

一、大尺度、精细化

改善生态大致有三个层面：生态保护、生态修复和生态再塑。这是原住建部副部长、两院院士周干峙生前经常说的一句话。进入生态修复这个国家战略，我们首先想到的是要最小干预自然，生态修复应以自然修复为主，工程修复也是必要的。过去对园林较多的关注是亭台楼榭、花花草草、曲径通幽、诗情画意、委婉动人等等，这些当然是必要的，甚至也是改善生态的一部分。但这些都是较小尺度的园林，现在我们把视野多数对准大园林、大尺度和大生态。原来的眼界和思路已经不够了。

大尺度园林往往营造的是大地景观：大片的纯林、混交林、大片的湿地和郊野森林公园多了起来，但这些又不是纯粹的林业，譬如长江流域的城市郊区营造大片的“梅林梅海”、香樟、水杉，天津滨海和渤海边大片的小叶白蜡，北京则是大片的国槐、垂柳、毛白杨。尺度大、片大可能带来管理的粗放，按园林的要求恰恰又要精细化养护管理，这是园林区别于林业的管理模式。在进军生态修复中，彰显园林的精细化，既还原大自然又高于大自然，既注意宏观又要注意细部。这正是新时代园林手段修复生态的重要特点即“大尺度、精细化”。

二、生态修复要高度重视原有城市环境和文化的延续

生态修复要充分尊重城市原有的自然条件和人文环境。以北京“三山五园”周边环境整治为例，最初做过很多方案几乎都是想重新塑造更多的传统园林，大有营造“七山八园”之势，用所谓新的古典园林去抢“三山五园”的风头，这些方案七改八改根本行不通。最终还是回到大面积拆迁和以绿化为主的路上，恢复了当年“三山五园”周边的植被、稻田和极少具有西郊特色的民居，用这些作为烘托“三山五园”主题的配角。北坞公园的设计和施工实践所呈现的景致，把握得十分准确得体，成为生态修复中尊重城市人文环境和古建文物的典范，在园林设计评奖中拔得头筹。

三、园林要成为“城市设计”的桥梁和纽带

中央城市工作会议提出要加强“城市设计”工作，如何来驾驭城市三维（或四维）空间，把各种城市要素联系起来，园林可能成为城市设计的主角，应该引起更多地关注。打个比喻：一个人的眼睛、鼻子、嘴巴和耳朵长得都挺好看，放在一张脸上却并不觉得漂亮。高厦、立交、绿地、道路和公共艺术都很成功，然而，把它们放在一起，又感觉支离破碎。问题提出来了，创造城市地块（可大可小）的综合环境，使建筑高度、语汇、色彩协调，相互之间联系得体。这其中运用好园林的手段，把城市组织得生动起来、艺术起来、深刻起来。园林艺术的介入，使其彰显独特而不能替代的功能：大树荫、水池、雕塑、各类城市家具与错落有致的建筑和道路共同形成城市有机的、人性化的、现代的、有丰富内涵的城市大小环境。这是园林独有的本事，大有文章可做。

四、塑造“大树景观”，并对密植树木实行“减法设计”

一个城市要有大树、古树、老树来塑造城市景观，彰显城市的历史、文化、气质和品味。这并不是要把别处的古树、老树实行“大搬家”，而是对城市现有的树木，用施肥、灌溉等各项养护手段促其加快生长，逐步成为大树。这是很容易做到的事情，这样一个城市才能逐步“长大”。这件事很重要，却很少有人去做。应引起高度重视，并付之以行动。

尤其是那些过度密植的绿地和行道树，由于植株营养面积不够，逐步变成“小老树”，如果不加调整，将会成为城市绿化的灾难。只有实行“减法设计”，才能改善植株的营养条件，促其旺盛生长，并可能腾出大量的密植苗用于新的绿化工程或进行苗木储备。这需要政府决策出钱或用 PPP（政府与社会资本合作）企业参与的形式大力推进。这个全国性的问题至今没有引起高度重视，这正是新常态下城市园林绿化最需要关注的焦点，“救救那些密植的小老树！”已经成为城市的良心。

五、关注保护园林企业的健康成长

大型园林企业以 PPP 的形式投资园林建设，正在摸索经验逐步走向成熟。这需要政府、人大等部门立法，使投资企业的回报得到保障。园林是公益性的非营利的民生工程，企业只有回收资金得以回报才能可持续，政府诚信是这一形式的保障。当然，还要更多的关注全国五万多家（据不完全统计）园林中小企业因没有垫资融资的能力而找不到活源形成的无奈和尴尬。政府税改的初衷本来是不增加企业的负担，然而不少园林企业却面临着营改增带来的加税压力。这些改革中的实际问题将会影响园林事业的发展，园林企业的生路和前景值得关注。

园林绿化是国家生态文明建设的核心内容，是实现美丽中国和中国梦的重要路径，在经济发展新常态下这五个问题需要认真研究，让我们共同努力破解这些矛盾，才能迎来更快更好的发展。

原载《园林》2017 年第 2 期

园林规划设计

北京国际雕塑公园
(一期工程)

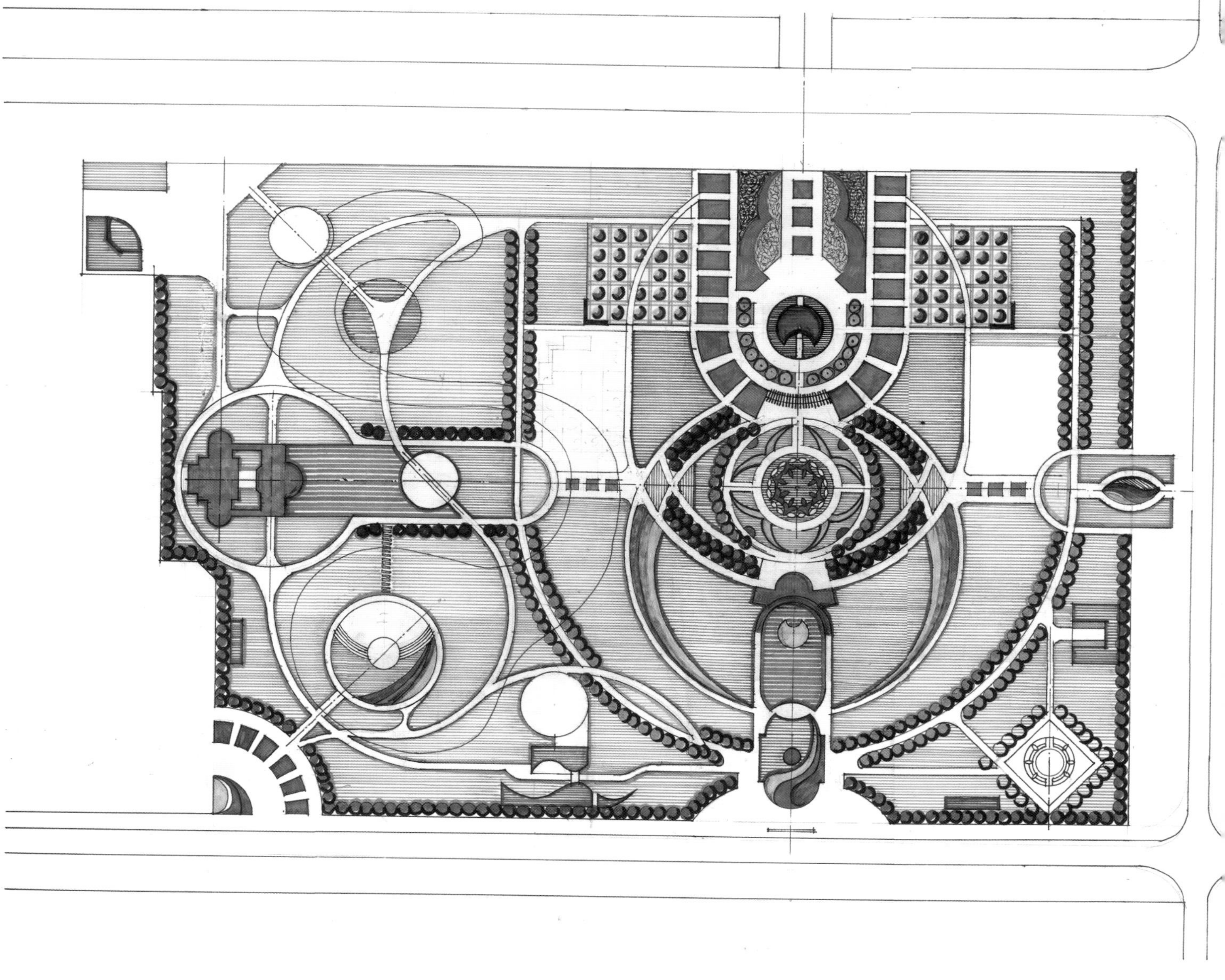

在“京津冀一体化”和“建设北京副中心”两大战略背景下加快京津冀生态功能区规划的联动实施

对生态环境产生主导性、关键性作用的地域，在这里简称为生态功能区。它对城市和区域生态安全的影响是明显的，又是潜移默化的。生态功能区的健全和完善是我国经济与社会稳定发展的基本保证。城市河流的干涸、各种气候的异常变化、城市浊气不能迅速扩散等等，从源头上讲，很多是由于对生态功能区的伤害造成的。因此，京津冀一体以生态功能区的保护、优化和改善为目的规划与实施将被提上日程。

在此之前，京津冀各大中小城市都完成了以城市为中心的绿地系统规划。以北京为例，以往的绿地系统规划（图 1），是从北京自身的空间构成考虑的——从各项绿地指标和两条环型绿化隔离带以及几条楔形绿地，从山区、平原到城市递进的绿地系统（图 2），从绿量、绿质和结构分布三个层面进行表述，这些无疑都是基本正确的。根据京津冀一体化和北京城市副中心战略的新要求，原有的绿地系统规划只能是生态规划的一部分。现在则要从更大区域、更大尺度、更多层次考虑生态功能区的构架、布局的完善和质量的提高。这样才能使生态功能区的潜力得到全面释放。

还是以北京为例。北部的燕山、西部的太行山在西北连脉，形成恢宏的绿色屏障。由永定河、潮白河、温榆河等孕育的广袤沃土，是千年都城气候、土壤和季相的优势；南口、古北口、模式口等几大风口又把留存城市的浊气吹走，保证了都城得天独厚的自然条件。这些“风水”特征在世界上也是有着无法比拟的优势。(当然天津临海，并由国土南北贯通形成产业与商贸的汇集；河北背靠太行山的绿色屏障和优厚的燕赵大地等等也有独特的优势）。在新的战略格局下如何充分利用这些生态禀赋，是必须依靠的先决条件。下面举几个北京的例子 ：

1. 温榆河生态风景带（图 3）。北京城市副中心的建设是疏解首都功能，完善城市格局的战略。这一举措不是权宜之计，是中央运筹帷幄的战略思考。作为首都的北京和作为北京市的北京，功能明确，分工双赢。在新的城市规划中首先要找到新老城之间的生态关系：用便捷的交通联系起来，又用厚厚的绿化带分隔为相对独立的城市空间，避免“摊大饼”的城市病，这是极其重要的生态格局。温榆河位于首都和通州、顺义之间，是一条天然的贯穿西北向东南的斜向绿色轴线。温榆河在北段成为朝阳区和顺义区之间的绿色廊道，在南段流经北京副中心，成为贯穿新城内部的柔性绿色廊道。它不仅成为朝阳和顺义的生态桥梁和纽带，也是塑造北京城市副中心自然文化景观和防范城市各类风险的安全绿廊。这条优美的绿色轴线，比美国的波士顿绿廊、纽约曼哈顿中央公园和世界各城市

图 1 北京市绿地结构规划图

“两带七楔”——北京市绿地基本构架

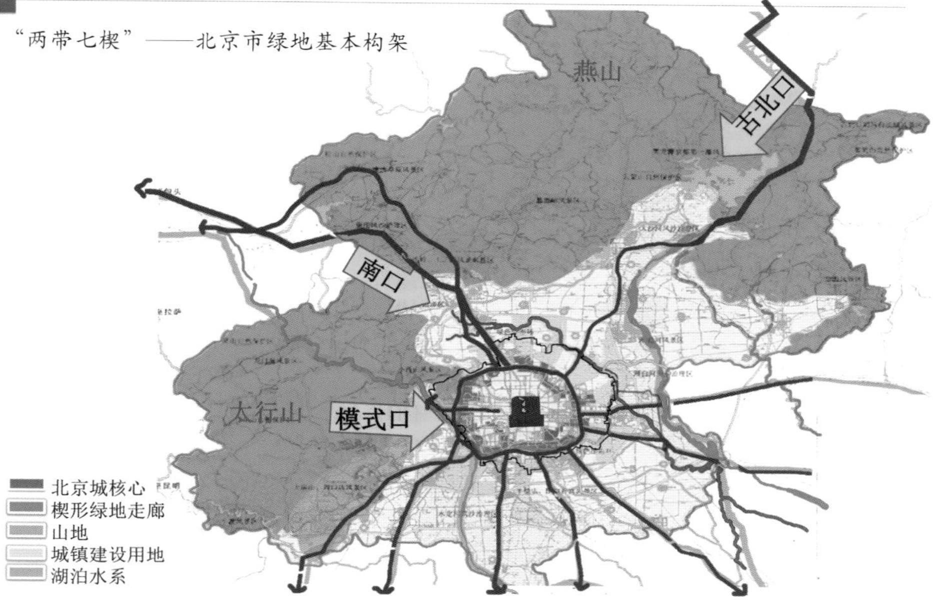
燕山
古北口
南口
太行山
模式口
北京城核心
楔形绿地走廊
山地
城镇建设用地
湖泊水系

图 2 北京市绿化隔离带

- 北京市第一条绿化隔离带，位于北京 4、5 环之间——公园环
- 北京市第二条绿化隔离带，位于北京 5、6 环之间——生态环

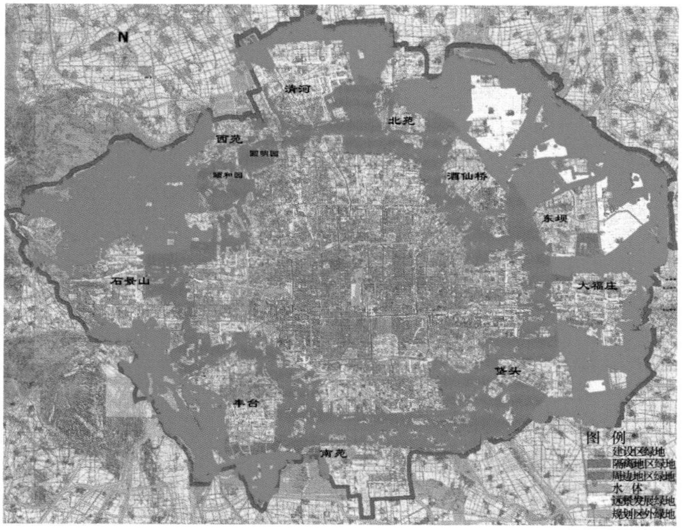
N
清河
北苑
西苑
圆明园
颐和园
酒仙桥
东坝
石景山
垡头
丰台
南苑
图 例
建设区绿地
隔离地区绿地
周边地区绿地
水 体
远景发展绿地
规划区外绿地

图 3 温榆河生态风景带

- 北京城市南北中轴线——刚性实轴
- 温榆河——北京新的生态绿色轴线——柔性虚轴

通州区面积：870 平方公里
通州新城：155 平方公里

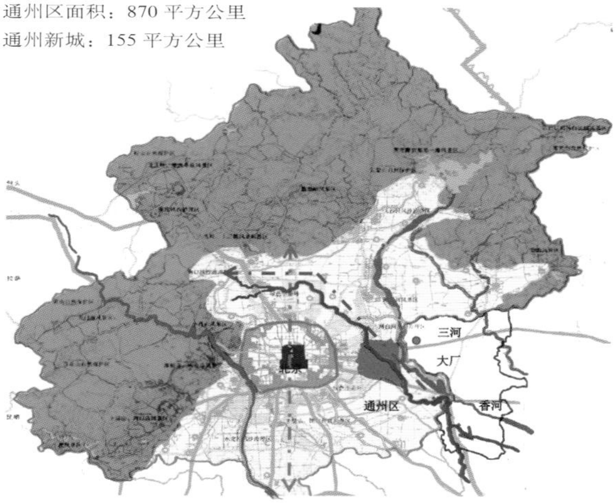
三河
大厂
北京
通州区
香河

的绿化隔离带都显得更加重要和具有典型意义，绿荫如盖、河水灵动、曲线柔美的温榆河勾勒出两岸城市的绿色裙衣，应当成为城市副中心建设的前奏。

2. 八宝山、田村山、老山等西部生态风景板块的整治和永定河及其两岸的生态修复，使之成为北京城市生态格局中重要的功能区（图 4）。

太行山连绵纵横，是北京西部的绿色屏障，作为最后向东延伸的余脉——八宝山、田村山、老山（还包括石景山、红光山、金顶山、赵山等），成为距北京城市最近的风景区。这几个绿色的“拳头”对西部北京的生态尤为重要。新中国成立后北京市政府非常重视，对三山作为城市规划绿地进行依法保护。经过数次绿化，几乎成为西部北京最美丽的“绿色宝石”。然而，“文革”后的无序管理，原来大致十几平方公里的区域，现存绿地不足三四个平方公里了。石景山区作为北京绿地最多并最早命名“全国绿化模范区”的优势在衰减，各种建筑的不当规划，山区植被的长势逐步衰弱。首钢迁建本来为优化西部生态提供了前提，搬走十余年的首钢厂区却没有大规模绿化，三山加上首钢还不能堂堂正正地承担西部生态功能的重任。要下大气力整治——实现首钢厂区的大规模绿化，明确三山地区建设用地和绿地的界限，加大绿化养护力度，使昔日的三山变成城市少有的“绿肺”。它将与奥林匹克森林公园相互媲美，成为首都市区西部和北部两块最大的城市绿肺。让那些长势衰弱的山林，再次茁壮起来。整治那些不良建筑，并用绿色浸润起来，恢复成像“莫斯科郊外的晚上”的三山公园。而与三山相契合的永定河也要从源头治理开始，结合河北省和门头沟山区林木涵养，期盼河水重生。让永定河拥有自己的河水而不是中水，再现母亲河的风采，这些是何等的重要。

3. 研究生态功能区还要关注在北京市域大范围内如何打开并利用通风道，让南口、古北口、模式口等所有风口都能顺畅地给北京送来清风绿波，把浊气吹走（图 5）。

有消息说，最近北京规划部门对建成区内通风廊道做过调研，具有一定的应用意义。作为市域范围，传统的通风廊道具有决定性、关键性的通风作用。消除廊道范围内建筑过多过密的障碍，使其通畅，对北京改善大气具有重大的应用价值。从八达岭、居庸关至南口吹进强劲的风，经温泉、北清路、京新、京藏公路和京昌楔形绿地吹进北京城，吹走弥漫在城市的浊气。这条风道十分重要，要研究保障风道的畅通无阻，重视海淀山后中关村科技园区的限高和容积率。目前京昌路正在带头拓展绿地宽度，实施拆迁增绿，在此基础上还要加大京新、京藏两条绿道的完善成型，实现南口风道、绿道和“山舞银蛇”的长城文道一并规划，还要结合北京世园会和冬奥会的筹办，加快这条风道的综合整治，形成北京另一条生态、文化的主线。

古北口带来承德方向吹进北京的清风绿波，它是从密云、怀柔、顺义进入北京的生态廊道，保障它的畅通同样重要。模式口是当年骆驼祥子运煤的京西文化古道和驿站，沿永定河引水渠把西风吹进来，是西部地区楔形绿地和风道的首选。当然不止这三个口，进京的送风通道有好多，这里不一一列举。“风道”对北京至关重要。

4. 门头沟山区是京西林丰势雄的“太行明珠”，它以大山的胸怀和担当呵护着北京的生态。这里的山势和植被、自然与人文是西部北京的精华所在。

20 世纪 50 年代，这里曾以丰厚的煤炭为北京提供能源，《骆驼祥子》的故事让人们体验到它对北京的付出。今天，如何定位门头沟的未来，是个原则问题、大局问题。坚决关停并转煤窑只是

图 4 北京西部石景山区（三山）近山功能区的整治规划

- 1965 年北京市规划院为石景山区规划 10 ～ 12 平方公里三山绿地。如今现状只有约 2 平方公里绿地。
- 目标：通过整治和疏解非首都功能，力争恢复石景山区 10 平方公里绿地。

从涿鹿始祖文化发祥地到北京城

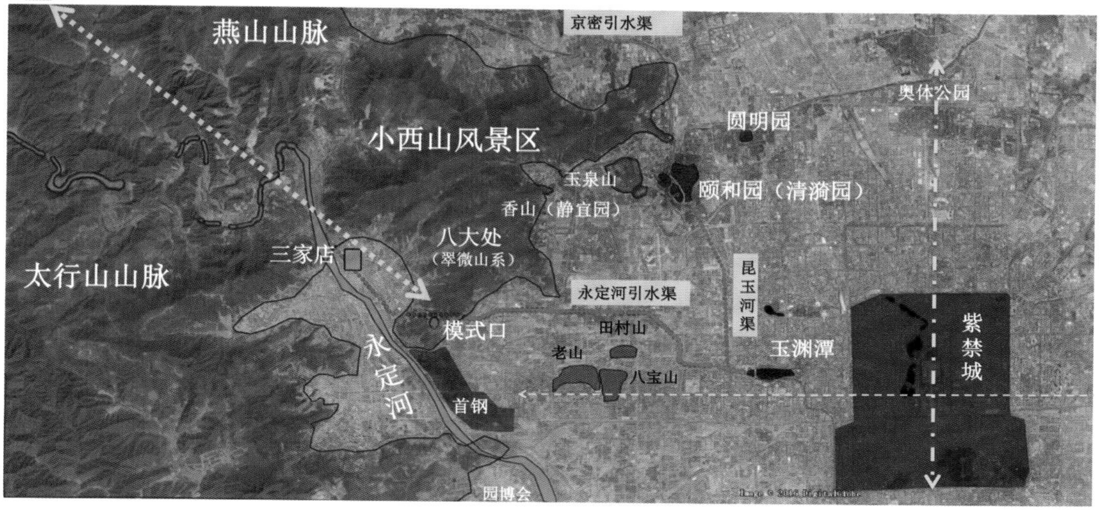
燕山山脉
京密引水渠
奥体公园
圆明园
小西山风景区
玉泉山
颐和园（清漪园）
香山（静宜园）
八大处
（翠微山系）
三家店
太行山山脉
永定河引水渠
昆玉河渠
紫禁城
模式口
田村山
玉渊潭
老山
八宝山
永定河
首钢
园博会

图 5 北京市域通风廊道的疏理整治

结合市域高速公路绿色廊道，建设楔形绿地，把郊区的清风绿波导入市区。

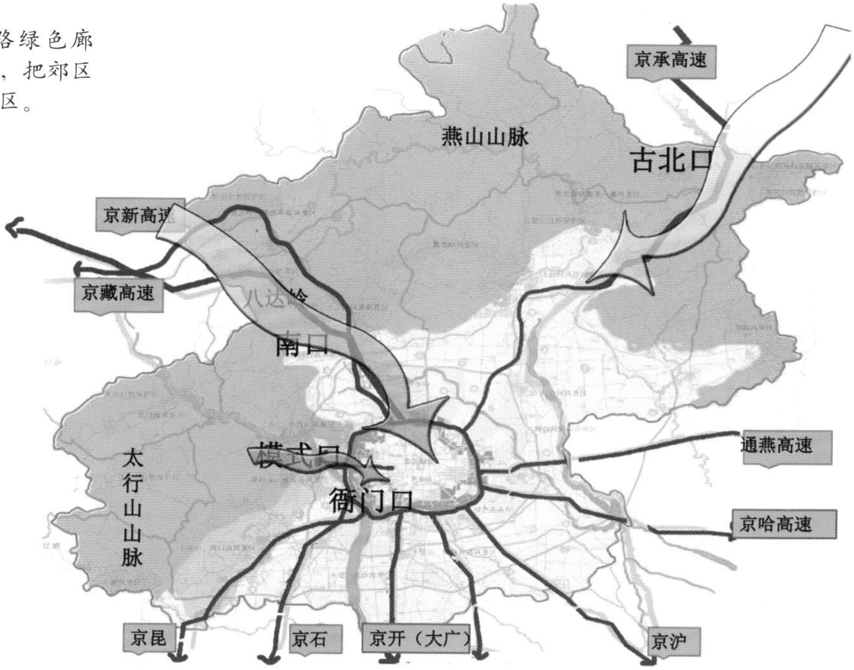
京承高速
燕山山脉
古北口
京新高速
京藏高速
八达岭
南口
通燕高速
太行山山脉
模式口
衙门口
京哈高速
京昆
京石
京开（大广）
京沪

第一步，逼迫它实现“大而全”“小而全”的经济发展，苛求它过度开发和贡献 GDP 都是做不到的。这里少有平地坦途，发展房地产，导致楼盘过密；道路红线过窄，没有像样的城市街道和行道树，导致城市支离破碎。硬要在这里制造繁华将是无所作为的。应该明确认识到生态功能是这里的主旋律，要下定决心加强山林植被抚育，规范有序旅游，真正扶持它体现作为北京生态功能区的核心作用，使它成为北京市最重要的生态屏障，这正是北京市学习落实习总书记关于“青山绿水就是金山银山”的最好实践。

5. 燕、太两山作为生态屏障，不仅挡风，还有向北京输送城市水源的巨大功能（图 6）。

现在永定河、潮白河除了维持小小的库容外，河床都已经干涸多年，这个问题必须从生态系统中寻找答案。这是山区森林涵养功能减弱，生态贡献率降低的直接结果，与城市人口增多关系并不大。如欧洲城市人口也不少，但是多瑙河、莱茵河、伏尔塔瓦河水量并没有减少。用中水补充河水的做法不能最终解决问题，也不可持续。要从源头上解决山林生水、“山有多高；树有多高；水有多高”的根本性问题。

北京五分之三的山地植被是北京城市生存的重要生态条件，它的贡献首先是水源。新中国成立以来，植树造林成绩斐然，但是由于北京和河北省林地养护费用欠缺，重栽轻养的弊端没有彻底改变，导致山林部分枯萎，聚水能力降低，几条大河都出现水少乃至干涸。永定河已经 30 多年没有水了，水在上游，而不是在下游，显然没有供水之源是主要原因。因此，加大造林的同时，更重要的是加大对现有山林的抚育养护，使其产生“聚水”“生水”的后劲。林木抚育涵养甚至超过平原造林的作用，应引起广泛的关注。当然，这里指的是北京和太行山、燕山的水源关系，全国的森林抚育都要加强。包括天津、河北的河水也要一并考虑，推敲其因，这里不一一赘述了。

生态是个巨系统、大课题，“头疼医头脚疼医脚”不可能系统解决，作为大课题需要多学科调研会诊，不是一朝一夕就能够办到的。要提出问题，逐步找到解决问题的大思路，身体力行。北京的生态功能区划和布局

图 6 燕山、太行山生态屏障的植被抚育

- 宏观战略——京津冀生态安全格局的搭建，释放太行山、燕山生态功能。
- 城市绿化与山区林地以及涵养林相结合。
- 强化燕山、太行山的森林植被的保护和抚育，用高质量的植被涵养水源，补偿区域生态。

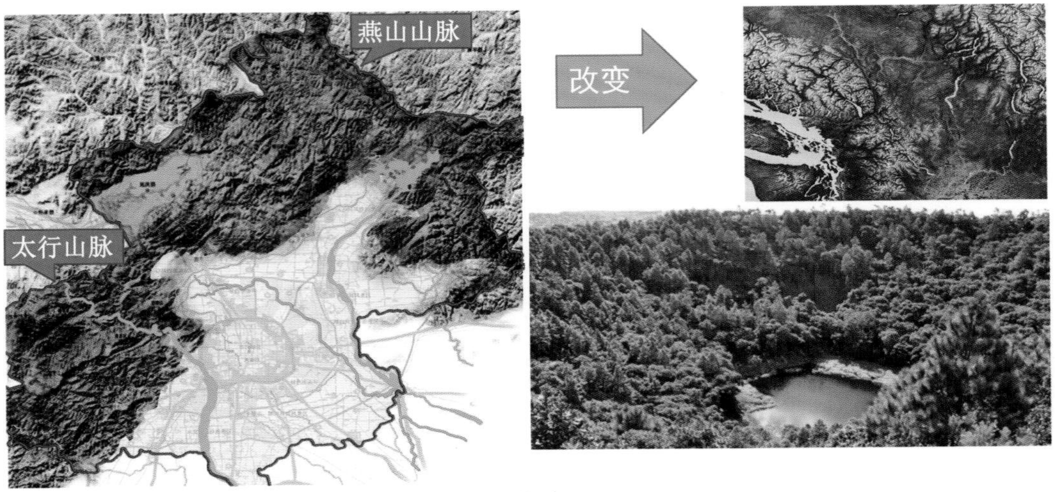
燕山山脉
太行山脉
改变

也不止于上述这些内容。希望以两大战略为载体，找到一些改善北京乃至华北地区生态的大思路。

为此我们建议：

1. 加快京津冀生态功能区规划的联动实施。为中央京津冀一体化领导小组研究制定全域范围生态功能区的优化、改善和实施做出战略部署。寻找并把握京津冀全域的生态优势，着眼于生态功能区的构建并形成体系。建立近期和长远规划，争取在较短时间内，使其发挥正面效应，服务于该地区的生态建设战略。

2. 对已经取得共识的生态功能区，要尽快出台整治和优化的方案，看准了的应该立即行动。如抓紧温榆河生态风景带先期建设，并与穿越副中心的温榆河绿色走廊的整治相结合，为副中心城市穿上绿色的“裙衣”并发挥生态效益打下基础；还要结合海绵城市建设，加快永定河、石景山调洪洼地、三山绿化建设等。

3. 北京副中心建设将导致绝大多数在原址上的建筑闲置下来，除了一部分建筑应统筹保留使用外，应抓住这一契机，下决心在腾退的土地上建设一批新的绿地，为优化首都市区的生态环境做出新的战略性贡献。这一举措希望得到中央的高度重视并给予全面部署。

原载《中国园林》2016 年第 12 期

注：参加本文调研的有国务院参事、特约研究员和有关人员：葛志荣、黄当时、张玉平、邓小虹、王静霞、秦小明、孙立、陈志锋、严伟、李威、曾松伟。

中国人民政治协商会议第十二届全国委员会第五次会议
报到情况
2040 人
报到情况
2040 人

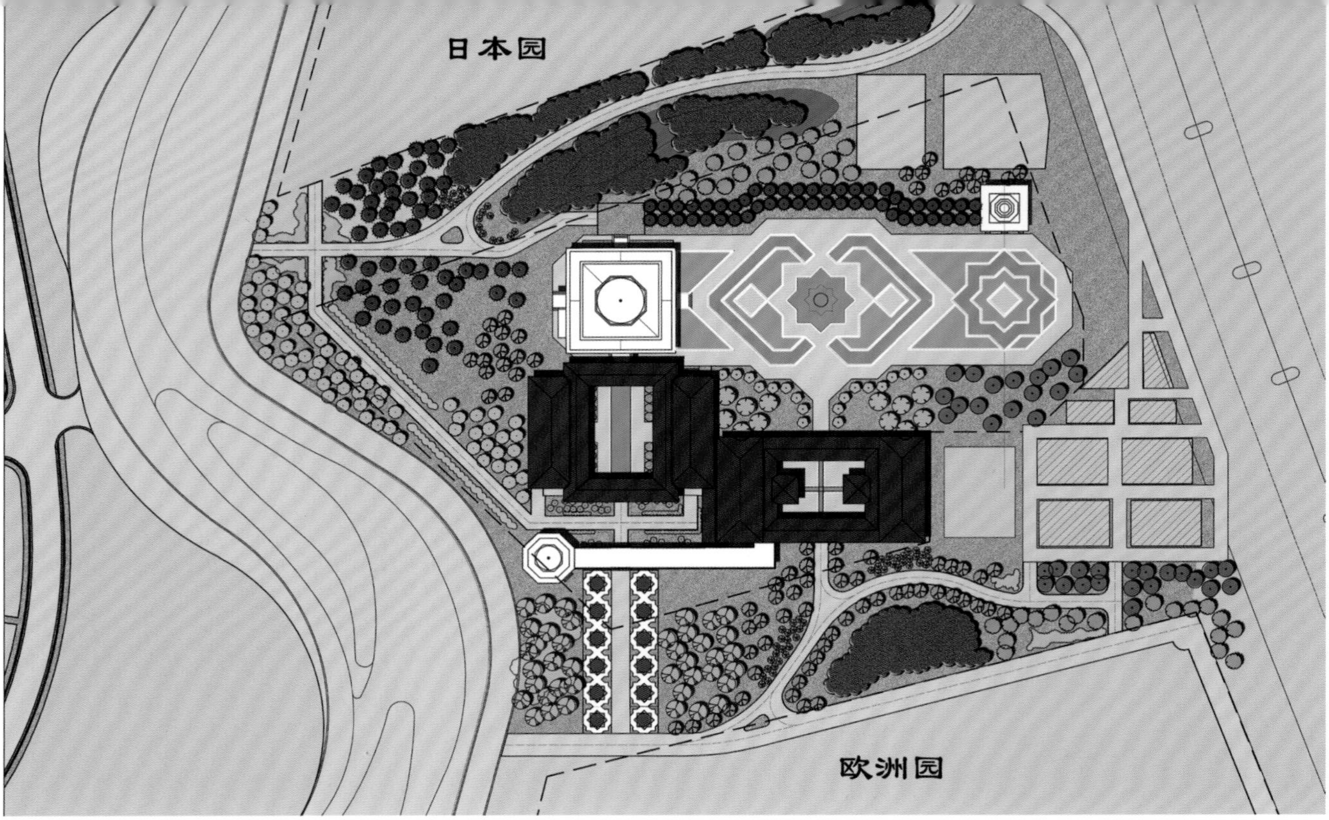
日本园
欧洲园

北京国际园林博览会伊斯兰式展园

伊斯兰园林最初受到西亚波斯文化的影响最大。巴比伦空中花园、水的运用、十字形构图、拱廊、穹顶、四十柱宫等等，成为两河流域文化的特定模式。七世纪末阿拉伯人进入欧洲，带去了伊斯兰宗教和文化，在西班牙的格拉纳达、科尔多瓦和塞维利亚等地建成了阿尔罕布拉宫、大清真寺、阿卡莎宫等一系列伊斯兰式宫殿园林。后来，阿拉伯人又进入印度，在莫卧尔帝国时代，修建了夏利玛尔公园、泰姬陵、阿格拉城堡等皇家巨制。从西亚波斯到欧洲西班牙，再到印度，伊斯兰建筑园林在历史中不断发展形成独特的装饰精美的艺术风格（当然也包括其他伊斯兰国家，如伊朗、乌兹别克斯坦、摩洛哥等）。在全世界，中国、欧洲和伊斯兰建筑园林成为三大典型代表。

北京园博会伊斯兰式庭园位于园博园南侧，与欧洲园、日式园等共同组成国际展区。本案占地1.16公顷，建筑面积约4 500 m²，吸纳了阿尔罕布拉宫和泰姬陵的某些建筑语汇进行再创作。由门区、拱廊、主庭、副庭和宣礼塔等几大部分构成。按主、从、次的构图关系，合理且错落有致地艺术布局，并由精美独特的伊斯兰模纹花坛将这些庭院建筑加以整合，形成有序的景观空间序列。在这里你可以沉浸在辉煌、圣洁的伊斯兰文化中，感受它的基本特征。当然，这也是我们中国园林人向伊斯兰园林学习的一次实践。

由南向北步入拱廊门区。外庭院以带状绿色八角草坪和小巴厘切边花坛为衬，借助不对称布局的门亭和拱廊，让你感受到泰姬陵的某些特征。八角套方形式的模纹花坛，孤植挺拔的龙柏。门区立面依次是塔亭、拱门和景墙，与泰姬陵的门区和侧墙颇为相似，是典型伊斯兰风格的花园。进入主庭的水庭院（暂定名“石榴庭”），有周边拱廊围合的水池和两侧带状绿地。水和绿洲被穆斯林视为天赐宝物，溪流则被寓意甘露和乳汁。这个庭院天井很像格拉纳达的阿尔罕布拉宫和塞维利亚的阿卡莎宫，是接待宾客的主庭院，绿地上栽有西亚特产石榴花。穿过前庭天井进入节日庆典和接待贵宾的三层礼仪大厅。新月的宝顶、堂皇的穹顶显示的华贵雍容，成为全园的主景和高潮。周边拱形花饰柱廊和门窗，处处传达着精致、细腻和深邃的圣洁气质。

主庭西侧东西向的副庭（又名水泉庭）是用于习礼、办公和居住的庭院。它的格局吸纳了阿尔罕布拉宫“狮子庭”的某些风格，院内十字形的溪渠从室内流向天井中央，与中心涌泉托盘相呼应。由石榴庭和水泉庭半侧围合，以八角元素为特征的大型模纹花坛，种植的是大叶黄杨、紫叶小檗、金叶女贞，白色混凝土矮墙勾边，利用植物自身的颜色形成大尺度的景观。镶嵌在模纹花坛中心的八角形喷泉流动的水，增加了动感，把伊式园林推向了极致。

位于西北角的宣礼塔别致生动，是伊斯兰特有的远眺观景和具有预警功能的文化景塔，高25米。塔和大花坛交相辉映编织成一首神圣诗典，洗涤着人们的心灵。整个庭院内种植有石榴、葡萄、桧柏修剪成的拱门，这些都是阿拉伯庭院经常使用的植物造景。同时结合北京的地方特色，种植了银杏、元宝枫、新疆杨、油松等，将宗教特色与地方文化相结合。

园博会展期，主要功能是接待、游览、餐饮，向人们展示伊斯兰建筑和园林的细腻、精致，并兼顾节日礼仪活动，体现伊斯兰文化的韵味和丰富多彩。会后本园可根据经营需要，增添各种与庭院内涵相协调的商业娱乐活动，以增添更多的游园功能。由于种种原因，施工和建筑装修质量没能达到预想的设计效果，还有待进一步润色加工。

建成后伊斯兰式园内庭

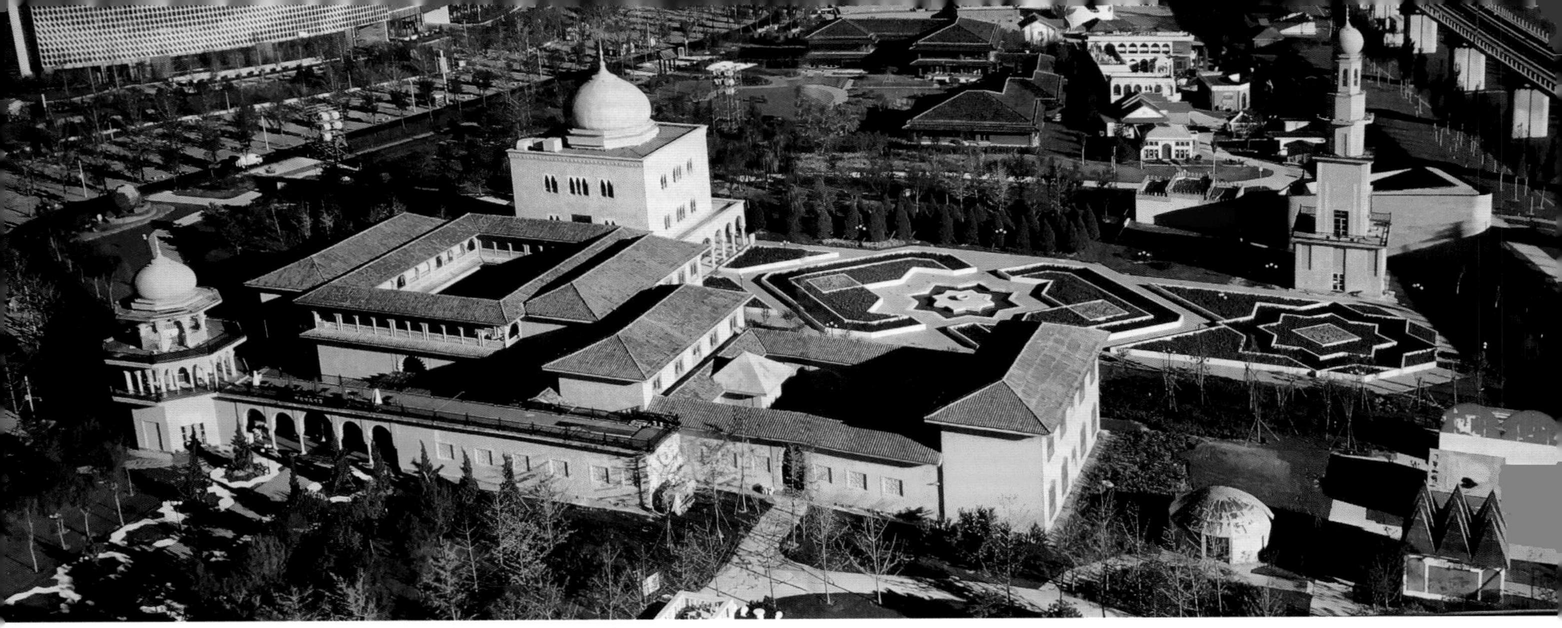
建成后伊斯兰式园鸟瞰

正立面

后立面

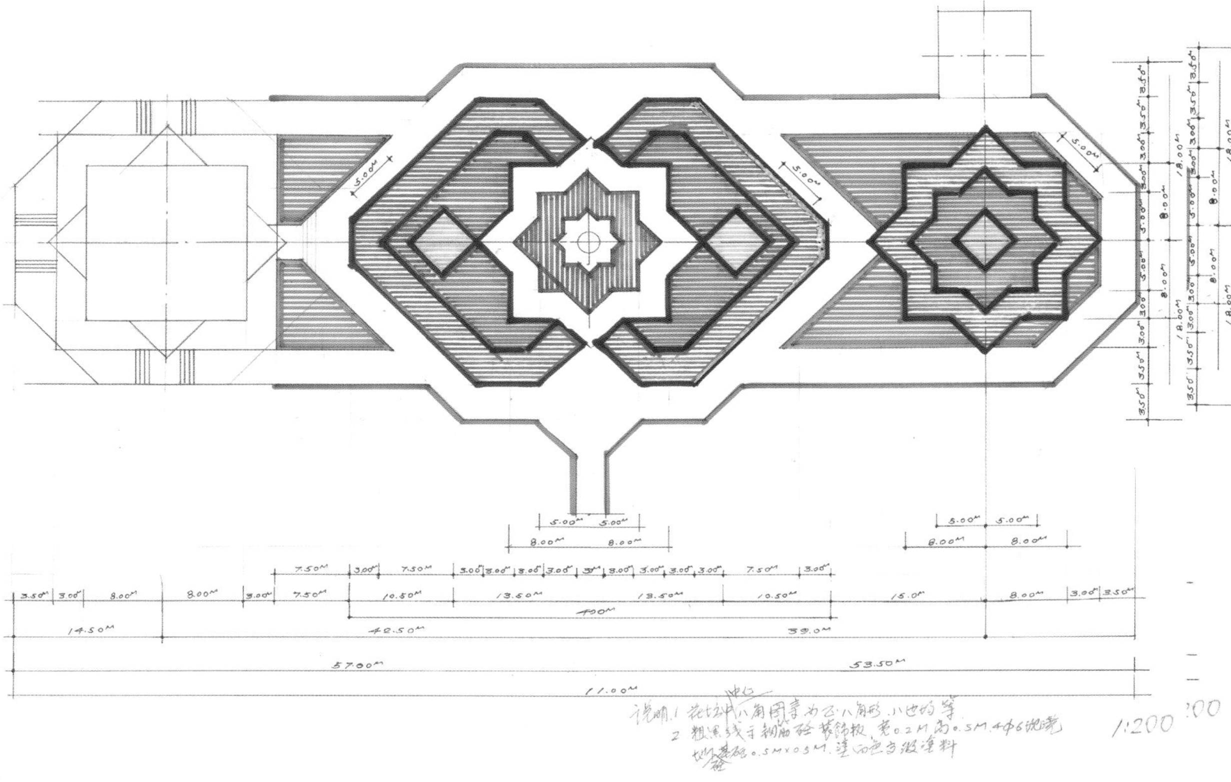
1:200

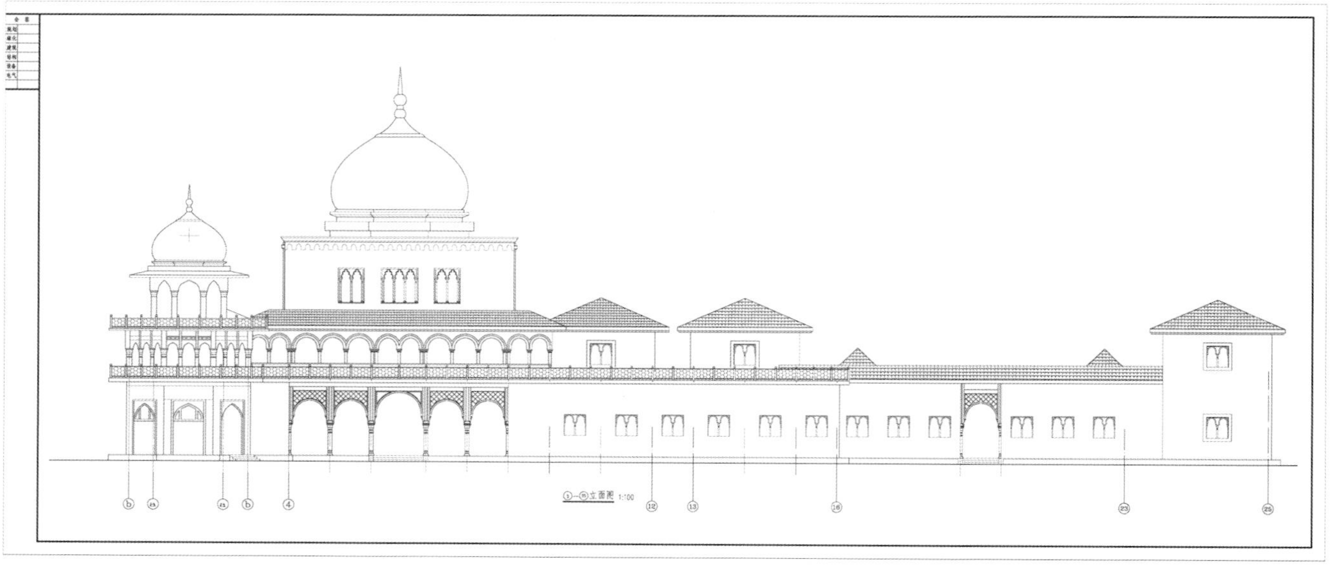

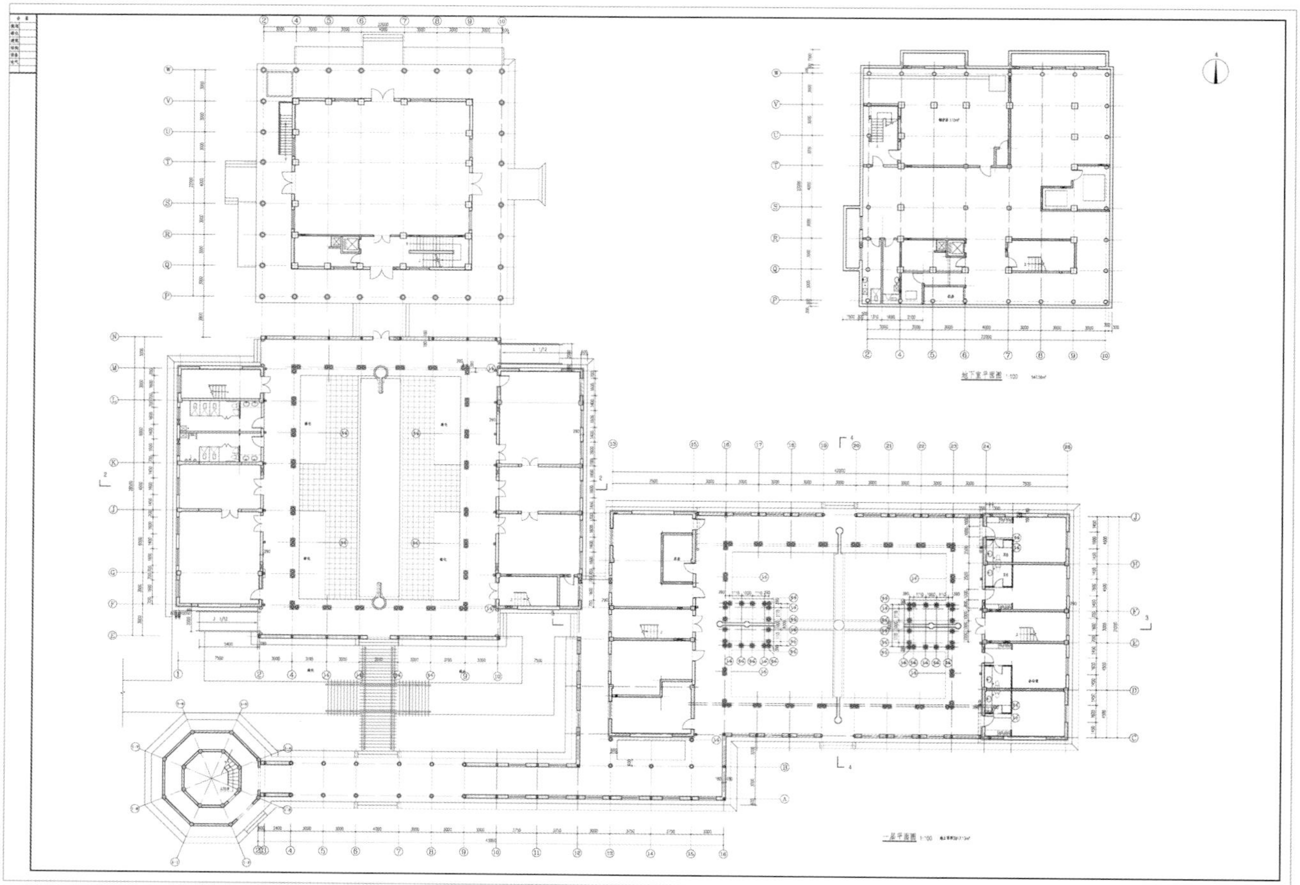

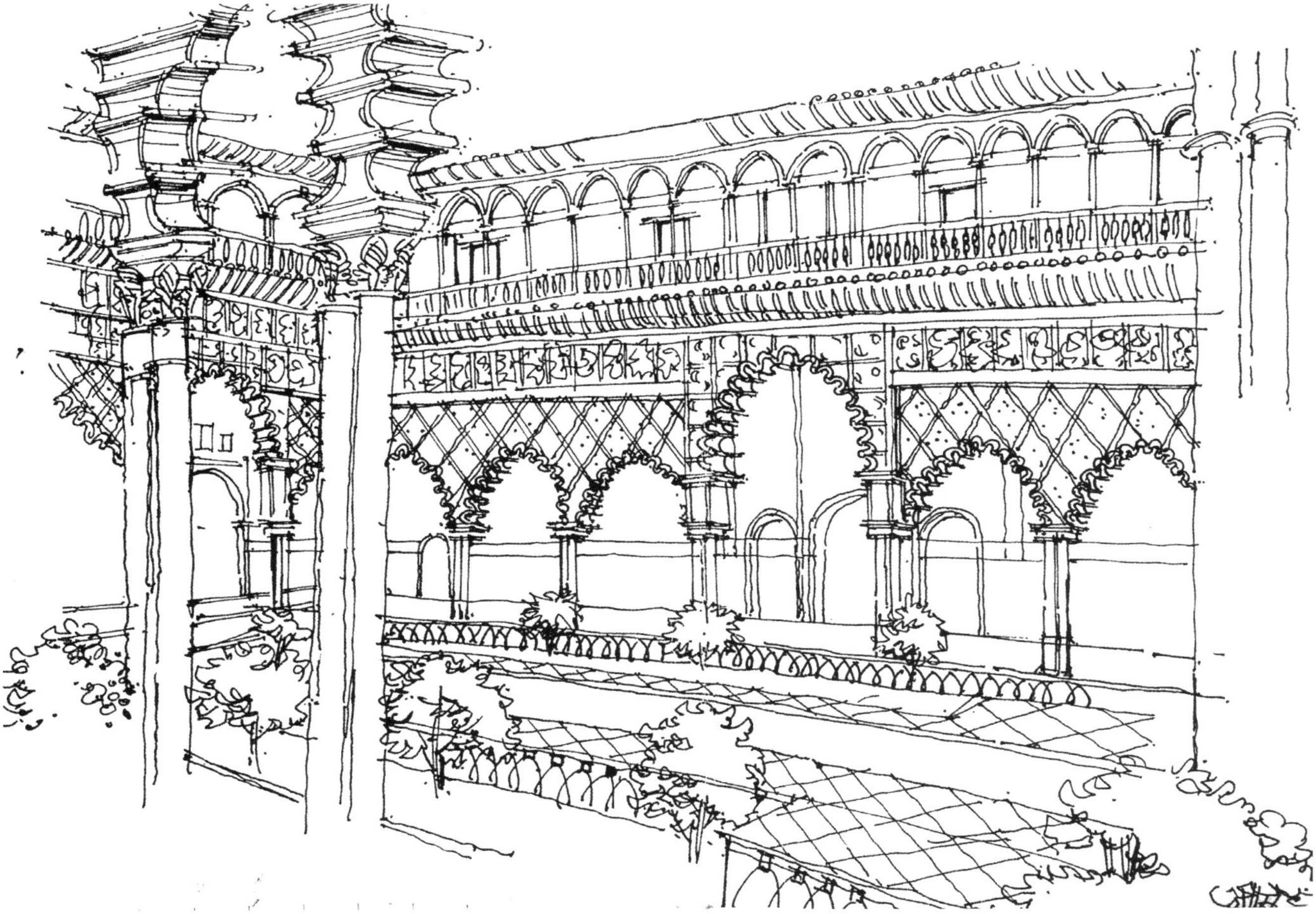

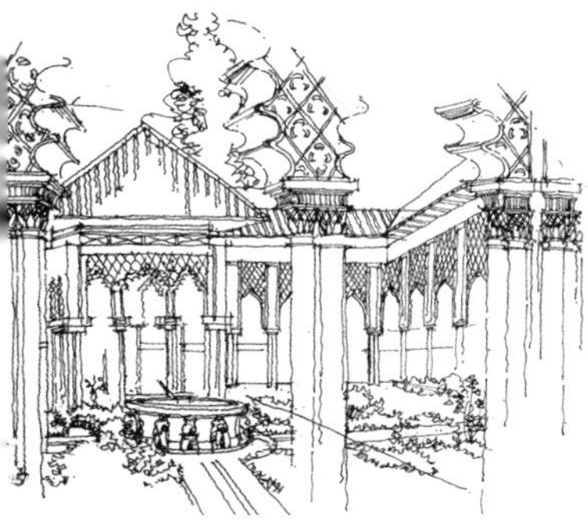

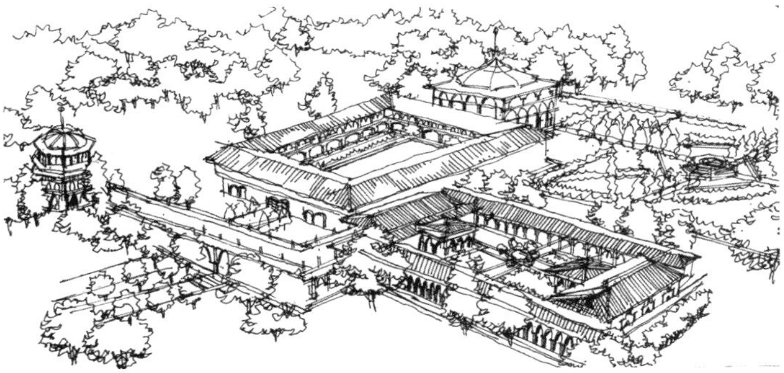

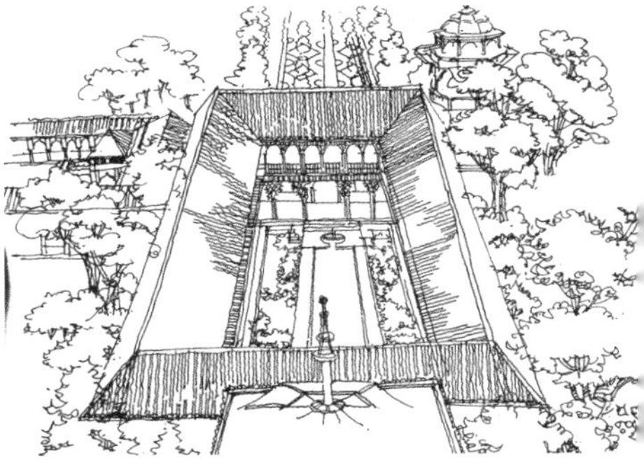

紫竹院西门景区设计随想

紫竹院西门景区是2007年原有的陶瓷仓库拆迁的一块新建绿地。原有的西门是一个狭窄的小路，现在拆出来6 700平方米空场，一下子让西门内亮出一大片绿地，豁然开朗。最初设计者在这里规划为儿童游戏区、竹品种圃等一大堆新功能区。在方案论证会上，我认为这块地承担不了那么多的功能。相对这么大的公园，这一小块地最好让门区清纯一些，只承担从西门入园的功能就够了。

紫竹院是北京市区最好的现代综合公园（尽管里边也有不少古迹）。从西门入园到湖面，有4米多的高差。联系东西端点200米长，坡陡路滑，不小心容易滑倒，尤其是老人。另外，高差大，一下雨，水冲刷绿地泥土，会变成一片泥巴，很不干净。设计任务必须解决：一是从西到东4米高差入园的舒适缓冲的路面；二是雨水冲刷如何避免泥巴进路的污秽；三是把竖向和植物有机的结合，让游人自由选择路径，既要便捷，又能满足景观审美。其他都围绕着这三条转。

西门区入园广场后一大堆管理用房要用高浮雕墙挡住，上面雕有郭沫若先生手写的“紫竹院”三个大字。延续到南侧的景墙则用了一个大透窗，既分隔了广场空间，又让人看到园内的景致。这个小广场要平坦微坡，用不同散点的树坑，将广场一分为三：两条路、一条沟。主路是大树围合的康庄道，微曲而平顺，直入园中湖面，并让坡度控制在可接受的程度，是大多数游人的选择。北部则设置竹径通幽，呈现郁蔽深邃的效果。一阳一阴，一敞一蔽，由一个起伏的山包将其两路分开。南侧则将雨水全部分流到叠石成景的山沟，以完成泄洪的功能。平时则是一条具有流水功能的旱沟形态，只有下雨才可能溪流入沟。把一条普通的沟，通过植物手段打扮出野味的诗情画意。让人每每想到这就是一条沟——长满树草，有乡情味的沟。两路一沟以不同的线形在四米的高差上同时汇入湖岸主路广场。五棵规则的西府海棠小广场成为三流入湖的最后归宿。

植物配置的多样性和艺术性，是调动游人兴趣的关键。50几种乔灌木通过精准的配置，传达的意境和形象让游人在观景中忘记了坡度。西入口的银杏、马褂木和玉兰，与景墙、透窗呼应的红枫、丰花月季、金钱松都长势良好。把主要游人都吸引到主路和竹径上。步入山沟的阡陌汀步，则让分流的部分游人感受野趣的精彩，沟旁有机的安排了十几个竹品种的树组，把不同竹类的景致不经意的处理成观竹的序列，并辅以文冠果、蛇皮椴、元宝枫、海州常山和法桐，一个大千竹观呈现得翔实且艺术。

占据园内主位的则是以国槐为主，辅以红海棠、红叶黄栌、流苏、车梁木、灯台树、接骨木，不厌其烦地让你感受自然有序的群落世界。特别指出的是山沟与两路汇合，从平面上看，线性的曲度咬合交叉，既入情入理，又自然入画。交汇点植物与坡地，草丛与水生植物，如猥实、千屈菜、芦竹、紫薇，渲染得恰如其分。没想到的是建成后，这里每天聚集了近百人的“亲子会”：阳光明媚，地形起伏，孩子们在妈妈的搀扶下很喜欢在这里爬上爬下，自然形成了孩子流连忘返的草坡，这一点连设计者都没有想到。看来，孩子的兴致取向是大人难以琢磨的。

西门景区多重的耦合排序以及对海绵城市理念的巧妙运用，还有“藤上结瓜”路旁拓宽的滞留广场，形成的是以行人为主流，滞留的人则是舞步和恋人的私语。地方不大各类游人尽享天伦和景致，这些匠心是送给不同游人的审美归宿。每当我漫步于此，感到欣慰的是，一个小园给大家带来的是方便、尽意。其实，公园不一定到处搞那么多建筑构筑物和指令性的设置这些大零件大制作。原来植物和地形、线性空间的巧妙组合，这些不起眼的元素也可以给人带来有趣的品位、享受和体验。负责工程的人对我说：“当初建这个小园子并没觉得太在意它，今天它却成为全园最精彩的一段。”我很得意！

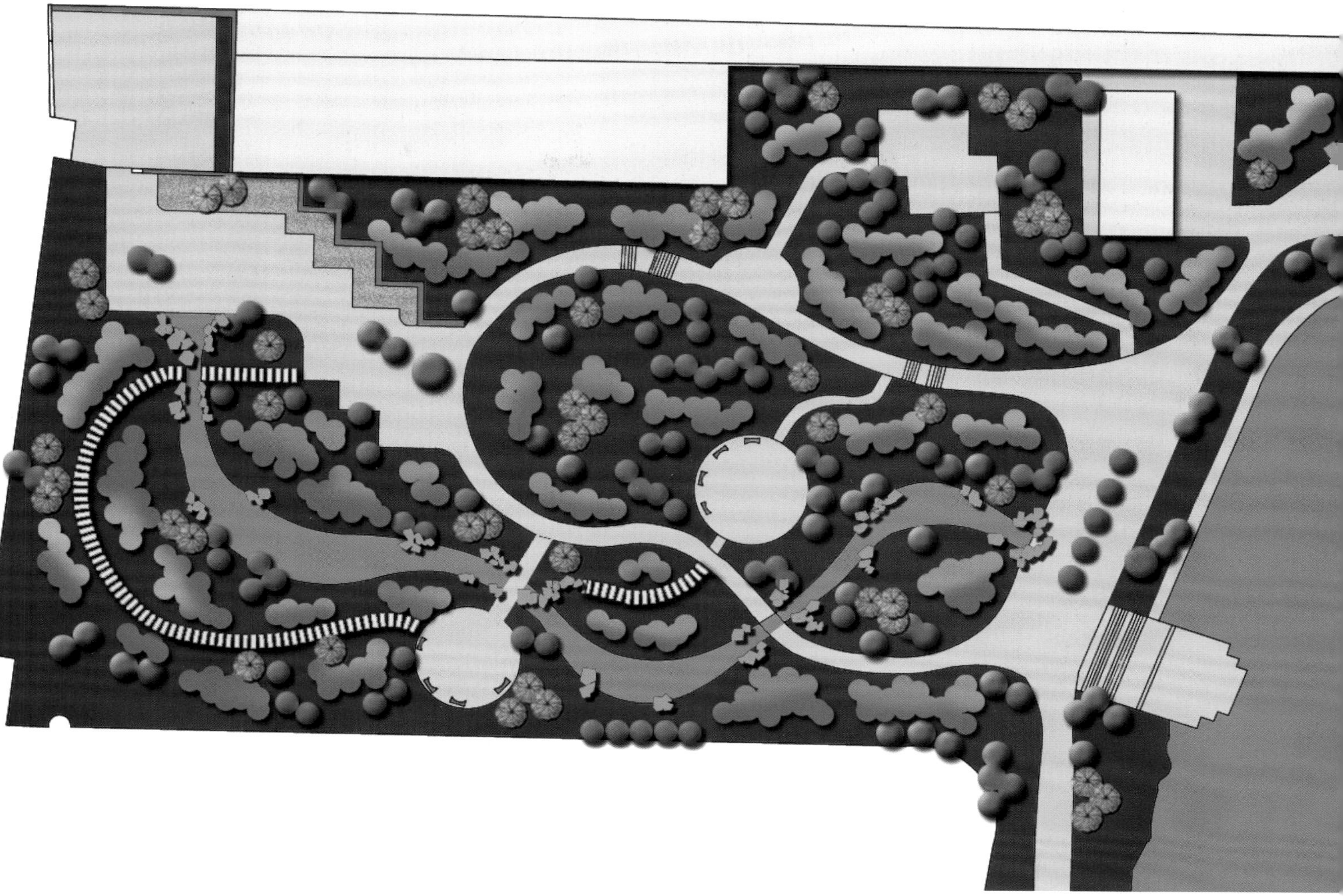

紫竹院西门景区平面

某公园游人服务中心方案一

方案一平面图

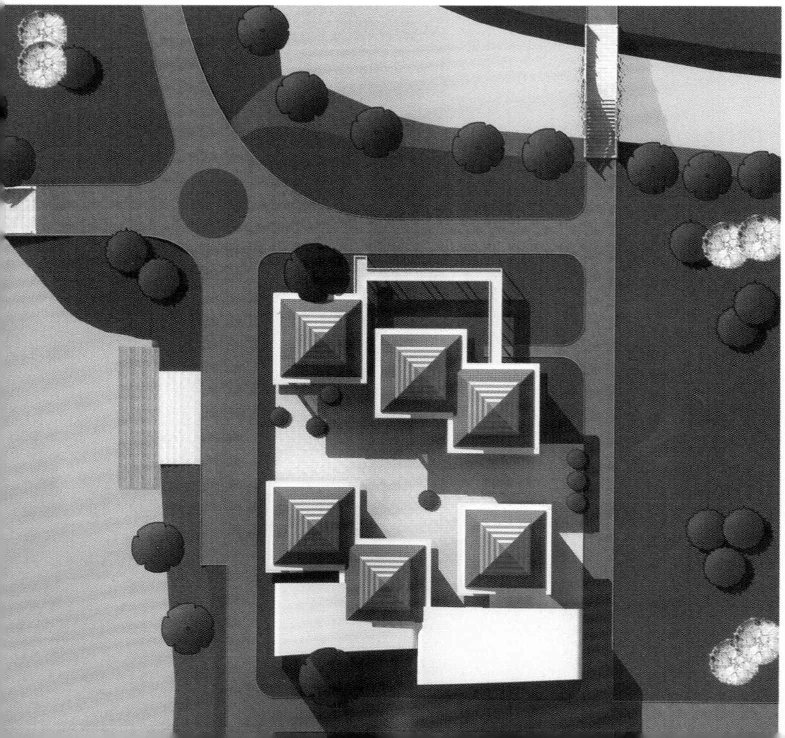

某公园游人服务中心方案二

方案二仰视图

方案二平面图

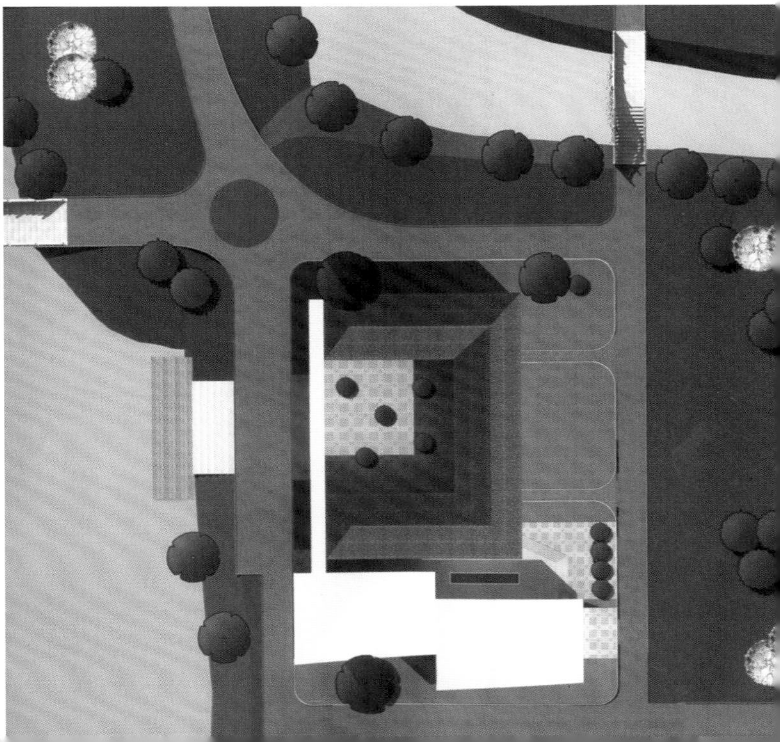

某博物馆方案——散落的花瓣

本方案的主题是“散落的花瓣”，三个抽象变形的花朵形建筑，遵循主、从、次的结构关系散落于场地之中，不对称的平衡布局与场地中轴线的自然扭曲，淡化了建筑朝向，顺应中国传统风水理论与南北朝向的主导性。“花朵”建筑所呈现的水平舒展布局与山上永定塔的垂直构图相互呼应，表达出构图上的对比与秩序，形成塔、馆、山、河、人五位一体的空间形态。

建筑主体采用传统灰白的墙体，饰以枣红色条带与花窗纹样，典雅别致、古朴大气。加之月洞门、雀替、楣子等中国传统园林建筑元素的重复使用，使建筑意向很“中国”；另一方面，花朵主题的抽象变形、流动概括的建筑立面、大胆的色彩对比、艺术化的展厅空间，又让建筑很“现代”，体现出中华民族的传统审美与现代审美，是传统与现代的交汇与包容。

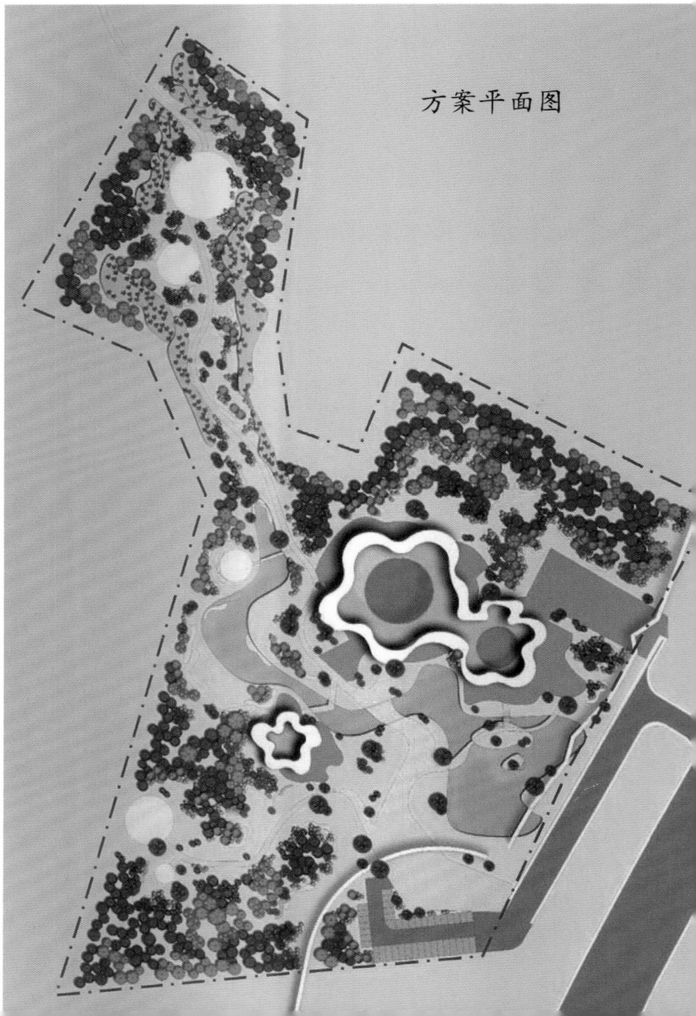
方案平面图

建筑近景

建筑近景

主入口—月洞门

房山滨河森林公园方案

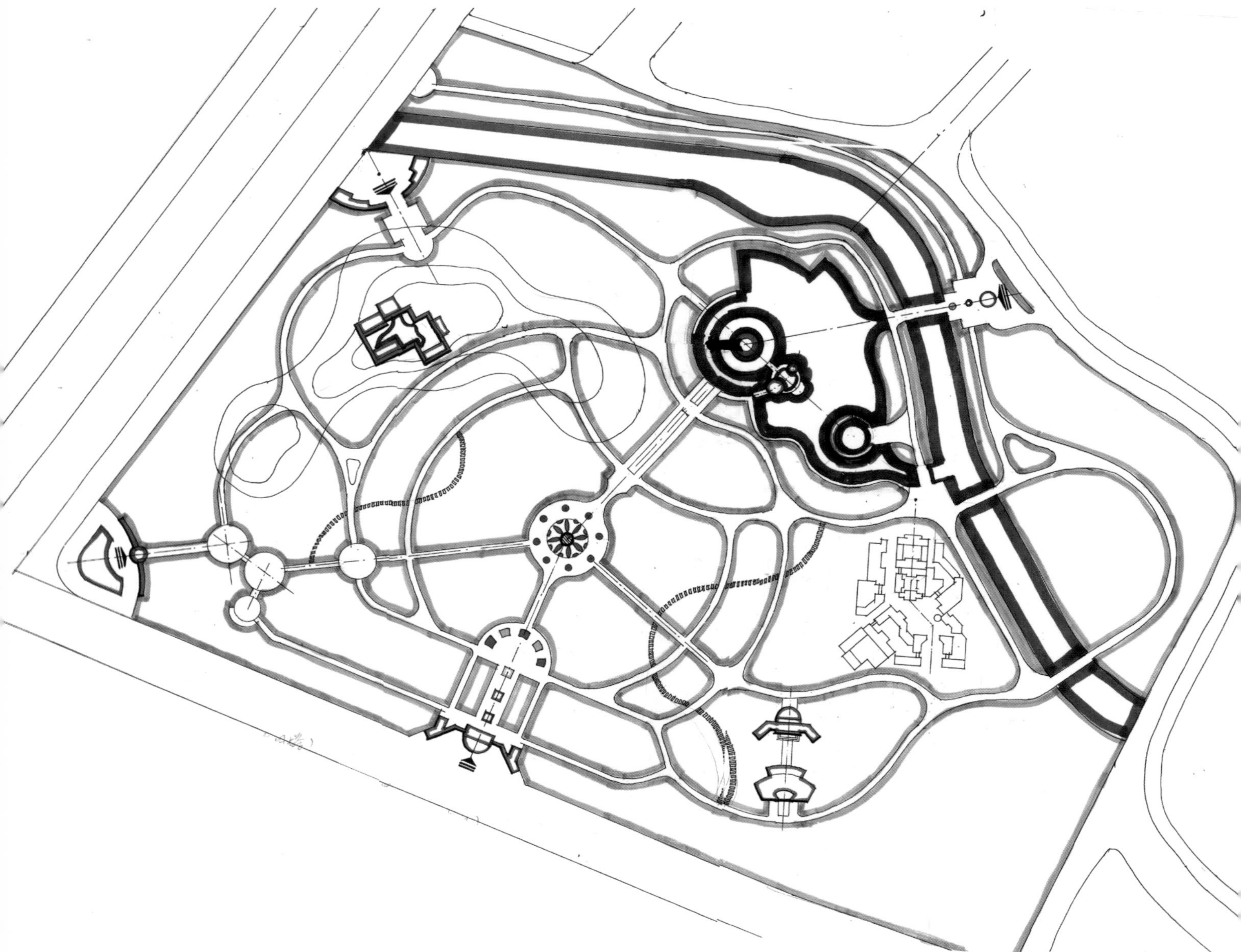

世纪坛公园方案

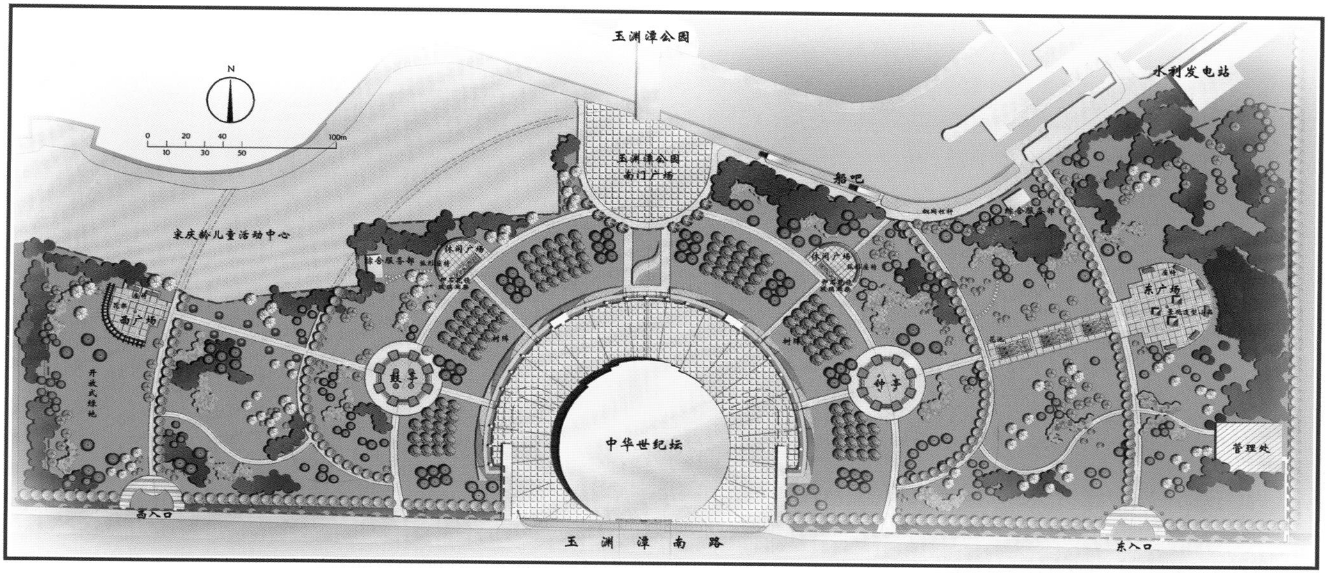
玉渊潭公园
水利发电站
N
0 20 40 100m
10 30 50
玉渊潭公园
南门广场
船吧
宋庆龄儿童活动中心
综合服务部
休闲广场
休闲广场
西广场
东广场
鼓亭
钟亭
树阵
树阵
花池
开放式绿地
中华世纪坛
管理处
西入口
东入口
玉 渊 潭 南 路

图 1

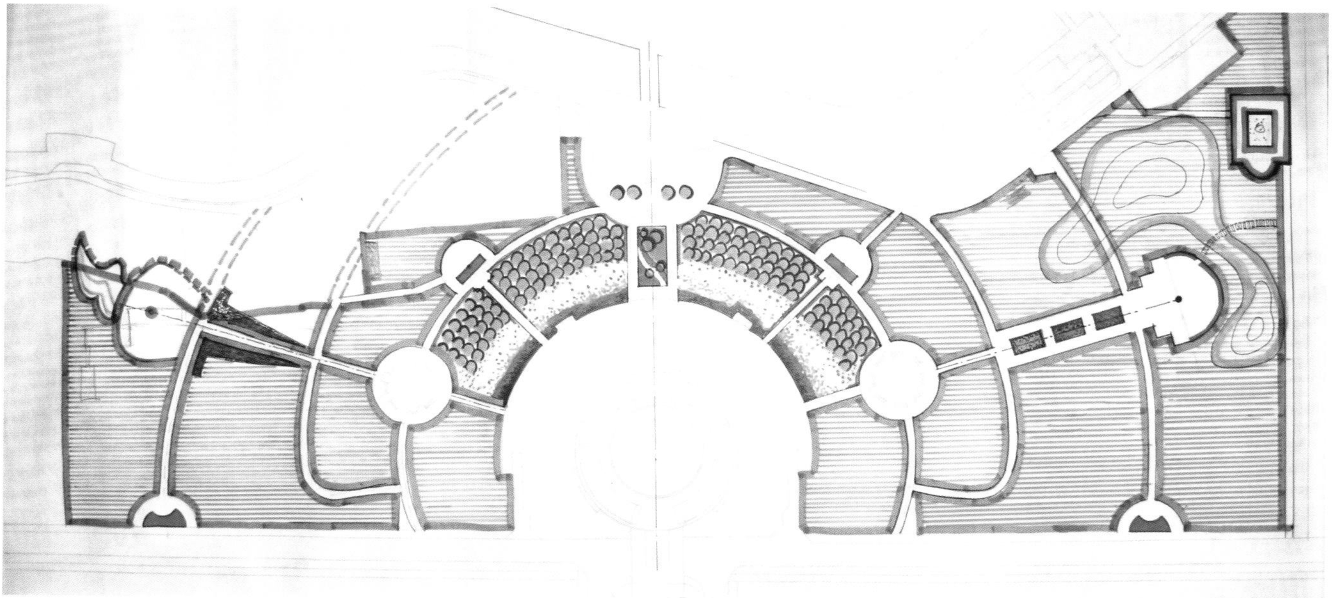

图 2

南和公园方案

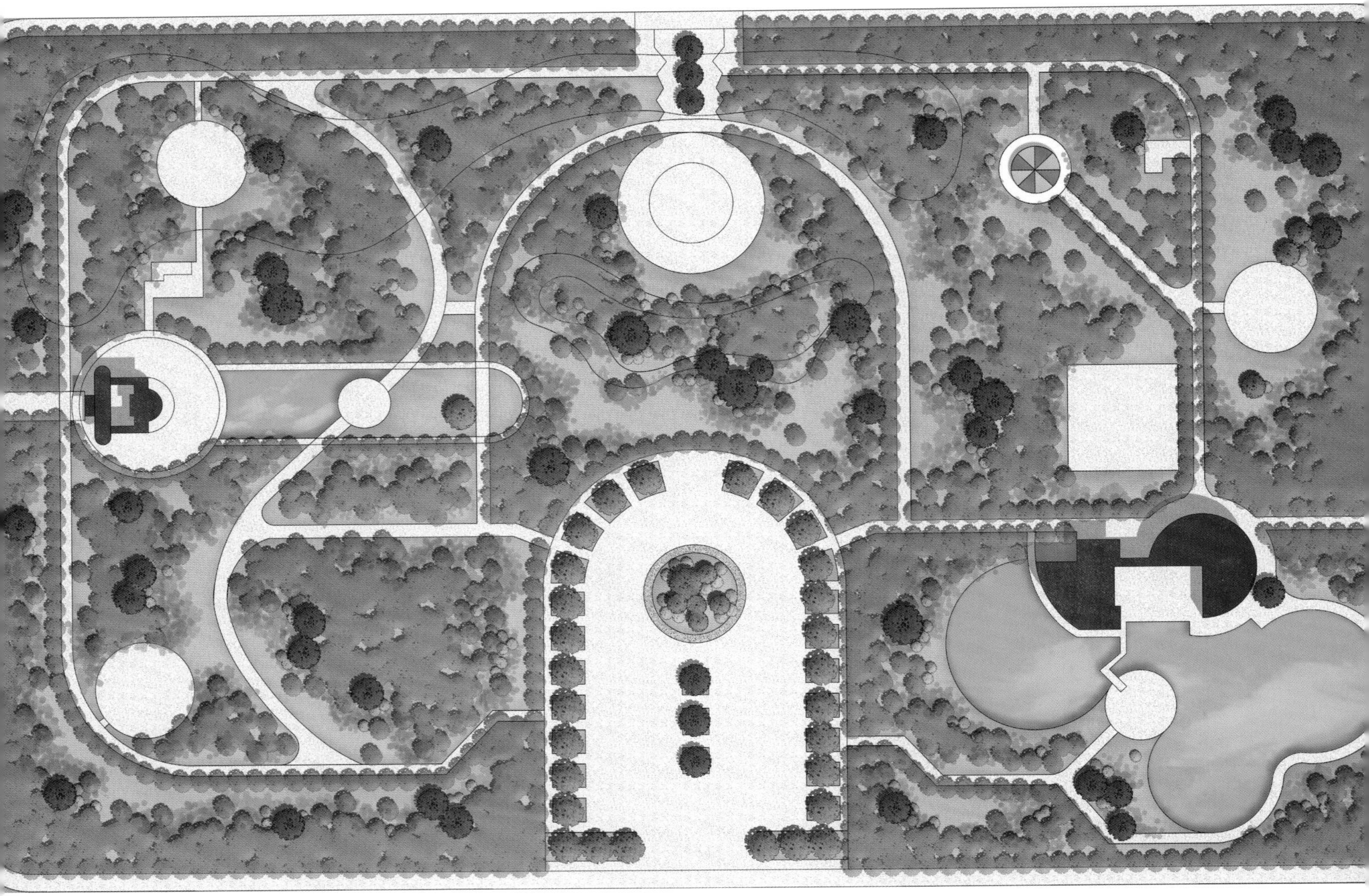

某市牡丹公园方案

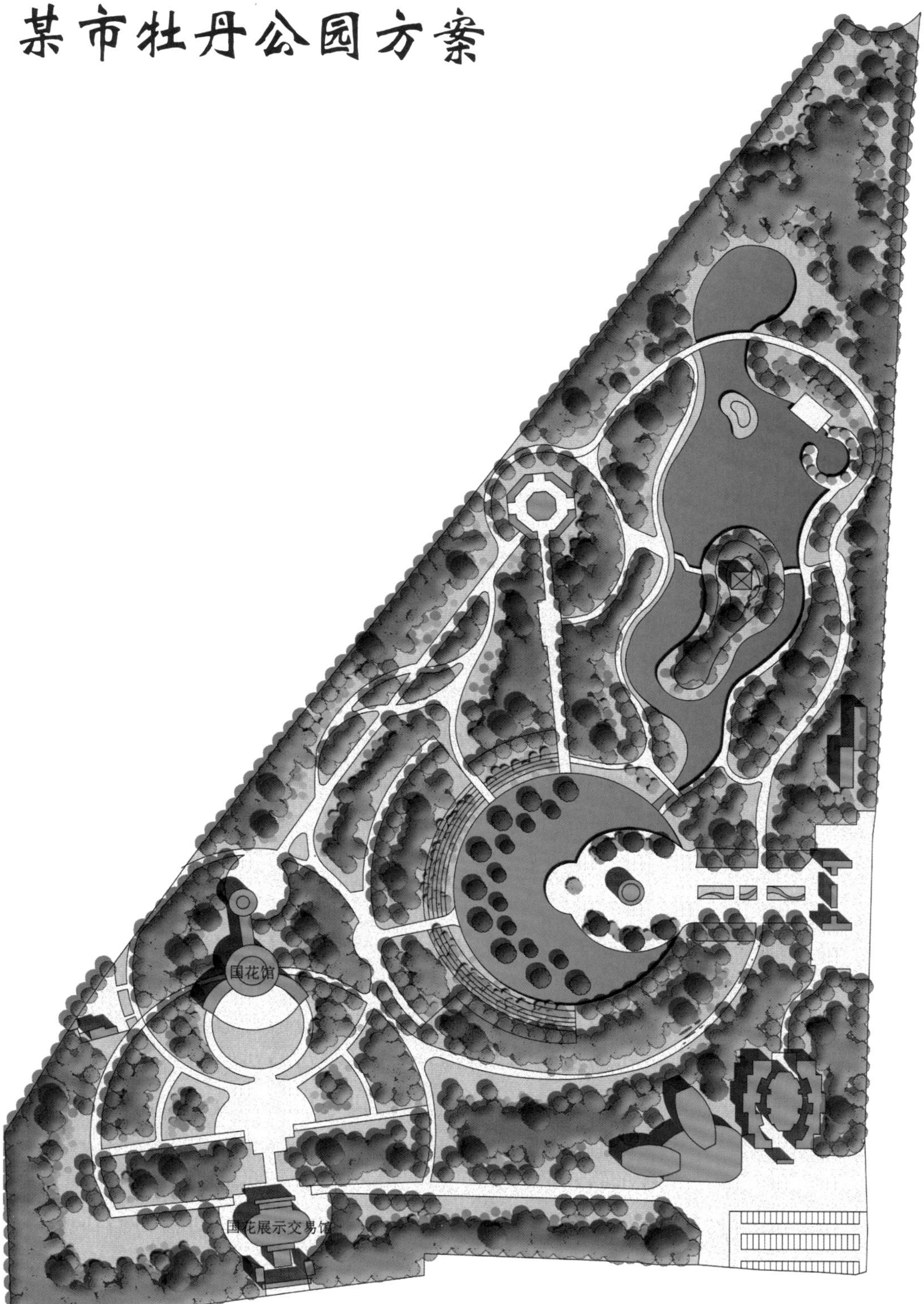
国花馆
国花展示交易馆

奥林匹克中心区某绿地方案

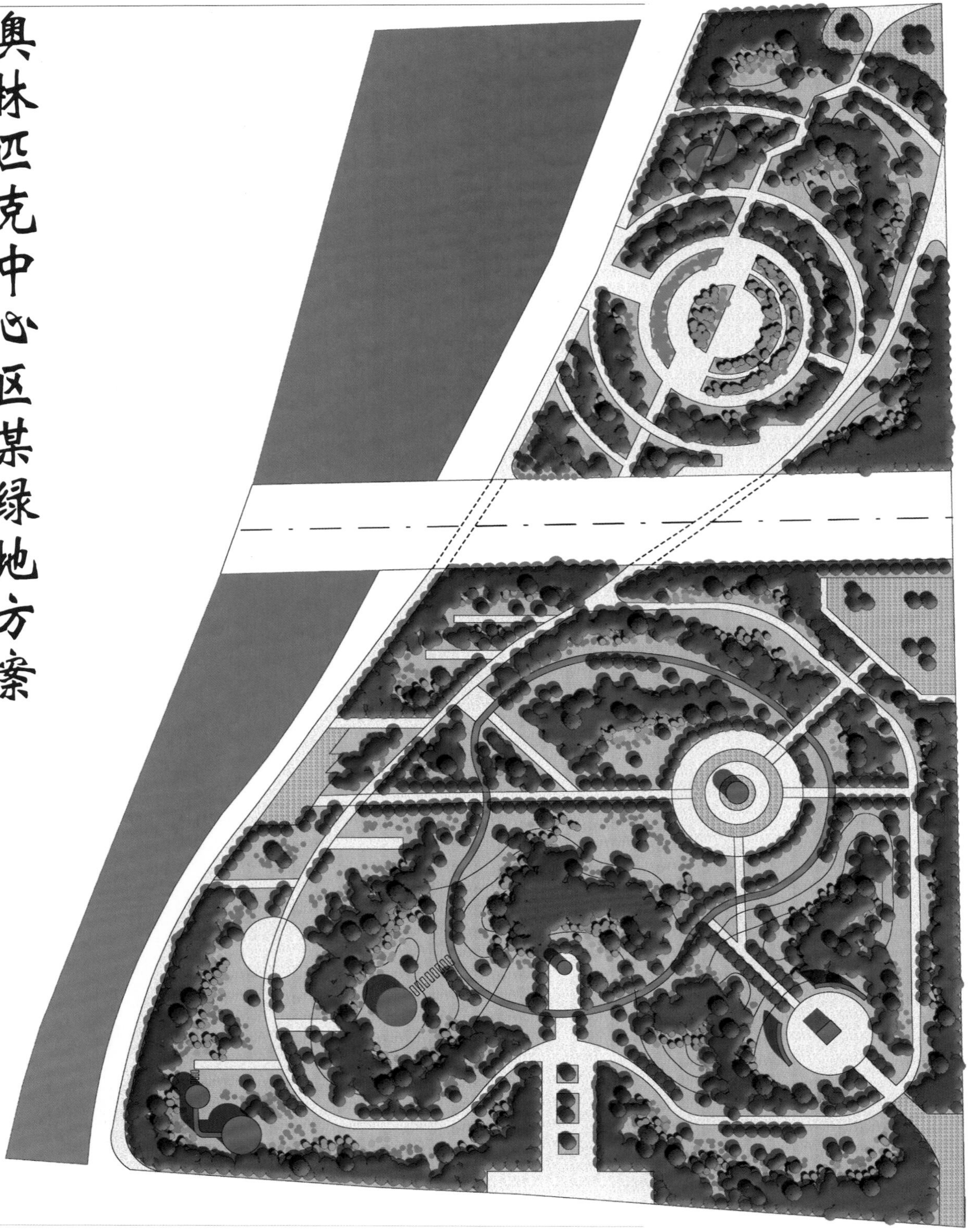

巨鹿公园平面设计方案

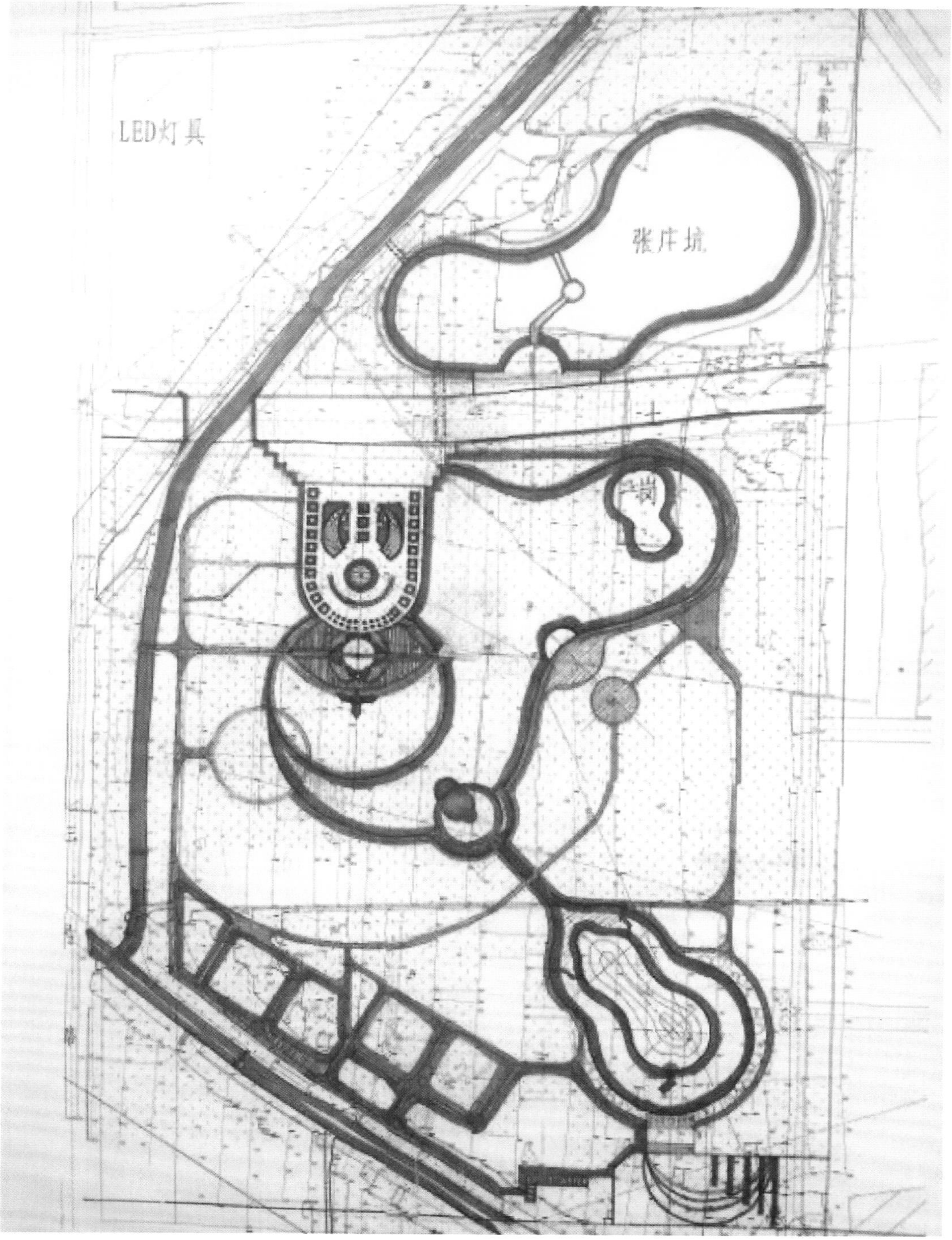
LED灯具
张庄坑

天宁寺公园方案

天宁寺是东营市垦利区一座形制和规模都很大的佛教寺庙，由一家企业投资建设。它也是距黄河入海口最近的寺庙。规划在庙前建设 50 公顷的大型公园，主要是为参加宗教活动的游人提供游览和休息的绿化环境。首先，它应该是大片的绿荫和开敞的空间，在这里可以找到一些人与天调、师法自然的文化提示，在休憩中享受自然、增长知识。绿化为主、交通合理，商业集中。园内大树林立，禅意浓浓。

本案以天、地、人和日、月、星为基本元素，营造绿茵如盖的景致和与佛教文化相辅的公园。和国内大部分寺庙一样，庙前街安排在公园轴线两侧，为游人提供购买进香商品并成为饮食、休息的服务中心，建筑布局规划为齐鲁商巷并建有主题牌坊——“天地润民，河海归一”，点题国泰民安。合理设置绿地、广场、坐凳和灯具，曲巷幽深、变幻有趣。北端设有东西放生池和两侧华表。停车位则安放在全院东南角的林荫车场。

西园：定名“天地苑”，有问天园（圜丘）、晓地园（棂星门和五色土）、人和园（有容乃大）。其中景区内设计为：金汤波月、蓬莱雨霁、暗香疏影、梅妻鹤子、烟雨梦等景区，构成三园五区。

东园：定名“禅宗苑”，有追日园、邀月园、彗星园。其中，景区内设有横空翠微（太阳花）、日月星辰（月下宿雁）、独乐寒秋、虚无空灵和大可不必，也是构成三园五区。最东侧留出一块建设院落式宾馆和服务区的预留地。

道路系统：以天圆地方为构架，有经纬路网，还有大中小三圈圆形环路，以及由此派生的各种衍生的路线，方便且有趣。鉴于公园面积东西各 25 公顷（相当于两个北京中山公园），尺度较大，路网密度也只能如图所示。

由于种种原因本方案根本没有交给甲方，因此没能实现。笔者依然认为本案对今后寺庙公园的建设提供了较为满意的设想，本身很有意义。

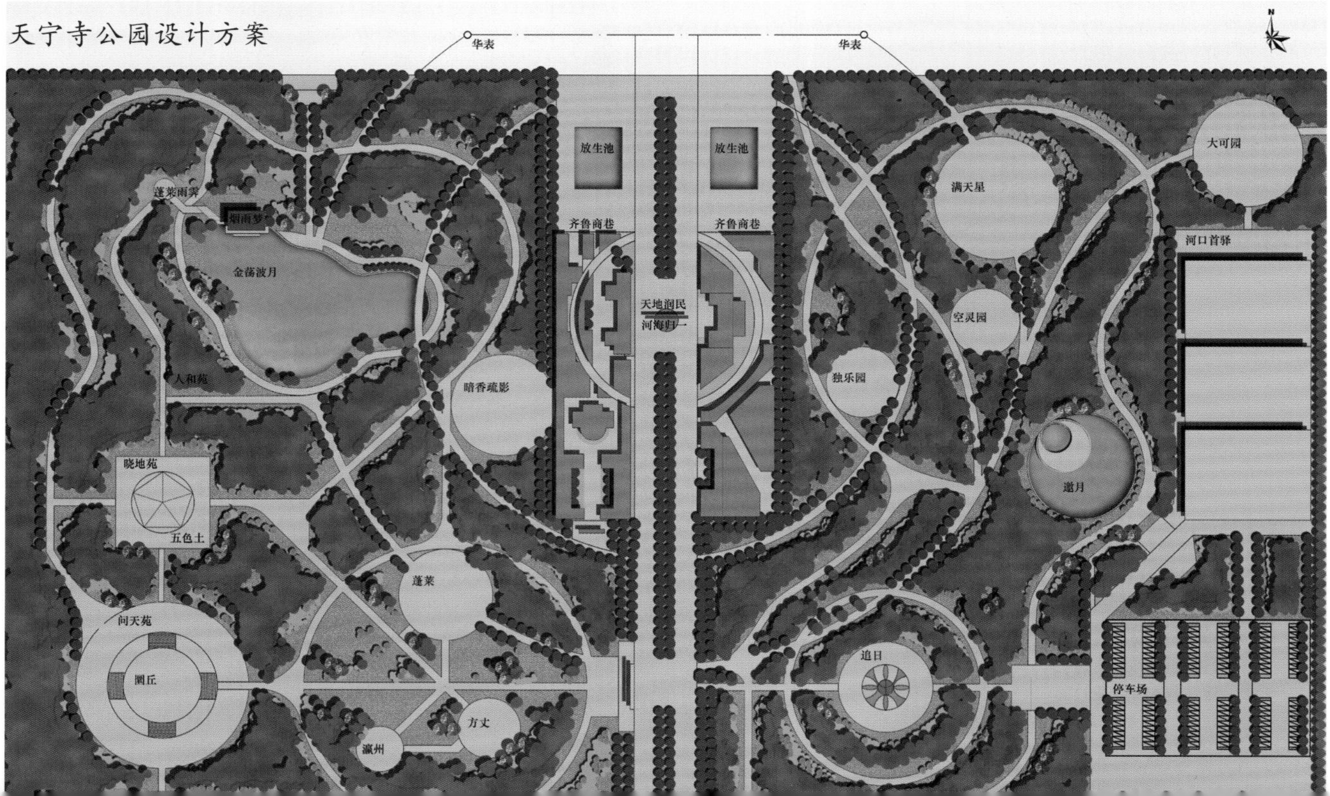

天宁寺公园设计方案
华表
华表
放生池
放生池
蓬莱雨霁
烟雨梦
金荡波月
齐鲁商巷
齐鲁商巷
天地润民
河海归一
人和苑
暗香疏影
晓地苑
五色土
蓬莱
问天苑
圜丘
方丈
瀛州
满天星
大可园
河口首驿
空灵园
独乐园
邀月
追日
停车场

我和韩国学弟

我和韩国学弟金治年

这幅画是我结识的韩国学弟金治年先生赠送给我的。他在法国学习时去参观画展，买下了这幅韩国画家的获奖作品，他毅然把画裁剪成等大的两半，装好镜框，一半赠我，一半留己。我们相约各自挂在卧室，以验证永久的友情，并嘱后代永久保存。因为十分感动，故发表，与读者共享。

韩美林先生题字

《播种园林的路上绽放智慧之光》
（合唱）
词曲：刘秀晨

播种园林的路上绽放智慧之光

——访中国风景园林学会副理事长刘秀晨

■《园林》 ●刘秀晨

导语：他博学众长，恪守自己钟爱的园林事业；他钟情艺术，有责任感又有激情地展现着自己多彩的人生；他平易近人，淡泊名利地漫步于专业与社会的舞台。他主持设计的北京国际雕塑园、石景山游乐园等一大批园林和主持施工的北京植物园大型展览温室，至今仍为北京续写着骄傲；他谱写的脍炙人口的园林和群众歌曲，被社会认同并多次获奖，并被许多歌唱家演唱和流传；他撰写出版的《绿色的云》《绿色的梦》《绿色的潮》《绿色的裙衣》等园林文曲图集在业内获得很高评价；一系列得到落实和回响的提案建议，见证着他作为政协委员的尽职与虔诚；国务院参事的身份更给这位始终与祖国命运荣辱与共的民主党派专家肩头压上一份沉甸甸的责任。他就是中国风景园林学会副理事长、教授级高级工程师刘秀晨先生。上海市园林科学规划研究院的院歌《播种园林的路上绽放智慧之光》，就是刘先生作的词谱的曲，鼓舞和激励着园林人奋勇前行。日前，这位园林界的奇人接受了《园林》杂志的访谈。

■：我们就先从院歌说起吧。音乐创作既是一种美妙的艺术又要有群众性，可以从不同的角度进行理性或感性的解读。您的很多创作已然达到一种很高的层次和境界，获得颇多赞誉。但就这首歌而言，其实您面对的是不很懂音乐的群体，然而词曲一经展示，则让大家感受到朗朗上口，顺畅自然。歌词的表达寓意准确。旋律与节奏既专业又大众，很快被大家接受并传唱。现在这首院歌，除了正式的演出，还适合作为背景音乐，曲调便于记忆深入人心。请问，接到创作任务时，一开始您是如何考虑的？

●：一首职业类的歌曲，如果只简单地写成是“我们是 XXX”之类，那将会变得古板和教条。这样的职业歌很难流传。20 世纪地质队员唱的“是那山谷的风，吹打着我们的帐篷。是那狂暴的雨，冲刷着我们的心灵……”几乎成为一个时代的高度。一首职业的歌曲，首先要让职业人喜欢并能煽动他们的情感，才能流传下去。在这之前我写过一首《园林华尔兹》，就在上海园林系统传唱了十几年，几万人演唱，也是基于这种考虑的。一个大作曲家，也许写不了职业歌曲，因为他没有生活。

我们园林人为国家城市园林付出的太多太多，我在这个岗位上历经了56年，难道这种积淀还要别人替我们诉说吗？我就是基于这种感情的。也谢谢你们所给予的捧场。你唱我唱他也唱，这挺好的。

■：您的音乐天赋犹如您的园林成就一样为世人所耳熟能详，您不仅擅长钢琴和手风琴，还精通歌曲创作。由于历史的原因您没能步入音乐殿堂，有遗憾吗？您是如何把园林和音乐融在一起的？

●：我差点成为上海音乐学院理论作曲系的学生。由于历史原因我却学了城市园林专业并在这个事业中一干就是几十年。我从来没有后悔过。我喜欢园林也从没有放弃过音乐创作。在园林设计与音乐创作的双翼下奔跑忙碌。一边勾勒着美丽的北京园林，一边创作着沁人的“华尔兹”。在我看来，音乐和园林设计是一脉相承的，本质上都有同样的艺术脉动。由于我游弋于写歌，这就比别人更能理解和把握园林艺术创作的规律与属性，用音乐创作的思维去驾驭园林的艺术实践。当然这种思维与实践反过来用于写歌。在我一系列歌曲创作中，《园林华尔兹》可能是我的代表作之一，曲中反复出现的“城市中的园林，园林中的城市”，不仅代表着城市、园林、艺术、音乐四者相互依存的关系，更体现了当今中国城市建设与发展的科学理念。音乐使我尝试对园林文化产生诗意解读，也可能使我在实践园林设计中探索传承古典神韵，又寻求现代精气神。我对园林事业的虔诚追逐和在谱写歌曲的交响中，感受着色彩斑斓和富有活力的人生！科学与艺术是相融的，它们是人生美好的两翼，能把一个人的事业和精神托举到一定的高度！

■：中国被称为“世界园林之母”，是因为我国有最丰富的园林植物资源和令世界瞩目的传统园林艺术成就，而园林花卉在构成中国园林诸要素中享有独特的地位。对于国花的评定，仁者见仁，智者见智。您曾经建议“评国花一国两花（牡丹和梅花）好”，现在的想法呢？

●：我始终没有改变这个观点，国花的定义似乎没有明确的文字表述，但它肯定是人们在心目中用花表达国家的象征，体现某种民族精神，反映国人的情感和寄托，并为广大群众基本认可。国花会起到培植人民热爱祖国、热爱自然的作用，是尊重并凝聚传统文化和植根国土表达民族性格的代表。作为一个园林人，我认为，评国花一国两花好：牡丹和梅花。牡丹在历史上就有国色天香之说，它的雍容华贵在许多文学艺术领域都有充分的表达，可以寓意祖国的繁荣昌盛，较多地体现在物质文明一面；梅花从分布上讲则更为广泛，祖国大地冬春之交，一片片“香雪海”堪称奇观，更有野生梅花遍及东西，象征坚忍不拔的傲骨之风，可以代表着一种昂首怒放的民族精神，是精神文明的体现。以上两种花自古至今都得到中华民族的认同，甚至成为联系全球大中华的一种纽带。

另外，一国两花还基于以下考虑：一是祖国地域辽阔，花卉资源分布有一定地区性，作为大国应海纳百川，国花尽可能有一定覆盖面。牡丹分布以黄河流域为主，梅花则以长江流域为其主要分布带，乃至云贵、台闽也有各自的品种。两条母亲河孕育了两大国花。二是牡丹作为国花，国人的认同度很高，而梅花由于历史的原因，几十年前曾被定为国花，在台湾地区和南方诸省享有广泛的声誉，一国两花能较好地照顾到海峡两岸民族的感情，有利于统战工作。三是从世界范围看，一国两花的先例诸多，例如日本的樱花和菊花、泰国的睡莲和素馨、印度的菩提花和睡莲等等。一国两花好，不仅是学者的观点，也是大众审美的寄托和归宿。

■：想请教一下您对当今园林界热门的焦点问题——中国历史名园的保护与发展，有着怎样的见解。

●：以北京为例。世界上能称之为著名古都的仅仅只有巴黎、罗马和北京三个城市。巴黎和罗马是以古建筑为主，而北京则是以古建园林为主，北京拥有的皇家园林在世界上首屈一指。分布于北京西北郊的三山五园和市区的南、中、北海及各类坛庙园林，是北京市皇家园林的两大板块。那些达官显贵的府第和庭院寺庙也都是历史名园。博采北雄南秀之众韵，兼具海纳百川之胸怀。这些皇族王室之园，名公巨卿之庭，具有浩然王气和极其深刻的文化底蕴，其艺术品位和不可替代的历史价值，令人回味无穷！这里不可能一一列举分布于全国的大量的历史名园，只能另做个论。

面对如此瑰丽的历史遗产，我们园林人不仅要用更多的新绿来浸润她，更要用精细的匠心保护她、恢复她、完善她。古典园林的修葺和复原必须本着科学谨慎的态度，吸纳社会、历史、文化、自然和艺术的营养，以翔实的史料为依据，尊重历史，尊重建筑原有的材料、尺度、做法，能保留的绝不推倒重来。就拿北海公园中的快雪堂来讲，原本是乾隆年间的苏式彩绘，修缮时要力求达到原汁原味，一丝不苟地还原历史的真貌。正是坚持这样一种态度，北海的小西天、九龙壁、快雪堂、静心斋、画舫斋、濠濮间、白塔、永安寺、庆霄楼、一房山、蟠青室、团城、琼岛春荫等，都是原汁原味地完美再现的。过去我们叫“修旧如旧”，是否可以改作“修旧如故”更为确切，我是赞成的。

■：谈谈您曾管辖的园林规划设计和建设工作吧。北京植物园展览温室像一座美丽的水晶宫，晶莹剔透、现代而富有哲理，是当之无愧的建筑与园林精品，它的规模、水准、质量都毫不逊色于世界诸多城市。这项国庆五十周年的重点建设工程，设计时如何做到将科技和艺术融会贯通的？

●：北京植物园，在某种意义上兼有国家植物园的功能，温室的设计和施工很重要。在确定为亚洲最大、国际一流、突出个性、环境最佳的主旨目标后，设计团队出台了一个以“绿叶对根的情意”为理念的设计方案。椭球和扇面多轴心围合成的大厅，由玻璃幕墙有机分隔为四大景区：四季花厅、热带雨林、沙生植物和专类园，这种分类和选项是充分考虑与国际惯例接轨的。整个温室的玻璃钢架，由成千上万块双层真空玻璃、用国际上最先进的点式连接构成曲线柔美的共享空间。安装这些形状完全不同的异型玻璃，在国内施工技术上创下了新高，在追逐建筑艺术的现代个性上也做到了最好。温室提供的植物所需要的光照、水分、肥分、湿度和环保等各项要求，做到国际先进的自动化、一体化管理，由电脑给予指令的人工生长环境使用起来得心应手。设计充分体现了“以人为本”。全部实现无障碍设计，为残障人提供了方便。开敞的茶室使人沉浸在温馨现代的氛围中。触摸式电脑、多语种的自动解说方便了游人。部分展室如沙生植物和四季花园的观景台架设在二层，扩大了空间，丰富了景观的高差变化。一万平方米的温室坐落在五万平方米的花园之中。由植物色带环绕的前庭，在微地形的变化中将温室徐徐托起。周边的疏林草坡淡化了所有人工雕琢的痕迹，使温室归于自然。U 字形的西山山系，把这颗明珠拥抱在怀中，风水之佳，顺应了“青龙白虎”的态势，无可挑剔。

呈现给游人的这个庞然大物，甚至使人联想到埃菲尔铁塔和蓬皮杜艺术中心。现代建筑本身就是要最大限度地体现科技和艺术相结合的文化魅力。事实证明，别人能做到的，我们也可以做得不错。这是在市政府的领导下，调动了各方力量和人才完成的世纪园林的精品。据说上海佘山植物园后来居上，也建成了更大型的温室，上海和北京应该比翼双飞。

■：超负荷、超强度的城市开发使城市人愈感窒息紧张，再加上高节奏的城市生活，人们不得不接受患“城市病”的现实。那么，如何利用园林的手段缓解城市压力，减少城市灾害，实现减灾避险呢？

●：公园绿地是缓冲这些压力的城市人的乐土！不要因为一时的急功近利，把城市盖满了房子，盖房子和建绿地同等重要。不仅是公园，开敞空间包括很多道路和绿地广场，都能发挥这一功能，城市园林的功能除了过去我们经常讲的生态、景观、体憩、文化四大功能外，还有减灾避险功能。当年神户大地震，作为室外绿色空间的城市公园，为减少地震带来的灾难，提供了避难场所；当年唐山大地震，凤凰山公园等城市公共绿地也起到同样的作用；北京抗击“非典”时期，公园、绿地在减灾避险方面起的巨大作用也可以充分体现。多建一些公园绿地吧！让更多的绿色浸润城市这方土地，为生态、景观、休憩、文化，也为减灾避险提供实在的需要。这就更证明在生态文明建设大背景下驾驭大尺度绿地和实现城市园林精细化管理和生态修复，更加全面的释放园林绿地的社会功能是何等的重要。

■：您在很多场合都提到关于园林植物配置的“减法设计”，以求达到视觉的最佳构图和植物生长的最佳环境。您对现在的景观规划设计师有什么建议和意见？

●：“减法”一词来自于数学。对于植物材料，从最初设计施工到形成一定的景观形态，然后步入衰落是一个渐进的过程。每种植物都有自己的生长周期，要保证靓丽的植物景观，要保证植株完美的形态和合理的营养环境，将过密过繁的部分植株加以适当和适时的删减是必要的造园手段之一。当然，对于过繁过密过时和过陋的建构筑物、山石地形等加以删减有时也是必要的。

在景观设计时，有时为了求得近期的绿化效果，要适当（甚至是不适当的、过分的）密植，而达到一定树龄后，过密的植株失去应有的营养面积，从而过早枯老衰弱，理想景观随之消失，而剔除部分植株的事又往往无人问津。有时一组好的植物配植也许并没有着意要密植，而是设计者煞费苦心制作的一种艺术效果，一经竣工，前几年可能是理想的冠幅和花相，但植株的离心生长是不可抗拒的自然规律，到后来，树冠的搭接又把植株的个体形象变得一片模糊，有个性的形态随之消失。即使有的是展示群体美的意图，随着生长势衰弱也失去了群体美。常绿树种（如油松、侧柏等）用于山地造林栽植中，随着一年年长大，由于忽略及时移栽或进行间伐等正常的抚育手段，10 年郁闭，一片葱绿；20 年后则变成头顶帽檐的“细高挑”；30 年后则成了互不谦让、横眉冷对的“小老树”；40 年后则已不可救药……

上述情况不难看出，一个共性问题被忽视了：把握植物生长周期的自然规律，展示其不同生长阶段的生态美和形象美，及时剔减过密的植株，做出减法设计。这一点，风景园林师不同于建筑师。建筑作为硬质景观是“定格的”。植物景观则是变化的，营造一组好的建筑只需一个施工周期（几个月或一两年，当然也有维护问题）。而经营一个好的庭院、公园绿地则要根据其生长阶段，不失时机地去劣存优。风景园林师要责无旁贷地拿起减法设计这支笔去勾勒自然美和栽培美，要保证植物的生态佳景需要主人苦心经营，不可能一劳永逸。现在的情况是绿化设计施工一经完成，设计与管理就此脱节，谁想再改动都难。就是说，减法设计还少有人问津，这不能不说是一种遗憾。责任首先是政府和业主，要有资金和管理手段的保证，在改革开放几十年后的今天，这个问题是全国性的，必须重视并予以解决。

■：作了那么多的园林规划设计项目，您最满意的是哪一项？为什么？

●：规划设计者最爱讲的一句话是“我最满意的作品是下一个”，这句话不无道理。当年我做第一个公园的时候，得到了中央领导的表扬，我曾沾沾自喜。今天看来，那只是一个时代的高度。琳琅满目的全国各种园林项目，不胜枚举，成果巨大，但是值得总结的问题和教训随着时代发展不断地显现。每一个政府领导和风景园林设计人都有一份责任。要不断反思如何呈现城市园林生态、休憩、景观、文化、减灾避险，各项社会功能的全面释放，规划设计固然重要，没有精细化的养护管理，好的作品也难以呈现。我认为最满意的城市园林应该是按照中央的要求，在生态文明建设的战略背景下完成人民群众满意的和体现现代城市功能的作品。我已经年纪大了，作为一个园林老人，我期盼我们承担着作为“世界园林之母”的重任。让全世界讲：“最好的园林在中国！”到那一天才能说中国的园林最美丽，当然也才能谈到最满意。我期盼着看到那一天：中国风景园林学这本厚重的学科大书在我们的时代诞生，世界最好的园林作品在中国诞生，而不是盲目地吹捧国外。

编后语：

若想以本文的篇幅浓缩他硕果累累的精彩人生，几乎是不可能的。在他 50 多年的园林生涯中，他对园林事业倾注了毕生的心血和智慧。按理，作为全国政协委员、国务院参事，他应该说已经功成名就，可以在鲜花和荣誉垒起的山巅上享受成功带来的辉煌与喜悦，然而，现实中的刘秀晨仍然心系园林事业，仍然满怀赤诚之心，为昨日名园的保护与发展呕心沥血，为今日园林的建设献计献策，为明日园林的打造勾绘蓝图。今天，人们仍然能看到他忙碌的身影，继续在中国的园林绿地上耕耘着。请记住他朴素简单而高度概括的一句话——“机会眷顾有准备的人”，你将受益一生！

原载《园林》2017 年第 3 期

“梅三里”园林庭院方案

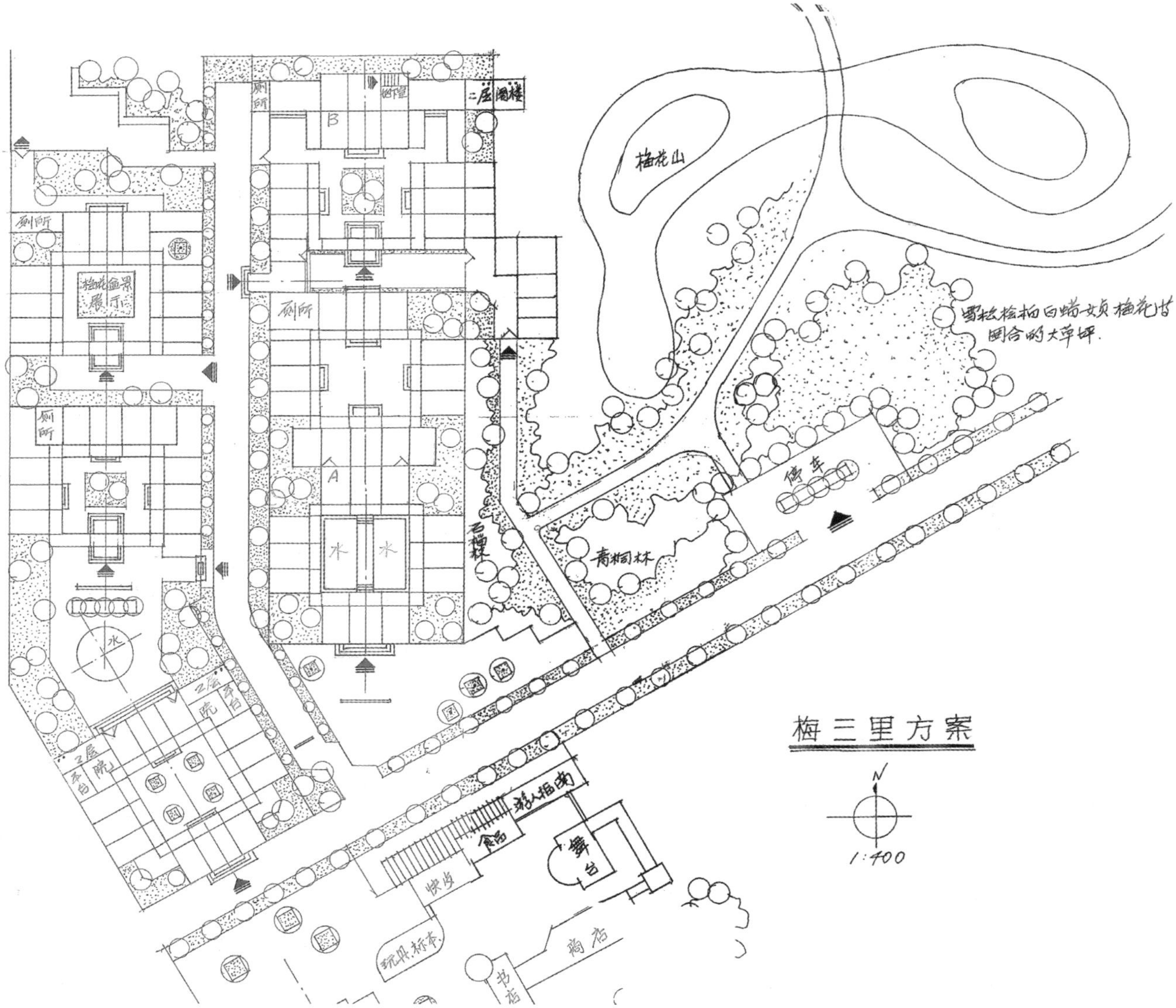
梅花山
雪松桧柏白蜡女贞梅花等
围合的大草坪.
厕所
二层阁楼
梅花盆景展厅
厕所
厕所
A
B
水
水
停车
青桐林
舞台
快餐
商店
书店
梅三里方案
N
1:400

参政议政

建议建设北京近郊四大“绿肺”

北京市园林建设以筹办奥运为契机，得到迅速而极有成效的发展。同时，北京园林建设也为成功举办“无与伦比”的奥运会做出了巨大贡献。后奥运北京将继续以人文、科技、绿色为宗旨，深入学习和实践科学发展观，北京的园林建设也将进入一个新阶段。

最近，市政府正在筹划远郊区县 11 个万亩滨河森林公园。这是按照城市规划修编，对北京生态保护、修复和再塑的战略举措，十分必要。同时，在规划修编中还阐述了北京近郊建设四大公园的任务。即北郊奥林匹克森林公园、南郊生态郊野公园、东郊生态休憩公园、西北郊历史文化公园。笔者认为还是应该与这一规划基本一致，将工作视野对准距市区相对近一些的位置，为北京生态提供更加实惠的保障。即北部已经建成还需完善的奥林匹克森林公园，西部以首钢拆迁 7 至 10 平方公里及其永定河两岸的生态休憩绿廊（门头沟、石景山、丰台、房山、大兴等），东部温榆河两岸的朝阳通州生态休憩绿廊，南部的南苑、南海子、团河行宫、古桑园为一体的生态郊野公园。这样就形成了首都近郊四大“绿肺”的格局。它将与远郊 11 个万亩滨河森林公园，以及两道绿化隔离带和数条楔形绿地相呼应，共同构成北京市域平原地区的绿地系统。

以上可以看出，这四个公园“绿肺”与原有绿地系统的四大公园在位置上有重叠，也有区别。原规划的四大公园，其中西北郊历史文化公园即三山五园，是在城市近郊的西北方向，它与东北部的朝阳公园、来广营隔离带相呼应。真正西部“绿肺”，应该是石景山、永定河以及八宝山、老山、田村山。东部公园“绿肺”应是温榆河及其纵深（原规划包括潮白河，现已单独划入潮白河万亩森林公园，属远郊区）。这四个介于城近郊区的公园“绿肺”，从东南西北四个方向用绿地包围北京，是北京市近郊区与远郊区之间城乡统筹、城郊一体化的绿廊，也是规划中城市绿地应该突出的内容。可以称为北京四大“绿肺”或叫新“四园”。

新“四园”中的奥林匹克森林公园已基本建成，只剩完善提高和养管工作。而石景山、温榆河、南苑大兴园则需要研究投资和建设主体，做出新的规划和实施计划。由于新“四园”位于市区和郊区之间，建议以市区为主实施，分别由石景山区、首钢、朝阳区、丰台区、大兴区等负责完成。首钢拆迁地为核心的石景山生态休憩公园可以保留部分高炉、炼钢等原有的工业遗产符号。在拥有大规模绿量的前提下，结合文化创意产业，参照类似日本东京台场的规划内容，建成绿荫中的青年乐园。让年轻人在这里与科技、文化、艺术零距离接触，展示当今世界最前沿的科技、最流行的音乐文学艺术。只要策划得好，还可以收获生态、经济、文化等效益的多赢，成为年轻人所向往的绿色文化公园。让他们在这里健康的宣泄，有助于迸发创新的火花。永定河两岸的绿廊还可以涵养这条母亲河，为北京再增添一处万亩滨河绿园。

四大“绿肺”的建设还有助于制止城区发展“摊大饼”的隐患，成为新城与市区、新城与新城之间的绿化隔离空间，因此实现起来具有城市发展战略的特殊意义。

建议由北京市园林绿化局牵头，通过调研摸清情况，报市政府立项。并先期做好相应的规划方案，为逐步圆满实现四大“绿肺”，扎实做好前期工作，争取尽早实现。

注：于 2009 年全国政协十一届二次会议期间提出，荣获全国政协优秀提案奖。

一曲杜鹃中波情

晚上，我坐在沙发上一边看报，一边听着肖邦热情奔放的钢琴曲。难度极大的演奏技巧、澎湃激昂的旋律不断地调动着我。倦意中又注入新的活力，让我荡漾在音乐带来的美好之中。我不是钢琴家，但我知道一个好的钢琴家如果不懂肖邦，不能准确完美地表达和诠释肖邦，就会被视为不可以。肖邦把钢琴的艺术表现力升华到空前的高度，几乎成为人类艺术很难逾越的高峰。钢琴乐章的流淌把我的思绪带到全国政协一次出访中……

出　访

那是 2006 年初秋，我随政协民族宗教委员会出访波兰和匈牙利。作为回族委员的我和其他几个民族委员共同有幸前往。临行前，我们针对出访可能出现的问题做了一些准备，团长江家福曾是国家民委副主任，对民族工作有较深的了解和体验。在波兰华沙我们几次应邀与参、众两院的领导和议员座谈，气氛是积极活跃的。一次一个副参议长提出：“你们有什么证据证明西藏历史上就是中国的一部分？”团长沉着应对，以充分的史实全面圆满的做了答复，并说明我国政府对达赖的一贯立场，讲得有理有据。这个议长听完介绍后表示，能第一次当面听到中国官员这么完整详尽地讲解西藏问题非常难得，并对自己唐突的提问表示了歉意。座谈会气氛一下子宽松活跃起来，一些议员不断提出对中国感兴趣的问题，我们也一一作答，不拘一格。我们几个委员也都有机会从自己熟悉的领域谈一些看法，对波兰少数民族状况饶有兴味地获知不少信息，彼此的感情拉近了许多。不少议员表示想到中国来看一看，交流生态、社会发展、农牧业的经验，看好中国在国际上的战略地位和巨大的市场潜力，对中国表达了浓厚兴趣，尤其对筹办奥运会表示关注。

由衷的情结

我在座谈中由衷地袒露了自己的看法：我从上中学就知道波兰并十分向往这个美丽的国度。哥白尼、居里夫人、肖邦作为波兰的骄傲，他们点亮了人类科学文化的明灯。我从事城市园林工作，了解到华沙的城市绿地之多在全世界名列前茅，甚为钦佩。后来又听说，二战期间波兰惨遭纳粹狂轰滥炸饱受重创。然而，波兰的城市规划师被囚禁在奥斯维辛集中营时，满怀爱国激情策划华沙的战后重建，真是令人感动。今天能来到这座英雄的城市感受它的悲壮、凝重，也体验伟大肖邦超人的音乐天赋，实在是难得的机会。在这里不仅肖邦奔放的旋律令人留恋，华沙老城、著名的美人鱼雕像、存放肖邦心脏的圣十字教堂、维拉努夫夏宫、瓦金基浴宫和充分展示波兰个性的皇家园林，也同样是城市文明的重要佐证。静谧的宫苑在秋色和满地落叶的映衬之下多了几分安详和深邃。城市绿地无处不在，也许管理得并不精细，越是这种不经意的树丛，越给人以自然恬静和生态之美。维斯瓦河源头的南部城市克拉科夫，瓦维尔皇宫和山下的圣玛利亚大教堂，中欧最古老的亚哥龙大学和古商贸市场分布其间的老城中心区，是世界级的旅游胜地，处处散发着中世纪文明的气息。我的这些考察心得引起波兰朋友的共鸣，更加感到两国在经济、社会和文化加强合作交流共同发展的互补性和迫切感。

午餐变舞会

当天中午参议院马洛克副议长和与会议员在一家不大的餐馆请我们吃饭，其实饭菜很简单，也表明了他们公务接待上的从简。但是餐馆里一架旧钢琴却引起了我的注意。席间双方都很尽兴，畅谈中波友谊和感想。我一阵心血来潮提出：“小时候对波兰文化所知甚少，但一支民歌《小杜鹃》却使很多中国人留恋至今，我虽然钢琴弹得并不怎么样，但愿意演奏这首歌曲，表达对波兰朋友的友情。”议长很惊讶，同时兴致正浓，当他听到波兰众人皆知的“小杜鹃叫咕咕”的乐曲，激动地马上邀请随团的女士跳起华尔兹（小杜鹃其实就是三拍子华尔兹），一场午餐顿时变成了即兴舞会。曲子虽短，议长却示意再多重复几遍，以至跳到尽兴为止，这场以《小杜鹃》伴奏舞会的形式结束的座谈会，最终给大家留下深刻的印象，表达了依依不舍的友情。

肖邦曲盘传友谊

时隔一年后的 2007 年 6 月，波兰两院代表团回访中国。由于我参加过出访波兰，这次也应邀参加全国政协主办的欢迎酒会。那天，我们都身着正装，像参加盛典一样步入酒会，席间与在波兰结识的议员以及新朋友畅叙友情、边吃边聊，饶有兴致。

晚宴即将结束，团长举起酒杯答谢盛情接待。突然，一个谁都没有料想的插曲发生了，他讲：“你们的议员刘秀晨先生对我们国家有深厚的情结，特别他即兴演奏的《小杜鹃》让我们感受到中国人民的真诚和对我们一个小国的深度了解，我们十分感谢他，我受马洛克议长的委托特意带来一套肖邦钢琴曲的光盘赠送给他。”瞬间我简直都懵了，稍后又激动起来，在掌声中接过光盘深表了谢意。

我在想，国际的非政府交往除了专业考察交流，更多的则是加深了解交朋友传友谊。这就是人民外交，政协也是最容易做到这一点的，一曲《小杜鹃》留下的则是友谊的余音。

本文发表于《人民政协报》并编入《政协文史出版社文集》

关于将中国老龄事业上升为基本国策的建议

人口老龄化已经是当前中国经济与社会发展中非常突出的问题，今年和去年全国政协两次调研工作让委员感受颇深。老龄化已经引起全社会的关注，国务院也采取了不少相应对策，取得较好的效果，各地老龄工作的经验也很值得学习借鉴。但是总体上讲，应对老龄化策略，从政府层面上、社会层面上还有很多事要做，与发达国家相比差距还很大。

人口老龄化是世界性课题。在我国尤为突出的是发展速度快，与经济发展相比且属于“未富先老”的基本态势（部分发达地区也只是“小富先老”），中西部欠发达地区问题更严重。老龄化对策需要全方位的应对战略，我认为将此上升为基本国策的时机是成熟的。

与计划生育、节约资源和环境保护等国策做比较研究，可以得出的结论是：基本国策是代表国家和民族基本利益应对社会进步和可持续发展的国家行为。人口、资源、环境是国家发展的三大基点，而人口问题中计划生育、优生优育主要指的是儿童，男女平等则主要是针对中青年的，而人口的另一端则是老人，一老一中一小都不能忽视。我国 60 岁以上的老年人将要达到人口的五分之一，这么大的人口群体是不可回避且必须要面对的现实。这些老人是新中国成立前或新中国成立初期出生的，绝大部分经历了民国、抗战、解放战争和社会主义革命与建设，直至今天的构建小康社会。一路走来，有的还在继续为改革开放、民族复兴做贡献。这是一个饱经风雨、曾经支撑我们社会脊梁的、伟大民族的伟大群体，是国家最宝贵的人口财富。他们是家庭的长者、国家的功臣、民族的主心骨、社会经验的智者。

从人口学角度讲，计划生育、优生优育是延缓人口增长速度，提高民族素质的战略。而全面应对老龄化社会是延长人口寿命、保障老人生活质量和促进全民繁荣、国家强盛的重要象征，一老一小成为人口国策的两个端点，相辅相成、互为支持。

从中华民族传统上讲，尊老、爱老、助老是民族传统文化的精髓，是历代不变的道德观和文化观，在国力逐步渐强的进程中是首先考虑的基本问题。

从世界视野看，应对老龄化成为基本国策是国力发达首先亮出的战略品牌，不仅顺应民意，也会得到世界的尊重和认同。

从历史发展进程看，可持续发展战略，首先是人的可持续，即生命的持续和生活品质的优化，夕阳人生的灿烂是可持续发展的重要标志。

从国家发展阶段看，在人均3 000到10 000美元的历史阶段，扩大内需是发展经济的关键手段。养老事业无论居家养老还是社会养老都将引领扩大就业，提高社会发展质量，成为转变经济与社会发展方式的主流事业之一。

无论从哪方面讲，老龄化事业作为基本国策都具有合理性、合法性。建议国务院参事室经过研究能提出这一重要建议：

1. 把老龄化事业（或叫作应对人口老龄化策略）定为基本国策。

2. 把国家计生委改为人口委。成为担当国家委托生育和老龄两项人口事业的行政管理机构，并建议国家领导人担任人口委主任。

3. 在民族教育中开展尊老、爱老、助老的传统教育，并赋予新的时代内涵。作为中华文化的重要构成发扬光大，使老龄文化更加博大精深。在高校、职教改革中设立老龄管理和护理专业，培养专门人才，成为敬老院、福利院和社会管理的专家。

4. 国家要进一步完善专门法规、政策和措施，逐步实现老龄管理的全社会基本覆盖（而不只是那些少数的老干部局站），让全国老人都能享受到这一国策的阳光。这也是改变二元社会结构的切入点和基本抓手。在“十二五”规划中加大财政和扩大内需的项目投入，较大幅度向老龄事业倾斜，把养老事业发展当作转变经济发展方式的重要着力点。

总之，老龄事业应有显著的变化并形成基本服务体系，彰显国策的力量。

本文发表于《光明日报》

2011年1月20日

赴中国驻印度使馆园林设计交图及专业考察报告

北京市建筑设计院承担了中国驻印使馆改建项目的规划设计任务，其中建筑部分由建院四所完成，庭院园林部分由景观所完成。这次，由景观工作室副所长兼总工张果和该项目技术负责人、教授级高工刘秀晨二人组团，应驻印使馆邀请，赴印做技术交底。出国时间六天，圆满完成了任务。设计交图和对使馆庭院整体改造提出意见。

中国驻印度使馆建于20世纪50年代。当时中印关系较好，在整个使馆区，中国使馆占地是最大的，其建筑庭院绿化当时也是最好的。半个世纪过去了，使馆的陈旧和祖国的发展已不适应，这次改造对使馆主要建筑做了重新设计。其中主楼后面建设一个占地3000平方米的中国古建园林庭院，由曲廊、敞厅围合，中间为一泓曲池和绿地，突出中国园林的文化特征。

我们带去全部施工图并进行技术交底，还要求其中部分材料如青瓦（或琉璃瓦）、山石尽量在国内购买，以保证建筑园林的原汁原味。虽然是混凝土结构，但要将其木构特征和油面装饰表达得准确到位。大使馆主楼前庭是整个大使馆的“脸面”，设计时曾考虑用大树衬托建筑，在现场大家对其环境共议，认为由于周边和前方轴线道路已经大树参天，最后决定改变原设计保留主楼前的草地，不栽大树，以突出建筑主体的美感。

除了交图和现场协商，应使馆要求，我们又对大院的园林绿化做了全面考察，并对其中三大块主要绿地改造，提出专业意见。

1．正在修建的使馆综合接待厅的前庭，加建中国照壁，其位置、尺度以及广场铺装与道路交叉的偶合系统，与甲方做了交流并提出我们的意见和依据，得到使馆的认同。

2．关于土山改造。由于使馆很大，与接待大厅相连的绿地几乎就是一个公园，很像北京钓鱼台国宾馆。在此之前，使馆堆了一个土山，并栽上了地被植物。但山形过于呆板，缺乏植物配置。我们提出：地形的营造要考虑山势的走向和山势对环境的围合关系，形成山坡、山弯、山脊等竖向空间与环境协调的构图关系，还提出了植物配置的具体意见，并建议由国内再来专业人员做详细技术配合。

3．大使官邸前庭绿化加建休息亭。由于官邸前庭草地是晚间举办鸡尾酒会的露天场地，要求增建一座观景休息亭。看过现场后，我们提出亭子的选址、标高和周边地形、植被的改造意见得到一致认同。

以上三项改造意见都在现场绘制了草图，以备参用。驻印大使馆办公室于主任、负责行政的副主任朱国卿以及使馆工程主管刘工热情接待了我们，一同踏勘现场，共同研究方案，对我们表示了谢意并共进午餐。这次出国的专业技术任务圆满完成，受到使馆的好评。

附录：对印度建筑、园林作短暂的专业考察

赴驻印度大使馆参加庭院建设与改造工作之余，我们考察了德里市及其周边的阿格拉、斋普尔等地的建筑园林。印度是文明古国，有着丰富的历史文化和建筑园林遗存。尽管现在印度教、锡克教盛行，我们发现现存的历史文化遗迹却还是以伊斯兰教文化为主体，沿途虽然也有不少印度教堂和民俗风情，如孟买的千人洗衣场为穷人提供了洗洁的方便，英式的孟买维多利亚火车站据说是世界上最大的、装饰最美的。总体上讲，伊斯兰文化依然占据了整个行程的大部视野。

我们考察了泰姬陵、阿格拉城堡、红堡、贾马清真寺、风宫、琥珀堡、胜利堡、胡马雍陵、与印度教融合的布塔清真寺，以及现代建筑园林甘地陵、印度门、总统府、莲花教堂和DOLI现代公园、尼赫鲁大学。泰姬陵令人震撼的镶嵌宝石的大理石建筑和伊斯兰风格给人留下不可磨灭的印象（被誉为世界七大文化建筑奇迹之一，中国万里长城也在其中），不愧为人类少有的文化遗产。作为专业人员，我们十分关注在建筑学素有盛誉的莲花教堂，但是看后都觉得其艺术文化价值与泰姬陵不是一个档次，除了外形瑰丽、尺度达人外，建筑材料的使用以及细部处理，尤其是周边水体的引用简直是一代人浮躁的印记，没有什么可取之处，甚至很不恰当。DOLI公园位于德里市区，有点像北京的紫竹院公园，除了有古代清真寺遗存外，完全是绿荫水体构架的现代公园。尽管管理水平还欠佳，但总体上讲还能跟上世界园林的一般水平。

印度近年经济发展较快。除了城市一部分市政基础设施正在更新改造和少量的高架路建设外，总体上讲城市化的现代程度还远落后于中国。据说，全国高速公路只修了200多公里。城市交通拥挤，穆斯林聚集区人满为患，到处垃圾丛生，脏水横流，穷人追逐旅游者要钱要物比比皆是，防不胜防。更令人担忧的是恐怖主义气氛笼罩城市。机场、公共场合所到之处架着机关枪，荷枪实弹的军人满街巡逻，一片紧张气氛。

来印度前，曾有人讲过，在印度街头有标语云“如果我们再不努力，就会被中国赶超了！”看过后，总体的印象：印度实实在在地努力，在城市规划建设和管理程度上达到我国现有水平，尚有20年的差距（尽管他们在军事上的努力也很可观）。在机场等候时看到一张英文报纸，一大篇文章标题写道“我们要向中国学习卫生、环保和生态恢复”。这篇文章我带回北京，将成为有趣的收藏。

关于乡村旅游和休闲农业

伴随城乡经济和社会的发展，我国乡村旅游和休闲农业已经蓬勃兴起，成为旅游业和三农经济发展的一支重要力量。一个以乡间自然资源和农业为依托，以大田、蔬菜、温室大棚生产，结合乡土文化人情为载体，以农民或农民与企业相结合为主体的旅游业态——乡村旅游和休闲农业在全国各地发展红火。结合社会主义新农村和城镇化的建设，结合支援三农带动的市政基础的建设，我国农村广袤大地一片生机。到乡下去看看，到自然山水中走走，采摘些时令的瓜果李桃，感受下片片橘林、核桃、大枣和山间柿子，给城里人带来农产品丰收、秋的喜悦和野菜山货的新鲜。一年114天法定假日给城里人带来了享受休闲农业和乡村旅游的时间和机会。2009年不完全统计，全国有1.2万个休闲农业园区，150万家农家乐，接待国内外游客近5亿人次，年收入超过800亿元人民币，带动农民就业3 000万人，农产品销售350亿，乡村旅游与休闲农业正在成为强农、富农、惠农的新兴产业。

乡村旅游、休闲农业有利于农民就业增收致富，带动了现代农业和广大农村市政基础设施的迅速升级。粮食、蔬菜、山果、家禽等农副产品成为旅游商品，提高了附加值，也给相对落后的农村带来文明进步，缩小了城乡差距。在过程中也培育了一代富裕文明的新农民，自然的原生态、民风的原生态和发展中的农村新貌给城市人带来喜悦和体验，农民在保护原生态、提供热情朴素的服务和与旅游者的融合中也在不经意地提高着素质和文化自信，这是一部城乡一体化的交响曲。全民在乡村旅游的大潮中感知自然、感知乡愁、热爱家园、增进融合、走向进步。乡村旅游和休闲农业意义非凡，是构建社会主义小康社会中的一片姹紫嫣红。

乡村旅游和休闲农业大致有两种形式。一是农村自发的以村落和乡镇为单位，形成郊野采摘、乡村旅店、森林草原体验、民族风情体验等。还有一类是政府介入、企业主导、农民参与的具有一定规模和深度的乡村旅游。我去过广东梅州的雁南飞、云南普洱的万亩茶园和咖啡村寨，以及看过农民主演的《印象·刘三姐》。雁南飞的成功还在于它的开发尊重了当地农民的利益，把茶山村寨旅游和农民自身的利益结合得很好，既整治了茶园大地景观，又解决了农民的就业和收入；普洱的万亩茶园和咖啡村寨则是把农民组织起来办饭店、演歌舞，由当地旅游部门统一策划、规划、建设，还把咖啡、茶叶加工基地扮成了科普旅游项目；桂林的百里金橘、万亩柿林都是经过统一包装加工，档次高、人气旺，编织着一幅游人和农民深度交流的旅游画卷。各种乡村旅游和休闲农业正在走向健康、成熟和进步。

总体上讲，乡村旅游和休闲农业还处于初级发展阶段，还面临着一些问题和困难。首先，有些地区对这一产业的认识还不足，重视和发掘、指导和扶持还不够。资源开发、规划建设、服务水平还存在明显的粗放管理状态。第二，要高度关注乡村旅游和休闲农业对原生态环境的保护、修复和再塑。保护是核心。要保护环境和民情的原真性，而不是新建一个游乐园，要呈现给游人的是地域山水乡土和各类土特产品，当然还有人文情感和优质的民风。第三，与乡村旅游相配套的市政基础和公共服务设施建设滞后。多数乡村旅游休闲农业点的路、水、电、网络、环境整治等配套设施明显不足，一些村级道路等级低，可进入性差，排污设施少，没有旅客服务中心，缺乏固定的停车场，往往进入景区前先是暴土扬长的颠簸，进入景区住宿餐饮娱乐安全卫生也存在管理粗放标准低，徘徊于低端市场。第四，从业人员素质和服务水平较低。多数乡村游是在自然发展的基础上形成的，缺乏规划和长远发展意识，缺乏现代经营理念。缺少专业系统的培训，缺少对服务管理的监督，缺少服务意识与技能的专业化，限制了乡村游的进一步发展。第五，相应的法规、机制和体制不健全，缺少乡村旅游的规范和标准。第六，也是关键的一条，各级政府在市政基础设施、专项资金支持以及财税、工商管理、宣传推介等方面急需给予支持，以优化发展环境。第六，乡村旅游的产品和商品开发要从低端、盲目中走出来。重视人才培养，加强市场定位寻找鲜明特色，制定切实可行的规划。总之，要想更大程度地将乡村旅游和休闲农业与国际接轨，政府的力量不可或缺。

在这里，我还想强调一下乡村旅游在精神文化层面上的意义。就是说，不仅感受乡村旅游自然风情和美味佳肴，还要重视感受乡土文化和寻找、培育淳朴厚实的民风，这些往往会给旅游带来另一种依恋。举两个例子，20 世纪 90 年代我在巴西利亚考察，走进一家农户。这是一户靠种田养牛过得十分殷实的农家，每天繁忙温馨却又平静。主人老实朴素话不多，只是忙着他拿手的巴西烤肉劳作。饭前我透露自己有糖尿病不能喝酒的情况，他想了一下，立即吩咐儿子去了后山，我一时纳闷，原来这里有一种树叶煮汤，对降血糖十分有效，他把儿子采摘的叶子，当即熬成汤让我喝，还让儿子用口袋为我装了不少加工好的叶子带回去。这是一次真诚的相识，没有功利，没有推介产品，而是人家把我当成了朋友和家人，我被深深地打动了。我在想，如果我们能把中国农民实诚待人的朴素和热情，这一优质元素调动出来，也融入乡村游，把感受农村扩大到感受农民，岂不是更有意义。真诚应该成为乡村游的品牌，这样会带来别样的感受。

还有一次我在俄罗斯考察并收集植物材料，安排在一家农户吃饭。这家人信仰东正教，院子有一个很小的神台。稍作休息主人带我们到神台前祈福，并按当地民俗送来了面包和盐，这些东西很普通，在当地人眼里却十分珍贵和崇高：这是一份敬意。这些蕴藏地域文化色彩的礼节，给人留下深刻的印象，是一种别样的文化魅力，感到不是做戏不是装出来的，是真诚。因此，我联想到乡村游不只是美丽的风光、悠久的历史，还有真诚朴素的民风文化，真是宾至如归啊！傍晚，在巴扬琴声中和他们一起唱歌跳舞，是发自内心的快乐，而不是导演出来的一出戏。我国乡村游、农家乐、家常菜、采摘节很多很多，在体验之余总觉得还少了一些什么，那就是和当地农民的真诚相待和心灵之交。乡村游不仅感受自然风情，还要感受人文乡情，这一点往往最容易被忽略，然而它更重要。

最后结合我的专业谈一些风景园林在乡村旅游中的关注点。乡村旅游高质量上水平，离不开用风景园林的手段，营造好的环境品质。当然，不顾生态环境的原真性，实施过度的园林设计，也会把原本自然的景观，搞得过分雕琢，效果可能适得其反。生态、休憩、景观、文化和避险是园林的五大功能。一个与乡土原真景观相协调的绿树成荫的空间环境为乡村游创造了好的氛围，所有造园的手段都不能脱离对当地生态文化原汁原味的塑造和提升，应创造绿量大、绿质优、生态品质良好的自然景观为主的环境。在文化层面上则可以利用园林手段深化意境，营造更有深度的精气神，让乡村游的环境更加吸引人。高品质的原真景观，有可能成为乡村旅游提高品质的重要抓手，就是说园林手段要运用得恰当准确，而不能雕琢和走味。

坚持旅游核心区要有完整的空间结构，对游人容量、游览流程、景观节点都有科学的把握；坚持用当地地材和文化元素营造服务设施和服务建筑；坚持运用乡土树种营造本土植物环境；坚持对乡村旅游环境从保护、修复和再塑三层手段把握。首先对原有的空间环境和植被的个性化特征加以保护，对已经被自然灾害和人为因素破坏了的环境要认真修复，对完全失去原真性的地段可根据历史文化依据加以准确再塑；在游人集散的宾馆、车场、广场、服务中心则可按照国家规范标准建设，并辅以相应的园林绿化手段。

总之，一切都要服从于乡村旅游的总体规划，是乡村的本土景观，而不是公园也不是庭院，是与当地本土化相一致并加以整理提升的、典型化、集约化的空间环境。当然不排斥一定的园林艺术手段，但是要准确，这些给风景园林规划设计提出了更高的功底要求。可以树立这样的信念，我们伟大祖国的乡村旅游事业，在我们一两代人的努力下会走向健康成熟，成为可持续有魅力的朝阳产业，也会走在世界的前头。

原载《2011 全国休闲农业创新发展会议论文集》

一个政协委员的心声

参加这次学习班，颇有收获。通过对中央关于加强政协工作的文件和贯彻落实情况文件的学习，对政协工作进一步科学化、规范化、制度化和政协工作 60 多年走到今天的发展与进步有了更多的了解。几个辅导报告也非常好。

我参加过四届北京市政协和三届全国政协，可以说一生除了本职工作外，最好的年华是和政协连在一起的。记得“文革”以后 80 年代初期进入政协时，我才 30 多岁，那时我写过这样一段话：政协对于我这个新兵又新鲜又陌生，一旦走近它，我又兴奋、又好奇。过去只在文章、报刊上知道并崇拜的名人一下子走到眼前，令我目不暇接。会上会下和他们交谈，一种政治责任感油然而生，心里觉得崇高了许多。就连政协机关的工作人员，都那么和蔼可亲，投来的目光个个都友善、真诚、亲切、平等、尊重，我对政协有了难以名状的好感（这些都是“文革”期间饱受压抑后的真实状态）。政协领导找我们这些中青年专家委员座谈，问有什么困难、委屈，有什么建议、良策，我竟一时语塞，泪满双颊。当我登上政协大会的讲坛时，我幸福地感到：我是国家的主人，我们要用自己的力量和智慧去支撑祖国这座社会主义大厦。每到政协大会，我都非常珍惜并盼望着这段宝贵的时光。我拼命做好本职工作，为首都描绘、渲染一片片绿色，把一个个园林设计成果奉献出来，政协给了我精神和力量。

30 年过去了。经历了专业工作、政府工作和政协工作，这些体会更为深化。在政协 60 周年、改革开放 30 周年之时，我又写过这样一段话：政协真好！这里有参政议政的进行曲，又有情谊深重的交响诗，有激越更有温情。她是一位慈祥丰乳的母亲、善良睿智的长者，又是一个朝气如火的大家庭。它是一所催人奋进、培育成熟的大学校，又是联系党和人民的大桥梁、红纽带。我在这里不觉时光地已从年轻人步入中年乃至老年，政协给我的不仅是从稚嫩到逐步成熟的母子之情，又是让我全身心地体验社会主义民主、政治和团结的师长之恩。让我深情地道一句：政协，您好！有一颗心和你一起跳动，那就是我。

2006年，我被推荐为国务院参事，成为可以直接向国务院领导汇报、反映调研成果和社情民意的少数人之一，这不是用什么荣誉来表达的职务，而是一份更加沉甸甸的责任，是一个非党专家与国家同呼吸共命运、荣辱与共的更新阶段。我这30几年的政治命运和工作经历与改革开放紧紧相扣，十一届三中全会改变了我的一生，我的人生心路也是随着这30年流淌过来的。

最近中央领导在参事会上说，要讲真话、察实情。我想这不仅是对参事讲的也适用于政协委员。结合自己这些年参政的体会，"实事求是、求真务实""帮忙不添乱""切实不表面""建言献策不决策、参政议政不行政"等等，都成为政协委员的准则和风格。不仅富有成效、切实可行，这些参政成果书写着政协委员对祖国对人民的情感和责任。我也有不少个人的切身体会。

有一年，我在北京政协提出《朝阜路——北京文化第一街》的提案，对这条街古建文物形成的长廊式、画卷式的文化风貌提出整治保护意见。当时我说："巴黎有条塞纳河，北京有条朝阜路，两个国家的一河一路同样各有近50项重要文物古建遗产。如果说长安街是条政通人和的政治大街，那么朝阜路就是历史深远的文化大街。"北京市主要领导在会上当即表态写入那一年的政府工作报告。我提出关于发展文化创意产业不仅要关注动漫、数字、影视、古玩，更要重视每个城市文化特色的唯一性。北京古建园林的含量在全世界不是第一流，而是第一名，具备这样的唯一性，应该充分利用这一优势，北京市委领导马上研究落实。我提出的关于提倡"绿色厨卫"的建议，得到住建部的高度重视，几次在会议上布置落实提案，并形成一系列产业和科研课题，还制定了这些产品的标准与规范，加以推广。政协委员的特殊身份和具有可操作性的建议，对政府工作都有重要的影响。今天，我在这里再提出两条针对政协工作的建议：

1. 能否建议政府在答复政协委员提案时，改变越来越明显地把部委工作的成绩和已经采取的做法讲得太多，甚至形成提案答复的"规范"文本，这些往往形成对提案的一种本能的保护心态——先表功、后肯定。答复文本中80%以上的文字都是成绩和感谢，至于对建议的表态往往却暧昧或客气一番。委员们希望知道建议是否可行，这些关键词却往往是含糊的。这似乎已形成定势，政府部门的成绩和辛劳是肯定的。诚然，委员建议不一定都对或准确，但希望得到的应该是明确的态度——是对还是不对，是可行还是不可行，这是最重要的。当然，政协委员也要避免讲那些官话套话、一般性的话、没有可操作性的话。

2. 多年来政协工作得到了老一辈国家领导人的关心，不断坚持民主与团结的主题。特别令人感动的是党内外委员互交朋友，成为肝胆相照的挚友、诤友。政协的领导也常常一有时间就找委员交谈，解决具体问题和实际困难。我多年来体会颇深，因此特别愿意把心里话讲给政协听。即使观点不全面，甚至有片面性，也不会有顾虑。交朋友应该成为政协的永恒主题之一。这次王刚同志讲的给刘翔写信，我就很受感动。我特别希望改变以会议落实会议，以文件落实文件的一般工作方式，要把政协工作做到每个委员的心坎里，让每个委员把政协当成自己的家和归宿。这样的民主团结气氛不仅有利于提高政协的凝聚力和战斗力，也会形成更好的社会基础和社会形象，就像当年毛主席、周总理与政协委员、党派领导交友一样，把政协工作做活。

对政协的深厚感情，促使我讲这些看法。不对之处，请指正。谢谢！

注：作者在2013年政协第七期委员学习班总结大会上的发言。

关于重视住宅卫浴间节能问题的建议

一、我国建筑节能工作的背景

能源是人类赖以生存和发展的基础，是经济社会可持续发展的重要物质保障。我国一方面人均资源占有量不足，另一方面能源利用效率低、浪费大，这些已经成为制约经济发展和全面建设小康社会的重要因素。

在社会总能耗中，建筑能耗占 30% 左右。因此，国家十分重视建筑节能工作。近年来，建设部出台了一系列法规性条例，使建筑节能目标的落实具备了可操作性。依据建设部制定的建筑节能的目标，“十一五”期间京津地区要率先达到 65%，全国其他地区要达到 50%。

二、建筑节能工作的现状和存在的问题

为实现这一节能目标，目前主要采取的技术措施是改变房屋维护结构（墙壁、门窗、屋顶）的材料和形式，如采用新型节能材料和“平改坡”工程改造等。而在家庭能耗中，厨房、卫浴间所使用的家用电器的能耗要占 60% 以上，这部分能耗不会因围护结构材料或形式的改变而降低。因此，在降低采暖耗能和空调耗能的同时，建筑节能还应把厨房、卫浴间作为重点，挖掘厨房、卫浴间的节能潜力，寻求节能领域的新突破。

近年来，厨房通过采用节能灶、沼气（农村）、节能电器，较好地解决了节能的问题，住宅卫浴间通过推广节水马桶也较好地解决了节水的问题。但是住宅卫浴间洗浴设备节能的问题至今未见有进展，仍有大量的能源没有有效地利用，住宅卫浴间洗浴的节能技术在国内仍为空白。

三、住宅卫浴间节能的社会效益、经济效益、环境效益

随着人民群众生活水平的提高，洗浴已成为人们的生活必需。以 3 ～ 4 口之家、平均每天需洗浴热水 100 公斤计算，全年则需 36.5 吨。按每度电产生 860 千卡热量，热效率 95% 计算，每吨 40℃热水耗电应为 48.96 度，48.96 度 ×36.5 吨，则每个家庭一年的洗浴能耗（电）为 1787 度。以全国 3.5 亿家庭计算，仅此一项全国每年耗电就高达 6254 亿度。

如果这部分能耗也能按建筑节能 50% 的目标实现的话，则全国每年可节电 3127 亿度。这不仅为人民群众节省了支出，也为国家节约了宝贵的能源。同时还可减少废水、废气、废渣等污染物的排放，提高能源利用率，改善现有能源结构，促进循环经济和社会的可持续发展，具有极好的社会效益、经济效益和环境效益。

四、建议

1. 建议加大卫浴间节能技术研究的投入

按照“十一五”规划《纲要》的要求，到 2010 年我国“单位国内生产总值能源消耗降低 20%”，这一具有法律效力的约束性指标被称为是“不可逾越的红线”。建筑节能在全社会节能中的贡献值较大，作为住宅卫浴间的节能，目前还是空白。建议国家有关主管部门在住宅卫浴间的节能问题上予以考虑，投入必要的人力、物力、财力，尽快拿出技术措施，形成技术方案。

2. 建议研发卫浴间节能的关键技术，走出具有中国特色的卫浴间节能创新之路

在世界性能源紧缺的形势下，各国都在开发和利用新能源和可再生能源。住宅、卫浴间洗浴废水余热回收技术和太阳能热利用技术在我国方兴未艾，这些技术，尤其是其中具有中国自主知识产权的技术，应成为国家有关主管部门关注的重点，使这些技术在卫浴间的节能中得到应用和推广，为住宅卫浴间的节能做出贡献，走出住宅卫浴间洗浴废水余热回收技术和太阳能热利用技术的创新之路。

3. 建议加速科技成果转化，制定并推行相关强制标准

为规范住宅卫浴间节能市场的培育和建设，应加速使科技成果转化为生产力，使其尽快产生良好的经济效益、环境效益、社会效益，使老百姓节省能源开支，也使国家节约宝贵的能源。新技术的形成，也应像推广节能型建筑一样，通过制定标准逐步向全社会推广。

4. 建议建设住宅卫浴间节能科技示范工程

科技示范工程具有示范推广作用，住宅卫浴间洗浴设备的节能技术（产品）可分别选择在城市和农村、北方和南方、东部和西部、新建住宅和既有住宅中建设一批科技示范工程，以期取得经验。在此基础上进而在全国推广，使我国的建筑节能水平上一个新的台阶。

注：2007 年 3 月政协十届全国委员会提案，交办国家发改委后转住建部办理并由住建部签发答复意见。作者对此提案已经追踪了 10 年，并取得了明显的进展和成效。

无障碍设施应由残疾人参加验收的建议

近年来，政府和全社会对残疾人无障碍设施给予很大关注。总体讲，残疾人从各方面都在不断感受到社会的关爱和温暖，马路上的盲道、公园等公共场合的轮椅坡道，公厕的无障碍或无性别坑位等等，无不体现了政府对残疾人的爱心。

与此同时，也可以发现不少斥巨资建设的无障碍设施，在使用起来却存在种种障碍，甚至存在一定的安全隐患，有些设施还不能真正发挥方便残疾人的无障碍作用。譬如，不少人行道中设置的盲道线路不畅，不是碰上电线杆就是为躲避障碍七拐八拐或变成断头路，这些盲道甚至可能导致安全事故；也有不少轮椅坡道太陡、太滑，靠残疾人自己的能力轮椅很难通过；不少盲文说明牌示由于没有引导，盲人根本无法找到等等。总之，这些无障碍设施是健全人设计和修建的，大多没有经过残疾人验收，而健全人又很难准确把握残疾人的不便。这一情况不仅在北京等大城市，包括中小城市情况均较为普遍。距举办奥运还有两年多时间，其间如无障碍设施不合格不完备将是个大问题。

为此建议：

1．由全国各城市规划建设部门牵头，由全国残联和各地残联参加，对已建成的无障碍设施做一次全面检查，这次应由残疾人直接参与验收，并应出具由残联参加验收的报告。

2．无障碍设施的标准、规范、质量都应有法定的要求，并与国际接轨。今后所有无障碍设施都应国际化、全球化，由建设部颁布法规，由城管部门监管。

3．无障碍设施是国家文明发达的标志之一，应加强对其保护、维修和管理，保证无障碍设施的完整无损和安全使用。媒体也应加强对其宣传和监督，提高全民保护无障碍设施的意识。

注：全国政协委员提案，于2006年3月。

建议在京、沪特大城市建设“医疗城”

随着社会的发展，京、沪等特大城市的名牌医院和专科性医院面向全国和区域服务的功能是正确的，同时造成的拥堵和紧张则日趋集中、突出，各种疑难病的专业医院都在承担着接受全国各地病人的任务。只要在北京各大医院稍微走一下就会发现车水马龙，人满为患，一部汽车要想在医院找一个停车位都要转上好几圈，还不算在医院之外候医的病人和家属不知有多少。

一方面医患需求之大，一方面现有的三甲医院和著名的专科医院规模不够，空间过小，且基本上分布于市区，没有发展空间和余地。以北京为例，这些医院基本上在三环路之内，一方面城市中心区面对交通（动态和静态）、环境和不能再度扩大其规模的巨大压力；一方面外地病人及家属（也包括本市）拥入市区的趋势日益膨胀，病房、停车位爆满，医护人员、管理人员十分疲惫，在市中心的医院位居人口稠密地区，交叉感染，医疗垃圾处理等也存在隐患。情况之严重，几乎不可救药。

京、沪等特大城市拥有受人拥戴尊敬的名牌医生和各种医卫资源是不容置疑的，医疗财富也是全国人民奔小康和对现代医卫需求的众望所归，要利用好这一优势，使京、沪医卫人员服务全国（和区域）的职能得到合理的配置。应呼唤各大医院努力争取，合理布局，扩大规模，从服务、交通、环境等各方面尽力适应全国（全市）就医的新需求。做到这一点困难太大，但办法还是有的。

为此笔者建议：

1．请卫生部和京、沪等特大城市研究在城市郊区建设一至二三个医卫水平高、环境舒适、符合公共卫生要求、交通便捷合理的医疗城。

2．以北京为例，可结合城市规划修编，在五环路之外，划定一至几个专业医疗城址。规划应有一定的超前性，将市区各大医院逐步迁此，并将为各大医院配套的停车场、家属宿舍、药店、宾馆、商业中心、医疗垃圾处理及各种基础设施规划齐全。另外，还可将体检、化验、康复理疗等一般性医卫手段整合统一资源，形成一条龙服务，并有相应的生活配套以吸引各大医院的人才来此工作。

3．医疗城规划起点要高，要有良好的宜居环境和足够的绿量，医院之间应有防止传染的安全距离，既集中又相对有所分散，把专业相近的医院组合在一起，其基础设施做到资源共享。

4．医疗城的思路只是初步的，不应像建设大学城搞得全国遍地开花，只应限于京、沪等特大城市。

5．如这一思路有可行性，应建立相应的协调机构和工作主体，在京、沪的中央、市属、部队、各部委的名牌医院都应纳入其视野。

注：全国政协委员提案，于 2005 年 3 月。此提案尽管当时卫生部有不同看法，但至今我依然坚持提案内容正确可行。

建议尽快开展全国玻璃幕墙安全检查

玻璃幕墙是改革开放以来从国外引进的建筑外立面材料，近20年来在大型公建等运用十分普遍，至今我国已成为世界第一幕墙生产大国和使用大国，总量几乎占到世界的50%。幕墙技术的发展十分迅速且品种也日趋繁多，从明框、隐框、石材直至点式连接。

玻璃幕墙的大量使用，引起业内和社会上对其安全性、光污染的负面效应以及使用材料的标准化的关注。事实上据报载，安全事故已经不断有所出现。最近，上海等地已开始对其进行安全检查，由此联想到全国的情况，为此提出以下建议：

1. 建议玻璃幕墙安全的系统普查工作，由建设部和各地城管部门部署，对有安全隐患的做到及时维修排患，对有严重问题的甚至应予拆除。

2. 玻璃密封胶（结构胶）是其安全性的重要保证。据了解，其质量问题十分突出，假冒伪劣产品充斥市场。且行规质量保证期只有10年，而20世纪90年代所建的幕墙寿命均已超过10年，隐患甚大。

3. 玻璃幕墙发展至今应及时总结经验，重新审视现有的国家技术标准，按新标准、新规范验收新产品。

4. 针对幕墙的弊端，特别是光污染等负面问题，不应过分提倡和使用玻璃幕墙，有关部门对此应有限制其使用的措施。

（附有相关的调研报告，略）

注：全国政协委员提案，于2005年3月。此提案不仅转有关部门，此后政协委员还组织了专题调研，媒体予以关注。

SCG
TV

关于增建城乡群众性足球练习和比赛场地的建议

我国在大力发展群众体育运动的基础上，许多体育竞技项目水平不断提高。在国际比赛中，愈加显示雄厚的实力。乒乓球、羽毛球、跳水、举重、体操、射击等项目都是国人的骄傲。然而，足球的屡屡败北却一直是最大的遗憾，甚至曾一度领先的女足也跌落到低谷，为即将到来的奥运蒙上一层阴影。近年来人们在体育话题上谈论最多的就是足球，究其原因，可能是多方面的。群众基础差应该是足球进步的最大障碍，现在有多少青少年还坚持踢足球呢？

我国是足球的发源地，历史上有较广泛的基础。有人讲亚洲人体质、力量差，这是事实。但同样是亚洲人，日本、韩国以及中东诸国的足球却比我们水平高。如果到国外去看看，最大的区别就是人家到处都有足球练习和比赛的场地，随时在路边都能看到踢足球的场面，而中国的城市却很难看到足球场和踢足球的人，与乒乓球形成鲜明对比。小球场地小，条件可以简陋，易普及。但偌大的中国竟很难随处可见足球场，有那么几个好的足球场，把草坪养得绿绿的，却不见人去踢球。不是不对群众开放就是收费太高，群众踢不起，群众得不到练习和追逐足球的机会和条件。不少城市宁愿不断开发新楼盘、建广场，就是不肯拿出地来建足球练习和比赛场地，原因是没有经济效益。

用科学发展观重新梳理我们发展思路时，我们会发现城市用地大都被那些有用或没用的，可建可不建的项目一块块占据了。在不少国人大骂足球不争气的同时，又有谁为想踢足球的人找到几块不收费或低收费的足球场地呢？近年来，随着城市深度开发，除了楼盘增加了停车场、健身房、步行街、铺面，甚至电影院、剧场也慢慢有了一席之地，原因是这些都有收益。唯独足球这种不赚钱的场地没有人管。没人管，政府就应该管，要下决心拿出城市少得可怜的土地，增建一些标准的或不标准的乃至朴素简陋的足球练习场地，给青少年重新回到足球场创造条件。对足球的所有抱怨指责是没有用的，要舍得建足球场以提高群众热爱和参与足球的百分率，把足球变成大众的随时可见的运动项目，才有可能有进步和提高。足球一旦成为群众的朋友而不是奢侈品，才有夺胜的希望，才能出足球尖子人才。

为此我建议：

1. 从中央到地方，从领导到群众都应重视我国足球的普及与提高，把足球运动的进步看成是提高国民体育素质和国家体育实力的重要指标，想方设法把足球变成群众性的普及项目。

2. 应把足球练习和比赛场地纳入城市用地的规划范围。在我国城镇建起相对较多的、免费或低收费的足球场，为足球运动打好群众普及的基础。这需要体育主管部门与发改委、国土、规划，建设、财政等部门共同商讨，政府要指定建设足球场地的投资主体单位，并制定相关的用地指标，为城镇建足球场开绿灯。

3. 加大对普及足球运动，提高足球水平的投入和研究力度，国家应拿出相应的资金支持足球事业。专业部门要认真研究推广足球训练的科技成果，媒体也要加强宣传普及，大中小学体育课要有足球教学内容。通过各方面的努力，争取在较短时间使我国足球竞技水平有较大的提高。

注：此提案得到的答复是“有关部门已经有了而且基本在实施中”。我不禁要问，在习总书记高度重视足球发展的今天，到底增加了多少足球场地？实在不能令人满意。

在全国政协委员视察江西鄱阳湖座谈会上的发言

【作者按】十几年前，我参加了全国政协组织的鄱阳湖调研，时间共八天。以下是我在调研结束时座谈会上的发言。我清楚地记得，这个发言当时受到调研组个别人的反驳和批判，并说："首先是发展，在发展中保护，绝对不能先提在保护中发展。"今天再次发表这篇发言，希望引发读者深层次的思考。

非常感谢江西省、市、县各位领导为全国政协视察团提供了为期八天的考察学习。这次考察我对江西省近年来在经济与社会发展取得的巨大进步留下深刻的印象，对鄱阳湖自然地理和历史沿革、对湖区的保护利用有了较具体翔实的了解。首先，我完全同意并支持周铁农副主席对鄱阳湖的总体评价和分析，他的三点体会概括了这次考察的基本意见。

鄱阳湖是长江水系的重要构成，又是过水性、吞吐性、季节性的湖泊。在省、市、县和湖区人民共同努力下，鄱阳湖目前依然是全国面积最大、水质基本清洁的湖泊，但随着经济发展的不断加快，水质及其湖泊对生态、环保、气候、候鸟、湿地和生物多样性带来的压力也十分令人担忧。应该把鄱阳湖的功能放到省内、省外、长江流域以及全国和亚洲的大地理环境中进行高屋建瓴的定位。至今没有人敢讲鄱阳湖越来越好，是清洁安全的，也没有人更好地考虑湖区到底有多少资源可供利用、可供索取。鄱阳湖要保护，同时又要为湖区的发展、百姓的生存提供条件。这里有一个临界点的问题，就是如何把握湖区安全与湖区富裕的发展度，是不是湖区经济增长量越大越好？要对保护利用和开发的关系给予重新认识。对这次的题目，我就有所担心，保护是肯定的，利用是必然的，但开发的概念意味着更多的是建设、索取和付出，与城市开发、土地开发、房地产开发相比，湖区的开发要如何理解？不断扩大城市规模、不断增加城市人口、不断叠加城市污染和垃圾也不是个办法，要找到临界点很重要，其得与失是要综合权衡的。我考虑能否把开发改为发展更为贴切。就湖区而言，我认为最好不用"开发"这个词，生态只能是修复。保护是核心，是首要的，规划是前提，是一切工作的统领；而管理机制是实现保护和利用的关键，法治是保证，发展是出路。能否叫"保护、利用、发展"和"保护、规划、管理"两条线。对开发提出商榷，正像对庐山风景区也尽量不用开发一词一样，首先是弱化开发概念，或者不提开发这个词。我想体现科学的发展观，站在统筹和可持续发展的高度，能否重新斟酌这一概念。

第二，对鄱阳湖的管理也不太顺畅。多年来对庐山是以管理局的形式全面协调管理工作的，鄱阳湖则是一个行政区域，分别为几个市分属的多县环绕，行政区划是多年形成的管理体制。中央提出科学发展观以来，已经对全国不少地区行政区划对其的制约提出了质疑和挑战，能否把鄱阳湖及其周边地区由行政手段统管，以更好地协调湖区周边的保护、规划、产业结构，从分治管理变统一管理，使其更好的政令畅通，也便于给湖区统一的优惠政策和形成良性发展的机制。当然，鄱阳湖不是庐山，庐山作为风景区，其功能服务于旅游，比较单一，管理局是其成熟的管理模式。湖区则是地区行政的一级政权垂直区。

第三，从区域和全国的高度，对鄱阳湖做出新的总体规划，而不是每个县的规划。在确认其功能定位的基础上，对其自然地理、历史文化、经济和社会发展的综合因素在全面协调的基础上做出全面规划，一个服从全局、为子孙后代负责的科学规划。其中应包括环湖自然山水骨架及其绿地系统规划（也包括水土保持），尊重原有的山水骨架及其历史演变，不能随意变更和破坏，划出禁建区、限建区；环湖城市规划，规定城市发展的最大容量，污水处理、垃圾处理和环境保护规划；环湖产业结构的协调规划，如对过度发展水产的限制，挖沙与清淤协调结合规划，清洁产业的界定及法规；村镇的用地规划，制止村宅的无序建设，做到村宅合理用地的最小化，村镇生态绿化，环境的优化；环湖发展旅游及限制旅游的双重规划；环湖社会及文化发展的长远规划，体现对历史文化的尊重和发扬，对社会进步的具体指标；沿湖滨水风景线的专业规划等等。这些规划要有法律法规的强制保证，当然也需要省委、省政府拿出更大的决心，做出更大的努力，包括财力的安排和实现的时间表。这些规划还应该结合新农村建设规划，对其市政基础设施和缩小贫富差距等共同推进。

当然，这些规划不是阻止湖区的发展，而是实现生态、环保、调洪、抵御自然灾害与社会进步、人民富裕的多赢。规划是统领，而不是各部门谈各部门的事，渔业、采砂、湿地各说各的。

第四，国家和省市都要承担该地区因特殊功能定位所给予的生态补偿，还要完善国家级监测基地建设和手段。国家和省市要加大对湖区综合科研课题的研究，以解决家底不清、判断不明、数字出自各方的弊病，以课题成果为支撑，以法律法规和法治管理为保证。

鄱阳湖地区由于历史的种种原因，经济发展相对较慢，污染较少，这一点却成为今后发展的后发优势基础。让我们加大对鄱阳湖战略思维的深入研究，因为它不仅是属于江西的，也是全中国较为干净的“一池宝水”，因此这次调研是很有意义的。相信在江西省委、省政府的正确领导下，鄱阳湖会对全江西、全中国、全世界做出更大的贡献。全国人民都会感谢伟大的鄱阳湖！

感谢省政协和所有领导热情周到的接待！

感谢江西革命老区带给我的无尽的精神财富！

谢谢！

2006 年 11 月

注：鄱阳湖在这次视察后十几年情况变化令人关注，可见委员的意见要认真对待才行。

关于垃圾的三件事

垃圾是个世界性问题，发达国家认识得早，解决的也比较好，在我国如今成了个大问题。改革开放以来，各种垃圾总量呈大幅度增加，据测算，2009 年我国城市生活垃圾约 1.7 亿吨，每年以 3% 速度增加。由于设备不足，大量垃圾还是未得到处理，全国累积未处理的生活垃圾约 40 亿吨，三分之一的城市出现垃圾围城现象。另外每年还产生建筑垃圾 5 亿吨，大部分也未经处理利用。虽然也想了不少办法采取了不少措施，至今垃圾问题仍然没有较好地解决。目前看，我们已经认识到，首先要从全民提高认识开始，从个人做起，从单位、社区做起，做好垃圾分类、垃圾处理进而考虑垃圾利用、垃圾焚烧和无害化处理。使日益增多的垃圾逐步得以科学消化，使城乡国土得以永续利用。

垃圾大概分生活垃圾、建筑垃圾以及其他各种固体和液体垃圾、医药垃圾、工业废气垃圾（包括石化、核材料）等。

首先是垃圾分类，把可回收和不可回收的分开，进而把可回收的垃圾再分类，送到不同部门加工再利用。其次是不可回收的垃圾有的可积肥，有的则进行焚烧发电。我考察过国内和德国、奥地利等国在垃圾分类管理和焚烧方面的一些成功经验，但总体上讲这项工作做到规范化管理现在还都在探索中。我想就厨余垃圾粉碎处理、引进并消化国外设备进行垃圾焚烧发电和处理建筑垃圾这三个重要节点，谈谈自己的看法，供各地政府相关部门和企业参考。

众所周知，生活垃圾是由居民的厨余垃圾以及被其二次污染后的纸张塑料等废品垃圾构成。所以，科学妥善地处理好居民垃圾，是解决城市生活垃圾的关键。现在老百姓是把厨余垃圾在内的所有垃圾用塑料袋一装，放进垃圾车上拉走了之。但在国外，你送出的垃圾是要计量收费的，这样一来就大大缩小了垃圾量。那么，厨余垃圾是否也可以回收呢？欧美国家有些是通过立法，强制居民安装家庭食品垃圾处理器来解决的，即将厨余垃圾碾磨成浆状，通过下水管道排入城市污水系统，给污水处理厂的生化工艺提供有机物，降低污水处理厂的运营成本。垃圾处理完后，居民几乎不再排放湿垃圾，方便垃圾的分类投放，提高垃圾处理的工作效率，从源头上实现垃圾干湿分流、资源化、减量化和无害化。推广先进、简易并实用的家庭厨余垃圾处理器，是提高城市垃圾处理能力的重要环节，是应对城市化快速发展的生活垃圾激增的重要举措。

生活垃圾处理器是和楼房的排水系统相连的，因此应该在新建楼房中统一安装。大量的公租房、新建房应该首先安装，然后再考虑老楼房对下水系统的改造。如果能形成共识，政府就应该采取逐步推广的手段，鼓励这一做法。引导从建筑设计、施工图纸开始到企业生产安装验收，形成一系列新的厨余垃圾运行模式。当然这还需要房地产企业、群众、社会群体共同参与实践，把厨余垃圾消化在厨房，形成良好的环保生活方式。除从新建成片廉租房做起，再向经济适用房、商品房、住宅小区延伸推进。

这一先进理念早在2001年国家建设部就出过文件倡导推广，时至今日只在上海、北京等少数城市少量成片楼房安装。可喜的是上海住建委最近已出台文件，鼓励推广这一新的生活方式。由于我国居民的饮食结构和国外差别很大，产生的厨余垃圾也大不相同。纯粹从国外引进垃圾处理器很难处理我国的厨余垃圾，国内不少企业已经研发并制造出适合国情的产品。最近，我在住建部了解到浙江台州爱思尼公司、厦门环宇大胃王公司的产品，已经成批生产并在不少地区应用了。我想这可能是一项朝阳产业，如果全国新建楼房大部分推广使用，将对厨卫垃圾产生革命性的改变，对社会对居民都有极大的好处。使这项国外已经应用了20多年的技术和产品在中国开花结实。

下面我想再谈谈垃圾焚烧的一些思考。垃圾经分类后，不可利用的部分，可通过焚烧发电变废为宝。国外垃圾焚烧早已形成产业，在我国部分城市也越来越多的推行建设垃圾焚烧厂。但是在应用和普及上我们远远落后于日本、新加坡、韩国和台湾地区，更落后于欧美。我前几年去德国、奥地利考察了十几个垃圾焚烧发电厂，看到这项工作已开展多年。由于垃圾分类的成功，在国外可用于焚烧的垃圾已经所剩无几，在德国这种焚烧厂已经过剩，出现垃圾“供不应求”的局面，甚至很多垃圾焚烧厂都已经闲置。目前国内垃圾焚烧厂建设正在开始进入状态，国人对垃圾焚烧厂的顾虑在于有毒成分如二噁英，另外谁也不愿意把厂子放在自己家附近，似乎有不吉利之感，选址问题往往与群众产生一些矛盾。其实这些顾虑都是可以通过技术手段破解的。因此我个人以为中国大力发展垃圾焚烧是大势所趋，是必由之路。当然，我们自己也要研发比国外还要好的设备，首先第一步走出去还是必须的。

我在德国与当地官员和厂商交谈，他们急于想把生产过剩的二手设备，廉价转移给中国，认为这是一项双赢的交易。我个人认为他们说的对。引进二手设备花钱少，也可以通过引进消化改善技术，逐步走向国产化。这与汽车、医疗器械从引进消化到逐步国产化是一样的，可以走出一条捷径。再说，到一定时期中国的垃圾焚烧厂也会逐步过剩，便宜买进直至转产这个过程也许就二三十年的事，看起来是合算的。无论如何垃圾焚烧变废为宝成为热力和动力的新能源，是方向，是朝阳产业。国务院应该专门研究落实使我国所有城市甚至城镇都能享受到焚烧带来的福祉。这有什么不好呢。有人讲国外的技术也不可靠，要有自己的知识产权，这当然更好，不过建焚烧厂已是迫在眉睫，这盘棋要快下，我国垃圾成山的事实不容我们再犹豫了。我们要找到投资拉动的新方向，引进二手焚烧厂也是可行的，大力发展垃圾焚烧是不容再等待而且应该在全国有计划地全面展开。

第三件事是建筑垃圾的消纳和再利用。拆迁和装修以及各种新建工程都会产生大量的建筑垃圾。在国内工程量如此之大的现在，这几乎成为一种城市顽疾和灾难，而目前大部分的解决途径是拉到郊区沟壑填埋覆土绿化。殊不知这又造成永不降解的新一轮污染，长此下去对国土带来的危害也是不可想象的。将建筑垃圾粉碎，用混凝土粘结剂做成建筑废品砌块，用于不承重的墙体或简易基础，可能是建筑垃圾消纳较为科学的一条出路，谁来承担这项工作的费用，这成了个问题。从国家长远利益看，这种“赔本”的工作还是功在千秋的。政府应该先予试点，再予以研究开展，争取有所作为。

我这里谈了三件事：

一是厨余垃圾通过粉碎流入下水道和污水厂，既解决了百姓垃圾之苦，又提高了污水厂的工作效率，应在新建楼区大力提倡，再在老楼逐步推行，成为我国城市和百姓新的生活方式。

二是大力开展垃圾焚烧发电，终极做到城市垃圾的无害化是大势所趋。可以研究引进国外二手设备加以改进，为国产化提供经验并可节约大量资金。

三是重视研究建筑垃圾的解决方向，如先粉碎再做成建筑砌块加以利用，或有更好的解决出路。

城乡垃圾的解决出路可以多元化。无论如何它是践行小康社会和实现中国梦躲不过绕不开的大事。垃圾围城的泛滥，弄不好可能成为国之大病，必须引起关注并下决心解决。

2013 年 3 月

注：此篇文章在人民网发表后引起社会大哗，当时的标题是“垃圾——国之大病”。几年过去了我依然坚持这个观点，应引起重视并要认真追踪成果的实施。

《农村垃圾调研论文集》前言

中国历史上的若干年，农村垃圾几乎不是个大事：农民生活简朴，吃得廉价且单调，烧柴锅用掉好不容易捡回家的秸秆。当然那时也没有大大小小的塑料袋，没有大量的农药和化肥，人畜的粪便都用于堆肥了。在朴素的一家一户的小型农家的自我循环中，垃圾几乎没有造成太多的反感。直到改革开放走到今天，农民富裕了，农业生产较以前现代化了，农村变样了。同时，农村垃圾一下子变得无法消纳，污水无处排放，建筑和装修垃圾找不到去处，肮脏、污秽、白色污染和臭气……几乎，这幅历史上多年多少人依恋的“乡愁”，变成“愁煞人”了。号召式的爱国卫生运动，早已不能掩埋如此繁杂量大的垃圾，这已经不是简单的“清理”就能彻底改变的易事。政府和群众都不满意，想了不少招，却一直不能从根本上破解农村垃圾这个难题。各类垃圾靠就地填埋可能永不降解，污水横流又纵流，被清洁的土地渗滤，最终污染了地下，流到河坑，造成面源污染，成为江河和近海最终的归宿。一句话，农村垃圾成了件大事。

2013年，我在人民网上写过一篇关于“垃圾三件事”的文章。认为，解决垃圾问题是践行小康社会和实现中国梦躲不开绕不过的大事，弄不好将酿成“国之大病”。一时间，引起不小的炒作。

国务院参事室的当代绿色经济研究中心于2014年度将其列入重点课题，并组织参事室的相关领导和各省市参事十余人共同开展了一年多的调研，我也参与其中，形成一系列的成果和建议。而今汇集成章，发表于众。在大家的共同努力下，通过准确的分析现状，并借鉴国内外的案例，寻找适合国情的一些路径和办法，取得了丰硕的成果。这本书饱含着撰写者极其认真的态度和激情，希望能得到社会、政府和各界人的认同和共鸣。

在调研中大家深入讨论过不少思路和办法。譬如，秸秆问题怎么办？把它年复一年地就地堆肥不可能及时降解，把它集中粉碎压缩再拉到工厂焚烧取暖，得到的效益又大于成本。政府如支持这样做，年复一年的补贴又怎么解决？还有人问，城市人多房多垃圾多，不是也都拉走了吗？农村怎么就不行？二元化社会结构的现实让我们找到了部分答案：城市垃圾有环卫公司专人收集处理，而农村垃圾却没有人买单。问题提出来了，一是要建章立法，形成一整套改善和解决农村垃圾的法规和手段，二是要和城市一样由政府买单为主，群众参与，纳入统一管理的轨道，这正是消灭二元社会，走向城乡统筹的最好实践。三是吸收国外经验，最终从大面积填埋，走向垃圾减量、分类、收集和科学焚烧，用于发电取暖，形成垃圾产业的现代化链条，才是最终解决的必由之路。这当中二噁英污染等顾虑也会迎刃而解。现在已有不少经济较发达的省市如京、沪、粤、鲁、苏、川等都已经走上把农村垃圾纳入和城市相同的管理方式，并在逐渐推向全国，已取得了不少成效。

要提高全民对垃圾分类、减量和收集的法规意识，要实现全国性解决垃圾焚烧和无害化处理，这条路还要走多远？全国人民都在眼巴巴盼着这一天。应该把它看作是中国实现小康社会的重要前提。

参加课题的参事不顾年迈，全身心投入到课题之中，每个人都分担了一份重点关注的子课题。他们下农村、走基层、查资料、了解并分享地方的经验，集中分析、整理、消化，形成了这部20多万字的文稿汇编成书。同时，向国务院领导提出可推广可操作的实施意见，这本身实在是件了不起的事。在合作调研、座谈交流中，这些老同志结下了深厚的友谊，大家异口同声地说：这种集中各方力量合作调研的工作方式，不仅效果明显，还在交往中互相了解各地的宝贵做法，建立了深厚的友情，合作是极其愉快的。大家都盼望有更多机会在交往聚会中了解国情，更好地发挥各自的优势，同时让友谊延展下去。让这项极有意义的工作，在劳累中愉悦，在依恋中话别。期待国务院参事室能通过这种方式调研并破解更多有民生意义的课题。

加强森林抚育　全面提升森林质量

改革开放以来，我国林业发展迅速。造林面积和森林覆盖率稳步提升，天然林保护工程效果明显，林权改革有力地加强了森林的保护。从宏观上看，除了继续扩大造林成果外，目前我国林业建设的主要任务应是加强森林抚育、全面提升森林质量，以此提高森林的碳汇功能和木材的蓄积量。

去年，我随国务院参事室去了大兴安岭林区。那里的蓝天白云、林区繁荣、职工生活安定和交通建设等，都给我留下深刻印象。我在莫尔道嘎林场（森林公园）看到，以落叶松、白桦、獐子松为主的林木，保护有余、管理不足的问题依然存在。我在那里走了一些地方，看到的几乎都是胸径20厘米左右的小老树，找不到几棵真正成材的大树。有一天，开车几个小时走到一个景区，看到两棵大一些的獐子松，当地视为神树，停车让我们照相留影。然而，我却一直高兴不起来。如果大兴安岭都是这个样子的林相林貌，能有多少木材蓄积量呢？森林碳汇如何发挥最大化呢？几十年前我曾在小兴安岭参加“四清”，那里的参天大树至今记忆犹新。后来，听说为了保护森林资源，早已停止砍伐了。眼前，大兴安岭则找不到那样参天大树的景象。

由此我联想到全国那么多森林，原始林、次生林、人工林、涵养林、山林、平原林、经济林……有的是大自然的馈赠，更多的是新中国成立后我们一代代林业职工以及全民植树的血汗成果。如果这种小老树情况普遍，则成了一个大问题。我请教了一些林业专家和教授，都说森林抚育过程很重要的一个环节是间伐，以保证森林植株有足够的营养面积并促其粗生长，以提高林木蓄积量。我也请教了大兴安岭林业局的同志，他们也深感这个问题的迫切，但具体到国家每年安排相应的抚育资金却大有缺口。虽然这方面的钱每年都有所递增，但要解决大面积森林抚育所需经费，差距尚大（前年 5 亿、去年 19 亿，尽管在不断增加）。林业专家粗算，全国森林如果全面展开间伐抚育，每年尚需人民币 300 亿元左右。

300 亿元看上去是个很大的数字，这样的投入对于森林资源尚不富足的大国，应该说还是十分必要的。我国正处于转变经济发展方式的重要转型期，如果可以拿几千个亿搞高铁、高速公路来扩大内需，我认为拿出几百个亿把森林抚育这项利国利民千秋功业做好是不为过的。国家加大森林抚育的投入，是拉动内需，扩大就业、搞活林区的重要举措，对繁荣林业经济，提高森林木材蓄积量，增强国力有重要战略意义，实为一项充实壮大国力的有效手段。

当然，这项工作也可以先从试点开始，摸索经验，逐步全面展开。森林抚育技术措施是多方面的，间伐去劣只是其中一项。如何把伐下来的残树集中处理，是否还要在林区打开一些作业道以利运输等等。这些具体手段我是外行。但由此可以想象这是一项技术性较强的工作，应由领导和专家制定工作方案。为此我建议：

1、把森林抚育工作提到更重要的日程上来，并形成国家共识和各相关部门的共同行动。要立项、拨资金，要有规划和技术规范（而不是现在较少的资金）。要有相应的领导和协调机构安排实施。首先，主管立项的发改委和主管资金的财政部能得到响应。

2. 建议国家发改委、财政部、国家林业局等相关部门召开森林抚育现场办公会，针对要解决的问题拿出一揽子方案、措施，并落在实处。我们是一个大国，森林覆盖率和人均资源与林业强国还有距离。但是，一个大国森林总量加起来与那些森林多的小国相比还是大得多。更何况，我国林业部门这些年来工作成果如此之大。

3. 我国林业战线广大职工，新中国成立 60 多年的工作奉献是一部鸿篇巨制。如何让林业、林区、林业工人这“三林”像“三农”一样，成为一项重点课题，需要中央和全社会都给予更多关注。（现在看来不仅要有“天保工程”，还应该重视“天育工程”——天然林的抚育，只有保护和抚育同时进行，我国的生态才有完整的生态格局。）

2011 年 7 月

我们一起走过

受聘国务院参事已经五年了，这期间一直是学习、适应和探索的工作过程。过去做政协委员和党派工作是站在政府之外参政议政、建言献策。我也在政府部门工作多年，那是在一个部门，更多的是本专业的工作思维。国务院参事则是要站在政府层面上，以宏观的视野、理性的思考，对熟悉的和不熟悉的情况，通过调研和全面分析，客观准确地提出一些解题的思路，成为政府的智库和可以信赖的力量，即咨询性和统战性双重属性。如何做好调研，提出有意义有价值的建议，不是很容易的。政府参事工作条例的颁布和国务院领导的一系列讲话则是参事工作的指导思想和依据。五年走过的路很需要总结、梳理，无论如何，参事工作的经历使自己在政治视野上更加开阔成熟，对政府工作的诸多领域更加了解，从中吸取了丰富营养，学习并掌握了更多调查研究的方法和手段，形成了一批工作成果。同时也加深了对政府的认识，升华了对党、祖国和人民的感情。

盘点这五年，参加了参事考察、调研、学习和加强自身建设的各项活动。与其他参事共同合作，主要完成的调研成果有：

关于扶持和促进文化产业的建议

关于农村文化工作的几点建议

关于加强重点城镇建设推进农民工向城镇聚集的建议

关于强镇扩权的建议

关于支持和改善乡村旅游的建议

关于加强地下管线管理、消除城市安全隐患的建议

关于多管齐下，提高我国垃圾处理水平的建议

关于城市应急系统的调研

关于加强饮用水源安全管理的调研

由个人完成的调研报告和建议有：

关于文化创意产业的两点建议

关于确立北京文物体系、开启文物旅游的新思维

关于一国两花好、尽早定夺好的建议

关于把老年事业上升为基本国策的建议

关于加强森林抚育、全面提升森林质量的建议

由于我同时担任政协委员和党派的一些工作，还担任中国风景园林学会、奥运工程专家组和北京市的一些工作，通过不同渠道也向政府提出不少提案建议，写过一些调研文章，并有积极的反馈，如建筑环保、推广绿色厨卫，新农村建设中的土地问题，建设北京近郊四大绿肺，奥林匹克与北京城市环境整治，严格控制干旱城市景观用水的建议，关于整修长河古建园林、再现京西“清明上河图”的建议，以及一批具有专业性的论文，如《以实践绿色奥运为契机，全面建设一流国家园林城市》《绿色奥运与绿地系统规划》《摒弃浮华落本真——谈城市园林规划设计的趋势与感悟》《点评北京奥林匹克森林公园（焦点访谈）》《关于城乡一体的绿地系统》等。

通过参事室、政协、党派和其他渠道，五年来提出了大量的建议、提案、调研成果、社会服务和论文。

为北京奥运、城乡建设和园林学科出谋划策，我作为从北京市选聘的国务院参事又生活工作在北京，理应对北京市的政府工作尽力建言。这五年经历了筹办奥运会，国庆60周年，后奥运关于人文北京、科技北京、绿色北京的实践等等。我担任奥运会工程和环境的两个专家组成员，还是奥林匹克森林公园和全球奥林匹克雕塑征集的国际评委，经历了几乎绝大多数相关方案的评选、论证、研讨、施工指导以及论坛。先后参加过150多次奥运建设项目的会议，在这个过程中我经历了付出和心血，其成果充满着收获和欣慰。

由我参加的项目大致有：奥林匹克公园总体规划的比选；担任国际奥林匹克森林公园总体规划国际评委和方案优化几个阶段的研究；各场馆景观环境方案的评委和实施方案的深化；全球奥林匹克雕塑征集的终评评委；参加全球奥林匹克征歌并最终获奖；北京市奥林匹克环境整治的总体方案、项目方案的论证比选和落实、检查与指导的几十次相关会议；对奥运相关工作通过政协，党派提出意见（如长河整治，四大郊野公园等都得到北京市主要领导的重要批示并荣获全国政协优秀提案）；出席在央视“焦点访谈”栏目上以及各种媒体关于奥森公园、奥林匹克场馆的嘉宾点评；多次录制央视、北京电视台关于绿色奥运与园林的长篇访谈。奥运过后，北京加大生态文明建设力度，构建城乡一体绿地系统并建设11个万亩郊野滨河森林公园，我参加过近百次相关会议。

作为中国风景园林学会的副理事长兼秘书长，我为学会的建设发展包括年会、常务理事会、世界风景园林大会在苏州的成功召开，做了一些具体工作。特别是风景园林学科，被批准为国家一级学科地位。作为科学发展观和国家生态文明建设的重要实践，园林越来越显示了它的重要地位，我也希望能通过参事的身份，进一步推进风景园林专业的发展。

参事室是一个大家庭、大学校，这五年除了调研成果外，参事室组织的学习、考察、休养、联谊、交流等也不断开阔了我的视野，增进了友谊，向其他参事、馆员、室领导、机关的同志学习到很多东西，在工作中交流信息，提高认识，成为有共同理想的真诚朋友。

参事们来自不同岗位、专业和学科，来自经济、金融、科研、教育、医卫、城建、环保、农业等政府各部门。有资深的专家型政府官员，有学科带头人。在学术和人品上都是良师益友。大家在一起交流，可以直接进入问题的核心。年龄相近，经历相近，因此无须客套和“官腔”，很快能成为真诚的朋友。专业和学术上的横向交流，使大家都能从自己原有专业的视野，不断走向融合、渗透，向宏观思维逐步过渡。

参事室和政协的不同，还在于调研课题基本上要自己动手写，形成较为完整的系统成果（而政协调研一般由专委会组织专人撰写）。在调研报告的形成过程中，不同观点甚至争论都是坦诚的，无须讳忌。这不仅体现了多党合作，也是相互学习，从主观走向客观的升华过程，因此很值得回味。

参事年龄经历相近，性格情趣却有很大差异。这种在较高层面上差异的汇集，也是一种文化，很有意义。我在各位参事和领导的身上，学到很多自己不具备的品质、情怀。因此我深切体验到参事室是个大家庭、大学校，很温暖。每当聆听国务院领导的讲话，总是在接受一种与祖国同在与人民同心的洗礼，从而感到这个集体是可以托付和信赖的。

几点体会：

1. 参事工作与政协、党派和其他社会工作既要区分，又可以结合。参事、政协、党派和社会，工作方式和角度不同。但是，社会热点问题和通过调研向政府建言，也有很多相近之处。通过协调课题、整合资源、找准角度，形成有分量的建议。例如，我参加全国政协人资环委关于人口老龄化对策的调研，并提出将其上升为国策的提案，受到广泛重视。再比如，我在参事室和政协同时提出关于评国花的建议，也很有反响，几十位委员曾联名签字。当然，参事建议是直通车，要充分考虑建议的参事特色。要求更加准确和具有可操作性。这样，才有可能被领导采纳。

2. 参事调研报告和建议，要求参事实现从微观到宏观，从本专业（所熟悉的）到全方位参政的转变，要从政府的视野和驾驭能力出发。因此，各专业组还必须和各相关部、委、办建立联系沟通的机制。

3. 坚持集体调研和个人调研结合。个人感兴趣的课题，要做好牵头准备，提出的建议要放在大环境下权衡，防止一种倾向可能掩盖另外一种倾向。例如“强镇扩权”的课题，在调研中就发现一方面要扩权、放权，同时要警惕，放权对耕地红线的冲击。因此建议要更具辩证性和尺度感。

4. 责任感、使命感是参事的生命线。国务院主要领导曾这样讲：“一个国家、一个民族总要有一批心忧天下、勇于担当的人，总要有一批从容淡定、冷静思考的人，总要有一批刚直不阿、敢于直言的人。参事、馆员也要有这样的境界和追求。”这是对参事由衷的希望和寄语，每个参事都要认真思考。参事是一份责任、一种使命。参事要和祖国共在，先天下之忧而忧，后天下之乐而乐。参事要有一个和自己身份相符的胸怀和品德，这是对参事的要求，也是国家和时代的嘱托。步入晚年的参事，更要自醒、自律。践行重气节、勇担当的人生之路。

政府参事条例的颁布，使参事工作步入了规范化、制度化、法规化轨道。参事制度是党的统战理论运用于政权建设的重要创举，讲真话、察真情是参事的永恒主题。我希望能继续聘为参事，为这一事业做出自己的贡献。

2011 年

关于放宽小型机具进口限制
改善我国现代农林园艺业装备的建议

胡锦涛主席在夏威夷 APEC 会议上指出，中国将加快建设服务型政府，减少政府对微观经济活动的干预，不断完善市场体系，为国内外投资者提供公平、稳定、透明的投资环境。

我国目前农业、园林、园艺施工企业和劳动者的生产施工方式，除了部分工作采用大型现代机械设备外，大量的仍然依靠手工或简易工具完成。尤其是规模小而分散的以家庭为单位的农户，仍然沿用几千年来的挥锄把镰的手工劳动，农林园艺业就是如此。改革开放以来我国大部分产业机械化水平都有了明显的改善，唯独农林园艺在小型农机具方面与国外的同类生产方式相比还存在很大的差距。这表现在各种小型机具使用不广泛，且水平低质量差，自主研发生产和投入水平都很不足。国外的先进机具引进少，自己生产的又不好用，长期以来这种状态没有得到政府和社会更多的关注。

据了解，欧、美、日、韩等国家的家庭从事农林园艺业，除了一般都拥有汽车外，大部分还拥有质量优良的各种农林园艺小型机具，这与这些国家长期积极投入研发和鼓励应用有极大的关系。例如，日本和德国每年对这些机械的使用者给予高额的补贴，小型机械在家庭的存有量很大，而质量更是享誉世界。

反观我国，很少有大企业涉足小型农林园艺机具的研发与生产，部分小企业在落后的生产销售存亡线上挣扎。为保护自己的产业，我国对进口小型农林机具征收高额的税率，另一方面虽然实行农机购置补贴政策，但是广大农户和施工企业的农民工购买这些机具又很难得到这些补贴。进口的好机具买不起，还难以保证应有的售后服务。而国产的农机具又往往质量差、不实用、易损坏、难修理。进口价格高、国产质量差、行业不愿意购买的现状，加剧了使农林园艺陷入劳动强度大、效率低、技术落后的怪圈。因此，一方面要加大小型农林机具研发力度和提高产品质量，另一方面也要及时调整进口政策，使国外高水平农林机具进入国内市场，是改变这一状态的重要出路。

建议：

1. 鼓励进口，大幅减税。取消或部分取消对小型农林机具的进口审批并实行大幅减税。目前国内产品与进口产品由于质量差距大，还不能形成竞争关系，通过减税和开放进口渠道使这些现代新工艺新技术新产品能顺利进入国内，再经消化吸收借鉴，反过来促进国内产品的进步，这是条有效的路径。其实，我国家电、汽车工业就是从引进消化到研发生产，最终由进口变为出口的。

2. 加大现有的农林机具对企事业和农户的补贴。从过去补贴面很窄，扩大到补贴所有小型园林绿化、林业、园艺、环卫、市政等各种机具。如剪草机、打药机、挖掘机、起苗机、小型装卸车等这些国内应用范围很广的机具。这些行业的操作大多为农民工，这对于提高他们的劳动效率，减轻劳动强度，从而保障劳动安全、增加农民收入、提升全社会的整体素质有着重要意义。还可以采取简单划一的补贴方法，如对零售价 20 万元以内的各种农林机具，统一补贴 30%；而 20 万以上 40 万以下的各种农林机具，统一补贴 20%；单件超 40 万以上的可不作补贴。同时，对相关零配件进口应给予零关税优惠，要进行每年具体补贴的数据采集与核定。

3. 加大研发力度，提高国内创新水平。鼓励生产厂家、应用单位和科研院校建立产学研合作平台，确保创新研发享受不低于家电汽车行业的政策待遇。促进创新成果逐步实现商品化、产业化，并最终走向国际化，从引进走向自主创新。

注：全国政协委员提案，于 2012 年 3 月。

济南二中90年校庆大会致辞

各位领导、各位老师、各位嘉宾，
亲爱的校友和同学们：

喜逢母校90华诞，在这难忘的时刻，请允许我代表参加庆典大会的老校友向我们敬爱的母校致以最热情的祝贺，最诚挚的祝福。向二中的现任领导、教师、职工和同学致敬，向90年来辛勤工作在二中所有健在的和已故的领导、教师和职工致以最崇高的敬意和衷心的感谢。

我是20世纪50年代在二中就读六年的校友，51年后的今天我们带着回家的喜悦走进母校，百感交集，心潮澎湃，有兴奋、有怀旧也有感伤、有期待。兴奋于母校的进步与发展；怀旧于当年那个在正觉寺街石板路旁，培育一代代才俊的老校；还怀旧于记忆犹新的当年老师的谆谆教诲和同学间的友谊；感伤于那些曾教导我们的一代宗师一个个离我们而去。期待母校的再度辉煌，为祖国培养更多杰出的人才。岁月巨变，母校已今非昔比，当年简陋的校舍已被今天绿荫下的高厦替代。然而，母校教书育人服务社会的宗旨没有改变，“勤、朴、诚、敬”的校训没有改变，二中教师一丝不苟、严谨治学、淡泊功利、默默奉献的春蚕品格和烛光精神没有改变。

二中的每一个校友无论身处何方、身居何位，都永远难忘母校的恩情和美好印记。我们深深怀念二中给予我们的那段无比美好的校园生活，唯以感恩报国的行动来回报母校的培养之恩。

学校的进步与发展依靠三个重要的主体：好的领导班子、好的师资、好的生源。一个思路清晰、富有责任心、运筹帷幄的领导集体，一群敬业治学、爱心永驻、对学生充满感情的师资队伍，学校的优质资源和威信汇聚起来的好生源和“好好学习，天天向上”潮气蓬勃的校风，是学校前进的三大主体力量。在这三个方面二中既有传统，又有长足的进步。我们为母校的发展进步而欢欣鼓舞。

基础教育、素质教育和艺术教育是济南二中的三大传统优势，在教育改革风起云涌的今天，保持和发扬二中的传统优势是众望所归。90 华诞 90 风雨，今天应该是继往开来的里程碑，对此我们满怀信心寄语亲爱的母校，把这次庆典当作总结经验、发扬传统、展示办学成就的良机，又是共创美好明天的起点。我们预祝母校二中走在时代和教育改革的前沿，办成省内乃至国内最好的高中之一。广大校友将会一如既往更加关心支持学校的建设和发展，为母校争创一流出力献策，共同迎接二中更加辉煌灿烂的未来。

感谢省市各位领导一如既往对二中的支持帮助。祝贺母校生日快乐，桃李芳菲！祝福老师青春永驻、身体健康！祝愿同学们再创辉煌，拥抱精彩未来！

谢谢大家！

2012 年 9 月 27 日

致母校
——济南二中90年校庆与学生代表座谈

亲爱的同学们，我们几个是来自北京的济南二中的老校友，踏上母校美丽的新校园、看到还健在的老师、会见久别的校友，心潮澎湃、心情激动。此时此刻由衷地产生了对母校的感恩、敬仰和怀念之情，在这个隆重且朴素的会场，见到在座的校领导和青春洋溢、气质不凡的在校同学们，心情感到阳光和轻松。

2012年9月26日是个值得记住的日子。我们是五十几年前离开这个学校的，今天我们回家了。在母校90华诞之际，我们有喜悦、有感伤、有怀旧、有期待。喜悦于母校在新时代取得了巨大的发展；感伤于教导我们的那些宗师一个个已离我们而去；怀旧于当年那个在正觉寺街石板路旁拍摄过电影《大浪淘沙》并培养一带才俊的老校；还怀旧于校园里的礼堂、操场、图书馆、实验室、简陋的教室、黑板、粉笔……期待于母校二中更加辉煌的明天。

说到这里，我眼前浮现的首先是那些给我们启蒙教育并塑造人生观、铺垫生命之路的敬爱的师长：郑霄汉、李奇瑞、李树源、夏星河、温仲钦、赵芝训、杨林、崔敦约、张汝德、黄道农、陈维信、薛斌、陈宝荣、王瑾琪、王丽丽、杨少君、牟冷光、黄延年、于志英，还有刁校长、华明校长、姜校长等。敬爱的郑霄汉老师从我初一入学到高三毕业一直关注我的成长，安排我学习音乐和钢琴，学习合唱指挥和表演，我的艺术思维几乎都与她有关。当我已经考取上海音乐学院后又受挫，李奇瑞老师极其认真地帮我选择了园林专业，为我指点迷津。如果没有他的关键点拨，根本谈不到我今天在园林专业上的成就。郑霄汉、赵芝训等老师还几次来北京看望我，这些都历历在目，感恩之情涌上心头。

我要说的第一点体会就是中学是塑造一个人人生观、价值观、世界观最重要的阶段。这三观都是在学校的学习生活、社团活动和社会实践中逐步朦胧形成的。小学固然重要，那时年龄太小，大学固然重要，但是记忆最深最牢的还是中学时代。我之所以一口气说出那么多老师的名字，因为他们是一代伟大的宗师，他们对学生的责任、对课程的执着、在课堂上那些惟妙惟肖表述，几乎是他们生命的全部。直到我工作后的若干年每每回到济南还都要去看望他们。郑霄汉、赵芝训老师步履蹒跚的到北京住在我家里叙旧谈心，还历历在目。总之，我和二中结下了不解之缘。老师的为人师表是我们的榜样也是二中最大的财富，让我们受益终生。当老师用深情的声音朗读鲁迅先生的教诲：“真的猛士，敢于直面惨淡的人生，敢于正视淋漓的鲜血。这是怎样的哀痛者与幸福者？”这位亲历过“三一八”惨案的老师，是刘和珍的校友。她抑制不住泪水，将身体和目光轻轻地转向教室的窗外，讲课停滞了两三分钟。就是这两三分钟让我记忆终生，那一刻她向我们灌注的是一腔爱国激情，这就是教学的力量。

二中的那些社团活动和艺术教育恐怕在全国都是屈指可数的。我在柴瑞铭老师（二中学长、省音协副主席）指导下学习钢琴、弹奏《拜厄》；在济南少年夏令营（设在济南师范校区）参加集训；在济南市红领巾合唱团担任指挥，并由郑霄汉老师把我托付给后来成为彭丽媛导师的王音旋老师（当时在山东省群艺馆），把着手地指导。1958 年山东剧院落成之时举办省第一届音乐周，帷幕拉开的第一个节目就是我们成功的表演童声合唱《黄莺》，走下台来我含着喜悦的热泪和郑老师、王老师目光相对，幸福在一起。学校推荐我参加山东省第一届少年儿童大会并指挥全体代表高唱少先队队歌《我们是新中国的少年》，受到省委书记白如冰等同志的接见合影。这些活动培养了我的工作和组织能力、艺术和社交能力、对文学对社会的认识。

在上高中期间，我们野营拉练，到一个叫徐家张马的地方参加农村劳动，后来又到党家庄村刨地瓜，还到卧虎山水库推着独龙车往大坝上送土，去四里山（现改为英雄山）瞻仰烈士陵园，记住了王尽美等共产党人的名字。暑期在大明湖参加舢板训练并在湖上一面划船，一面迎接敬爱的周总理坐船视察。我还上台为来校做报告的劳动模范徐建春、曲淑姿、云南英雄徐学惠和四川浪子回头的贫农代表刘介梅扎戴红领巾。那年，黄河发大水我们都自愿步行到洛口黄河大桥，扛沙袋、堵汛口、参加抢险，那年我 14 岁。我的爱好是音乐和阅读，收集政治、经济、地理、历史的信息和文学艺术的知识。学校还推荐我为当时中苏友好协会的学生会员，每到周六晚上去听苏联音乐和绘画的艺术讲座，聆听解析格林卡和肖斯塔科维奇的交响乐，观看罗马尼亚云雀歌舞团、德国德累斯顿警察乐团、蒙古人民军歌舞团、中央歌舞团和新疆歌舞团的表演，汲取各类艺术营养。还记得小学毕业即将升学的那个暑假，我的学长侯文元老师曾为我们做报告，讲述了她作为中国少先队代表参加苏联克里米亚少年夏令营的精彩过程，她讲到了在敖德萨和克里米亚令人神往的国际活动，她们还打着腰鼓代表中国参加表演，受到当时苏联外长莫洛托夫的接见，我听得如醉如痴。从那时起我就开始向往苏联，下决心一定好好学习俄语。后来的若干年我终于如愿以偿的沿着侯文元学长当年夏令营的路线去体验了俄罗斯和乌克兰的风土人情。这也许是神奇的，但又是实实在在的，因为当时我就树立了这个目标。今天侯文元学长就坐在我身边一起参加座谈，她从二中毕业后去北师大学习，后来成为北京一所中学的校长，请大家为她鼓掌。我们在二中度过了从少年到青年的青春期，在繁忙的学习和实践中，由于学校领导和老师的正确引导，还有同学真诚的交友、讲真话，成为亲如手足的兄弟姐妹，让我们从迷茫、躁动中平稳地度过了那段青春期。总之，在二中的学习和社会实践为我们奠定了人生学步的基础。后来我在北京学习和工作了 50 多年，逐步成长为一名园林人，还光荣地被推荐为劳动模范、全国政协委员和国务院参事，享受国务院特殊津贴。今天我要感谢母校济南二中为我实现这条人生之路所给予的哺育之恩。

在二中的这些美好生活让我铭记终生，讲到这里当我看到台下就座的同学们，从你们的脸上我看到了你们在被我的演讲感动，我感谢你们。同时，我从你们的眼神里也看到了我们上学时不曾有过的气质和自信。这是时代的进步和二中今天的希望，因为你们生活在一个条件优越、生活富足、信息爆炸和祖国走向繁荣的新时代,你们是幸运的。不知为什么我突然想到当年二中培养了像韩美林、张德蒂、王玉梅和巩俐等一批著名的艺术家，他们是二中的光荣，历史走到了今天，你们呢？也许在你们当中将会出现改写历史的人物，譬如院士、政治家、宇航员和奥运冠军，也可能是为祖国默默奉献的普通人。无论如何，你们已经开始书写学习和奉献的人生，我盼望你们扎扎实实的继承二中传统，努力学习、不计功利书写属于自己的人生之路，它也许是辉煌的，也许是平实的。不愧为二中优秀学风和精神的践行者。作为“八九点钟的太阳”，希望寄托在你们身上。

谢谢！

2012 年 9 月

力推时代歌曲　留住历史旋律

时代歌曲是一定历史时期社会、经济、政治和生活的文化折射，它从精神上、艺术上鼓舞当代人，反映着时代文化，是留给后人的历史印记。《东方红》音乐舞蹈史诗从鸦片战争唱到全国解放，每个历史阶段的代表歌曲都浮现出一个时代，《九一八》《游击队之歌》《南泥湾》……历历在目。新中国成立后同样如此，从《解放区的天》到《东方红》，从《社会主义好》到《我们走在大路上》，从《歌唱祖国》到《春天的故事》《走向新时代》。时代艺术歌曲同样如此，如《我的祖国》《让我们荡起双桨》《祝酒歌》等。歌曲的艺术魅力催人振奋，是人民热爱生活的体验，是重要的爱国主义教材。诚然，时代歌曲是时代的产物，具有历史本身的选择性和“大浪淘沙”的特点，但是不能否认时代歌曲也离不开国家和媒体的推动，主管文化部门的引导作用。

改革开放以来，思想解放引发歌曲创作的多元化趋势，给群众文化生活带来一些新风。特别是通俗歌曲的出现和普及，几乎改变了一代人的审美。与此同时，久唱不衰并鼓舞一代人的具有时代印记的歌曲却不多见，缺乏少儿时代歌曲的情况更为突出，出现了爷爷、父亲和儿子同唱《让我们荡起双桨》的局面。我不反对通俗歌曲的群众性和轻松感，对社会生活和情感、人际诸方面的多元表达。但由于创作上的不够成熟，和国际上认同并广泛流行的歌曲相比质量上相差很远，不少通俗歌曲只能传唱一时，还不能承担时代歌曲和主流歌曲的重任。

以社会生活和政治历史为基础的时代歌曲，以民歌为基础的艺术创作歌曲一直是群众传唱的主流，从而成为时代歌曲。新世纪中国的时代歌曲应该呼之欲出。

为此，我建议：

1. 文化部、广电总局和各省市，在中宣部的领导组织下专题研究时代歌曲的创作、推动和传唱，这是一代人的历史责任。如果国家和媒体不去因势利导的领导和组织，时代歌曲就很难占领主流，事实上20世纪五六十年代的时代歌曲也是在文化部门的主导下推广的。一旦评选出较为成熟的时代歌曲（包括时代艺术歌曲），媒体应全力推广，并力求让群众接受，一首歌或几首歌被群众广泛认同，在时间的长河里就成为历史和时代的印记。

2. 要研究适应新形势、新时代的需要，并敏锐地抓住具有代表性和时代特征的好歌，加上媒体的推动，在群众的传唱过程中逐步形成时代歌曲的全过程。任何好歌都不是规定的教条和概念。要有时代感、民族性和把握正确深邃的政治文化内涵三位一体的标准，当然也要有顺应国际潮流，并与国内外艺术形式接轨的深度思考。总之，时代歌曲需要格调的高品质和群众普及的基础。艺术生产的浮躁是不易产生时代歌曲的主要原因。歌曲作家应通过更多的深入生活，挖掘时代的新内涵，捕捉时代旋律，创作出有思想深度，有生活基础，有魅力的好歌。那些聚在宾馆冥思苦想的旋律，成为目前呈现的水平不高的一般性歌曲的大竞展。几乎大部分电视台的“晚会歌曲”唱过则罢，群众很难留下深刻的印象。

3. 要有专门的机构抓时代歌曲的创作和推广，要扩大歌曲创作队伍的圈子，不应是少数几个词曲作家的简单轮回，要寻找地方上好的歌源。现成的MTV或CD盘不是寻好歌的唯一途径，很多好歌的词曲作者因无力制作光盘而被拒之门外，要组织有权威的评歌专家队伍和指导歌曲创作的理论人才。

4. 推动时代歌曲要由歌唱家与群众演唱相结合。应改变光靠几台晚会、几个名演员在电视台里唱的局面。目前“风起云涌”的群众合唱队应成为传唱好歌的主力军，他们是一支了不起的艺术基础力量。文化主管部门应不失时机地把握群众合唱的热情这一文化现象，把新的好歌送给他们，使他们通过传唱新的好歌，达到宣传爱国主义和提高自身艺术素质的目的。同时也起到健身、交友、调整身心和热爱集体、热爱生活的效果。目前，不少城市的群众合唱依然怀旧地传唱老的时代歌曲，这一局面应加以引导和改变。

注：全国政协委员提案，于2004年3月。

兑现我国对外庄严承诺，加快落实天坛世遗保护

北京的天坛建于1420年（明永乐十八年），是我国现存规模最大、形制最为完整的古代祭天建筑群。1998年12月5日联合国教科文组织世界文化遗产委员会正式批准天坛列入《世界文化遗产名录》，肯定了天坛具有突出普遍价值，反映中国古代尊重自然、顺应自然的思想。天坛已成为人类共同的文化遗产，我国申遗时提交的正式文件明确向世界承诺："第二级保护区域（即天坛公园现状范围外的其余坛域），区域内不得兴建新建筑；根据保护规划，需逐步拆除非古代建筑，以树木代之；此项工作应于2030年之前完成。"

为了解我国申遗承诺的落实工作，近期我们对天坛地区做了实地考察。天坛世界文化遗产保护区总面积为273公顷，包括内坛和外坛。调研中我们看到，17年来在国家住建部、国家文物局、北京市政府以及北京市东城区政府、北京市公园管理中心和天坛公园的共同努力下，按照《保护世界文化和自然遗产公约》的要求，申遗承诺工作有不少进展，在文物保护、文化建设、历史原貌的恢复与展示等方面取得相当成效，已有20公顷坛域被收回。目前天坛西南外坛的中国药检总所、天坛医院已获准择址迁建且工程进展迅速，天坛东里北8栋简易楼已腾退42.9%，还启动了57栋简易楼解危搬迁工作。

同时我们也忧虑地注意到，坛域腾退搬迁工作面临十分复杂困难的局面，申遗承诺落实实现进入到攻坚阶段，天坛273公顷坛域总面积中仍有多达72公顷被占用，天坛坛域仍不完整，"天圆地方"的空间格局远未恢复，被占坛域内的古树、遗址遗迹保护状况堪忧。腾退涉及中央、市、区43家单位和8 000余户居民，腾退动迁的难度越来越大，一些占地单位至今还没有腾退意向。尤其是天坛作为世界遗产尚缺乏国家针对性的法规制度保护，还需建立和完善系统科学的保护规划，在保护项目资金上也存在很大缺口。

申遗成功时我国承诺将在32年后的2030年实现全部承诺目标，现在时间已过多半，但任务远未完成。中国作为世界遗产缔约国，必须切实履行庄严承诺，承担历史责任，维护作为负责任大国的信誉，以时不我待的气势，加快今后的腾退返域工作，还世界和人民一个完整的天坛。为此建议：

1. 按照四中全会依法治国的要求，请国家住建部、国家文物局和北京市尽快制定有关天坛和其他世界遗产的保护条例，全面系统地依法开展保护工作。加快制定天坛遗产保护规划，并经过人大机构审议批准。

2. 请国家发改委将申遗承诺落实工作纳入到国民经济与社会发展规划。考虑到工作难度，可分两步。第一，将现已启动腾退的19公顷和其他需要近期完成的单位和社区还绿恢复天坛风貌工作纳入国家十三五规划，确保在2020年（天坛建坛600年）前完成。第二，将其余50公顷尚未启动的腾退单位和社区拆迁还绿、恢复天坛完整风貌工作，依次纳入到国家十四五、十五五发展规划，按照倒计时制定时间表，分期分批在2030年前落实完成。

3. 请国家发改委和北京市抓住国家实施推进京津冀协同发展纲要和解决北京旧城人口疏解的机遇，优先考虑和重点解决天坛外坛居民的人口疏解问题，实现申遗承诺落实、城市转型、惠及民生、改善生态的多重目标。

4. 请国家发改委、住建部、文化部、财政部、国土资源部、国家文物局等中央有关部委和北京市政府建立工作协调机制，进一步上下齐心，密切合作，为占地单位的外迁和社区居民的腾退制定切实可行的政策措施和对接方案，并提供相应的项目资金支持，共同做好天坛文化遗产保护工作。

国务院参事：方　宁　刘秀晨　葛志荣　黄当时
张玉平　刘志仁　张洪涛　张红武
2015年7月

注：此建议是国务院参事室部分参事共同的调研建议成果，得到中央领导的肯定和支持，现在天坛违建拆除工程已进入高潮。此建议得到社会反响和政府支持是有效和积极的。

参事工作总结

从2011年续聘参事以来的5年中，正是新的参事条例颁布后的一段实践期。我和所有参事共同走过了这一段内容丰富充实的工作经历。特别是对国情的多次调研并形成报告和建议，亲历着参事的使命和担当，感到成果丰硕务实，也感受着参事室的工作实践逐步走向成熟规范。我个人在这个过程中也得到了锻炼和进步。

回顾这些年我在城建组，特别是2013年后在生态组开展的工作大概有以下一些重要课题。在城建组有：1. 城镇化建设中的若干问题；2. 乡村旅游的健康发展；3. 城市市政管网的一体化建设；4. 城镇和乡村土地流转中的做法和展望等。在生态组：1. 中国海洋经济的绿色发展；2. 丝绸之路经济带的生态保护和文物保护；3. 农村垃圾课题（与绿色发展中心联合各省市参事共同完成，并直接呈报克强总理）；4. 中国品牌建设和禽流感对我国种禽业的冲击以及对策研究；5. 推进广东南海环港澳蓝色经济带建设与生态保护；6. 陕南生态文明先行示范区的建设和政策支持；7. 黄河中上游的生态保护和黑山峡河段相关建设的情况反映；8. 黄土高原董志塬地貌保护和治理；9. 长白山林区生态移民的建议；10. 推广机械固沙技术，加快我国治沙进程；11. 沿边开放开发建设及其支持对策；12. 还人民一个完整的天坛——对联合国申遗承诺的落实；13. 黄河下游三角洲的生态保护；

14．“节能环保产业”发展中的问题；15．在京津冀一体化和北京城市副中心建设战略背景下，北京生态功能区的规划研究。

在这些视野辽阔的国情调研中，通过查实情讲真话提建议，不仅收获了较深的认识，所形成的翔实报告，部分呈送国务院领导同志并得到批示和批阅，还形成了一系列的文字资料和文集书稿。

我在其中印象和体验最深的有：我撰写的《关于垃圾的三件事》在人民网上改为《垃圾——国之大病》为题发表，引起社会强烈反响。为此，追踪了一批垃圾相关企业的技术进步。如：厨余垃圾处理器的更新换代、秸秆焚烧与秸秆利用研究、农村垃圾应由政府买单、实践打破城乡二元化结构障碍等得到相关部门的重视，为召开农村垃圾工作会议积累了有益的资料。在中央召开的城镇工作会议上，中央领导同志还摘用了我关于城镇广场的一段论述——“广场设计的八股化：低头是铺装（加草坪），平视见喷泉，仰脸看城雕，台阶加旗杆，中轴对称式，终点是政府。千孔一面、大同小异。忽视了广场休闲、纳凉、交际等社会功能。草多树少，大而不当。堂皇有余，朴素不足”（资料曾报送参事司张彦通司长）。关于实现对联合国的承诺，加快天坛作为世界文化遗产的清退拆迁，由国务院主管领导批示，得到了实质性的推进。在京津冀一体化和北京城市副中心两大战略背景下，如何关注北京及其周边生态功能区抚育保护是一个大课题、大文章。应该在十三五规划中得到落实。这不仅是我所关注的，也是百姓关注的视点。总之，五年的参事调研，课题重大并具有可操作、可落地的实效性。

五年的参事生活还经历了国庆 65 周年、抗日战争胜利 70 周年等大型活动。以习近平同志为核心的党中央的坚强领导，在治国理政方面取得了巨大的成效，特别是反腐倡廉建设过程中都受到了深刻的教育，在经济新常态下中央和国务院攻坚克难的一系列举措，作为一名参事我深刻地感受到与国家命运紧密相连的责任。

在参事工作的同时我还担任中国风景园林学会副理事长。作为国家生态文明建设的主旋律——城市园林建设受到社会的广泛关注。我也在学习工作实践中撰写了《建设北京四大绿肺》（全国政协优秀提案）、《北京平原造林的若干建议》《在生态文明建设大背景下城市园林的机遇与挑战》《关于城市园林文化的大繁荣大发展》等一系列文章和课件，在国家行政学院、市长进修学院和各省市领导班子中心组学习中授课。在北京、重庆、武汉园林博览会担任方案论证、景区评奖等专业工作。发挥社团的积极作用。我的建言把对北京市城市管理的关注点，从重点大街的整治逐步延伸到对重点区域的整治，纳入了北京市的政府工作报告中并得以认同。

我今年 72 岁了，如果还有继续担任参事的机会，我将认真履职。

2016 年

良师益友

我与汪菊渊先生相识的一些经历

汪菊渊先生是一个伟大的学者，中国风景园林学科的奠基人和开创者。汪菊渊先生是一个伟大的教育家，他培养了大批风景园林人才，使他们成为这个学科和行业的国家栋梁。汪菊渊先生是一个伟大的理论家，他在百科全书中对风景园林的概念、功能给予科学准确的定义，阐述了学科的基本理论。他撰写的中国古代园林史和其他著作都是最具有权威性的理论财富。他从 20 个世纪 30 年代原金陵大学到中国农业大学（原北京大学农学院），再和清华大学吴良镛先生共创北京林业大学园林专业（原北京林学院城市与居民区绿化专业），结合中国传统园林理论和苏联城市与居民区绿化以及文化休息公园理论，创建的城市园林学科体系，奠定了新中国风景园林学科的基础。之所以称他“伟大”，我以为他是当之无愧的。在汪先生诞辰 100 周年之际，我谨以和他相识的一些经历片段，来怀念这位可敬的老人。

一

我第一次见到汪菊渊先生，是在 1965 年春天。21 岁的我作为北京林学院园林系 61 级 1 班的学生，在毕业实习“地坛公园改造规划”的汇报会上，我代表年级课题组 11 个同学在地坛管理处的老庙房里，由陈兆玲老师（实习辅导先生）陪同来到了会场参加答辩。听取答辩的老师中最显眼的当然就是汪菊渊先生，另一位是北京市园林局的总工李嘉乐先生。在这之前我们 11 个同学分别出了方案，陈兆玲老师认为我的方案尺度把握准确，思路比较清晰，让我综合了其他方案的优点代表大家讲解规划基本思路。当时的一些细节已经记不清了，毕竟已经过去了 48 年，但其中的一幕却还记忆犹新。

针对重新规划地坛公园要不要扒掉坛墙的看法，当时社会上争论很大。汪先生十分关注这个问题并让我谈谈想法。现在说这件事大家想必不知道当时的背景：当时，针对封建园林抱残守缺的批判不绝于耳，晚报上登出要推倒坛墙的一大堆文章。要不要保留坛墙也成了同学之间争论的焦点之一。我当时想：好端端的坛墙为什么要拆呢？起码是个浪费。对文物保护的意识还没那么清楚。实习期间，针对这一争论我斗胆向北京市政府写了封人民来信。市政府信访办专门派人了解情况并到学校找我谈话，表示了保留坛墙的支持意见，因此我心里比较有底了。汪先生与我一问一答谈到对待文物的看法，对我的意见连连点头并赞许有加。那天，我看到的是一个学者风范、和蔼可亲、没有一点架子的好老头。

1975 年与汪菊渊先生和清华大学朱锈珍先生去东北调研

二

其实，我并不是那天才认识汪先生的。我考取了他的研究生，但最终却没有读成，这件事给我留下终生遗憾。1964 年秋，园林系 61 级同学在西山林场响堂基地植树劳动，当时非常艰苦，每天跑十几公里山路到一个叫四平台的山上挖鱼鳞坑，又冷又累又饿。我在班里年龄最小，一天下来只能挖两三个坑，别的同学却能挖七到八个。每天往返于响堂和四平台之间，真坚持不住了。大家都不吭气，心里却觉得日子难熬，都想赶快毕业走人。一天，突然有人到工地通知我和另一个同学罗少安，学校要招一名园林史研究生，导师是汪菊渊先生，让我们俩马上回校应考。经过两个多月的准备并去八一学校体检，在俄语教师冯锦民先生辅导下我顺利通过了外语考试。当时汪先生唯一的研究生是叶金培学兄，学校专门安排我去旁听他的论文答辩，很多年轻教师毫不留情的提问，让他很下不了台。我在一旁想：当研究生真不容易啊！有一天，系主任陈俊愉教授通知我被录取了。他在家里请我吃了一顿由他老伴做的很香的饭，并说："我一直很注意你，以为你是南京人。看你长得又矮又小哪像山东人。是汪菊渊先生嘱我代表他请你吃顿饭，他在北京园林局当副局长过不来，他希望你能够读好研究生这个过程。"一席话记忆终生，我意识到汪先生是园林界的最高权威，跟他学习不是件容易的事。

很快，学校一场"清理思想"的政治运动开始了，这是 1965 年早春。"文革"未到，阶级斗争的风声已经很紧，真是"山雨欲来风满楼"啊！本来全班同学很团结，我在班里年纪最小、功课好又喜欢音乐，同学们挺喜欢我的。没想到的是一张大字报却要把我置于死地："你是做资产阶级的殉葬人还是做资产阶级的掘墓人？两条道路由你挑！"下面还写着让刘秀晨答复。个别同学把矛头指向了 20 岁的我。我还没有醒悟过来，却接到系里的通知，报考研究生工作宣布中止，就是说学校也顶不住压力取消了招生。研究生没有读成，和汪先生却成了后来的师生朋友和莫逆之交。汪先生对年轻学人在学业上的进步总是给予肯定和鼓励，体现了一个教育家的胸怀和风范。我似乎终生都在感受着这个慈祥前辈的身影对我的教导和关爱，这位学术深厚追求执着的长者是我一辈子最崇拜的人。

三

一场“文化大革命”的浪潮在几乎没有思想准备的瞬间一下子席卷全国。大学毕业后，我被分配到园林局最基层的石景山绿化队劳动锻炼，竟神奇地留在石景山区从事园林绿化工作24个年头，人生有几个24年呐！当时，种花种草被制止了，一夜间把花盆都扣土扔掉了，公园里种上了棉花和小麦，但是，工厂机关学校的植树绿化还是幸存下来。北京军区司令部大院是我当时接到的第一个规模最大的庭院绿化设计项目。杨勇司令员竟饶有兴致地亲自过问大院植树，让我陪他一棵棵地落实树坑位置，因为工作量很大，我联想到何不把汪先生找来出出主意呢。我让军区派车把他接来好几次，司令部主楼绿化广场基本是在他的指导下定夺的方案。1966年“文革”开始，园林局的领导都受到了批斗，领导层几乎没法工作下去了。一天，汪先生突然来到石景山绿化队找我，提出每周2～3天到田村山果园参加劳动锻炼。作为这个只有20几个人的绿化队的技术员，汪先生劳动全过程都是我陪同的。他一改原有的生活和工作方式，每天早出晚归，乘公共汽车从城里主动来果园“上班”，在苹果地里中耕保墒、修剪打药，和普通工人别无二致。干累了他喜欢抽支烟或者拿起他的烟斗抽几口烟丝。每次干活都和我聊一些技术问题，完全是个普通工人的架势。上了年纪的人一边认真干体力活一边流着汗，让人心怀酸楚，这种局面大概维持了半年之久。“文革”中当权派下工地劳动，当然不只是汪先生。这段劳动生活却让我更加认识了解了他为人低调和朴素的作风。后来他又去花木公司劳动了。这段缘分我也体验到他对我的信任和垂爱。

1975年我和朱筠珍老师、李嘉乐总工、何绿萍、冯彩珍学姐接受周总理部署的“北京西郊环境质量评价”科研课题，对石景山各大企业大气成分做定量检测，并提出用植物为大气污染报警和用绿化改善大气的树种选择以及种植设计模式的新尝试。我和朱老师几个人有机会去东北调研工业区绿化。真是和汪先生有缘，在长春巧遇先生也来考察调研城市绿化和花卉生产温室。巧的是两个组调研内容相似，汪先生提出干脆咱们一起调研力量大。这次出差只有汪先生和我两个男同志，他是

个简朴平和的人，不愿意自己住单间，提出坚决要我和他同住一间客房，以节约开支。于是我和他有了共同工作生活42天的难忘经历：白天一起调研测绘，晚上的内业我写了一大堆报告并画了一大堆工厂绿地和道路绿化平面图立面图手稿。当时没有城市地图，我就跑到沈阳、长春、吉林几个城市的火车站临摹城市的平面图，至今这些资料我依然珍藏着。在这段朝夕相处的日子里，既有辛苦也有和当地的校友相聚的惬意。特别是在吉林，当地校友向市“革委会”介绍汪先生的知名度和成就，特意安排住在接待西哈努克的宾馆房间，我也跟着沾了

光。去小丰满水库考察涵养林，老校友姚梅国、王纯仁等所有校友都赶来看望他们爱戴的汪先生，我被校友的真挚情谊打动，至今回忆起来还激动不已。在此期间让我最受益的还是汪先生每每对园林专业的深刻解读，他把国内园林学界的情况以及大多数知名教授学者、主管行政领导的情况一一向我介绍。我感受到一种信任和真诚，他把我当作忘年之交让我终身受益。

在沈阳期间，汪先生始终没有忘记“文革”返乡回家的园林植物教授陈有民先生。他专门去了一趟新民县打听陈先生的下落，最终无功而返。看得出他对共同工作战友的情谊。东北几十天的工作，感受到汪先生的为人和学识，也感受到他纯真率直的个性和深邃内在的文化气质。

四

“文革”过后，园林局恢复了工作，汪先生也重新回到了总工的职位。他多次来石景山关注我的工作成果，考察了我主持设计的古城公园、石景山雕塑公园、游乐园等等。他在祁英涛、李嘉乐等专家陪同下专门看了我主持设计的法海寺森林公园一期工程，并写了完全肯定的鉴定意见（由他当时的助手李敏执笔）。他还和孟兆桢、杨赉丽先生一起起草推荐我破格提升高级职称的评语。他为组建北京市园林科研所到处奔走，并参加编写大百科全书园林部分的内容。他希望我能协助他工作，并写来一封热情洋溢的邀请信，至今我还珍藏着这封信。当时我正参加石景山游乐园的设计和建设无法脱身，不能赴任，所以很内疚地给他回了信，感到很对不起他。直到 1989 年我去市园林局任副局长，我们的联系和接触才又多了起来。汪先生是民盟成员、全国政协委员，而我也步其后尘参加了九三学社，从北京市政协常委走到了全国政协委员，共同的工作话题越来越多。这时的他已是满头白发却依然精神矍铄的老人。1989 年 11 月由汪老和其他学者共同发起，在杭州成立作为国家一级学会的中国风景园林学会，100 多位代表中竟有一半以上是北林前后的校友。为避免“影响”，汪老十分兴奋地利用中午时间“悄悄地”通知大家拍了一张校友合影，我依然珍藏至今。在北林建校 40 周年大会上，我和汪老一起吃饭抚今追昔、心潮澎湃，更加感受到他是专业的大山、学界的依靠。我暗下决心做人要做汪老这样的人，不计名利不搞小圈子，境界中只有学业。在园林界、社会界他的口碑简直无可挑剔、无与伦比。

1996 年的一天，我也不知道受哪根神经支配，约上当年的赵一恒局长，两人手捧鲜花去看望汪老。那天他神采奕奕，在家里他指着那张工程院为他拍摄的大照片心情好极了。他说：“都说我这张照片像荣高棠先生呐。”我和一恒笑着回应：“怎么能说像荣先生，只能说荣先生有些像您。”记得当年孟兆桢先生说过一句话：“汪先生不管穿西服革履还是衣衫褴褛，气质依然学者派头。”他的精神世界是一片蓝天白云青山绿水。没想到，那次见面竟是永别。

汪菊渊，中国风景园林学科的一座大山。汪菊渊，中国园林学人的光辉楷模和榜样。我为我们风景园林界有这样的学术领袖感到自豪，为一生受过他的教育、感染和熏陶感到幸福。我们相信他走到的那个世界依然是属于风景园林的。我们怀念一百寿辰的他，也在扪心自问能不能像他那样去做人做事，能不能像他那样毫无杂念地追逐并拥抱自己的专业。

原载《中国园林》2013 年第 12 期

附：汪菊渊先生写给我的一封信

北京市园林局

87 2065

秀晨同志：打了几次电话，不是打不通，就是
不是你和我接上，只好写信。

上次谈后，不知你与学校谈得怎样为念。

十分希望你能来所。尤其现在这个时候，

刚成立所，需要人来开展工作。党中央、邓副
总理几次谈到了北京的绿化和草地。园林局定于这个月
前后与中国园艺学会、中国林学会、中国建筑学会联合举行
首都绿化问题讨论会（总结和计划会），对于首都绿化
规划，园林局一直在考虑（规划当然是有一个小组也有考虑的）
从前的观点上也是关键所在。正是由于有草地规划，也
可以来所给你帮助。从园林种子研究所（地点定在北京）
一切筹备，地址只待以后调研人员除了要绿化外的
七二届的人员（学园艺、林学等）其他人也急需解决。
如果你本人（那年级的）同意来所，那么调动就好办。

握手 菊渊

张大姐：我们已把名单送了，但因对[illegible]还没给确切回音。前些时，因大家还有些犹豫，意见与[illegible]还有待商量决定。现已把信[illegible]可能就可以成立，科研人员[illegible]联系。同时科研[illegible]学术讨论确定。具体的事情也会给[illegible]打个电话（894357）给我。此致

敬礼

汪菊渊 4.19

永留梅香在人间——记“梅花院士”陈俊愉

那天，在陈俊愉先生告别仪式上，吊唁者排队如长龙，人人手持一剪梅枝，默默地然而又都控制不住落下发自内心的永别之泪。这些来自各地的人，有他的弟子、学生，更不乏被他一生献身科学、挚爱梅花、培育梅种、宣传梅之精神的感染者。周边国家领导人送了那么多花圈，就是对他一生卓越贡献的深度崇敬。

陈俊愉先生祖籍安徽安庆，1917年生于天津。随后定居南京，从金陵大学园艺系毕业后留校任教，开始了他一生研究园林植物的跋涉。抗战期间，随校迁至遍布梅花的成都。从此，他走上了一生研梅的艰辛之旅。在川大任园艺系讲师时，他就写下《巴山蜀水记梅花》的重要论文。1947年，时任复旦大学副教授的他，考取了公费留学赴丹麦攻读花卉园艺学的资格。笔者有一次遇到当年健在的画家吴冠中先生，他说："陈俊愉先生是你的老师吗？我和陈俊愉是乘同一条船，从上海吴淞口一路跋涉到欧洲上学的。我留在了法国，他则去了丹麦。"是的，陈先生于 1950 年在哥本哈根皇家农大获荣誉级科学硕士，同年携妻女投身祖国，先后在武汉大学、华中农学院任教。1957 年先借调后上任北京林学院教授，后任园林系主任。几十年下来，他担任中国风景园林学会、中国园艺学会副理事长、并成为这两个学会第一批终身成就获奖人。他还是改革开放后第一批任命的中国工程院院士，国务院学位委员评议组成员等。

梅的足迹

历经"文化大革命"难以置信的磨难之后，陈俊愉先生先随学校下放云南。1979 年重返北京后，面临大量科研资料遗散、梅花抗寒选育品种档案丢失的窘境，他用了 6 年时间组织各地专家完成了全国梅花品种的普查，搜集整理并主编了《中国梅花品种图志》，这是世界上第一部全面系统介绍中国梅花的专著。这一专著为世界学界的认同奠定了基础，其成果荣获了国家科技进步奖，林业部科技进步奖。随后他又发表了一系列梅花的专著，1996 年出版的《中国梅花》，系统地完成了中国梅花品种的研究，被国际园艺学会授予梅品种国际登陆权威，成为获此资格的第一位中国专家。从此，国际园艺学会不仅正式确认梅是中国独有的奇花，还以梅花的汉语拼音"Mei"作为世界通用名称，并出版了中英双语版的《中国梅花品种图志》。经过他和同事的努力，如今梅花不仅香飘大江南北而且推广我国北方以及北欧、北美等地。他也被人们亲切地称为"梅花院士"。

陈俊愉先生的贡献远不止研究梅花，关于《菊花起源》《金花茶基因库建立和繁殖技术研究》，以及他主编的《中国花经》《中国农业百科全书——观赏园艺卷》《中国花卉品种分类学》等著作，都成为花卉园艺的经典权威理论。他还创立了花卉品种"二元分类"的中国学派。他长期从事中国野生花卉种质资源的研究，开创了花卉抗性育种新方向。选育了梅花、地被菊、月季、金花茶等新品种 70 余个。他为评选国花不遗余力，为弘扬中国花文化做出杰出贡献。

桃李芳菲

陈先生是当今园林植物与观赏园艺学的泰斗，更是一位倍受尊敬的园林教育家，是中国园林植物与观赏园艺学科的开创者和带头人。他在半个多世纪里用爱心培养了一大批博士、硕士和本科生，如今他的学生都已成为我国园林事业的中坚力量。

20 个世纪 50 年代初，由建筑规划学科领军教授梁思成先生和园林学科领军教授汪菊渊先生共同倡导、推动并组建北京林学院（现北京林业大学）城市与居住区绿化专业（即城市园林专业），成为我国也是亚洲最早的风景园林专业学科。陈俊愉先生从 1957 年开始就成为园林专业的掌门教授，后来就任园林系主任。由于"文革"之前，这个学科只有北林有毕业生，改革开放以来这个专业领域的政府行政领导干部、各地学科带头人，特别是当时极其匮乏的城市风景园林规划设计人才，几乎全被陈俊愉先生的学生所"垄断"，至今北林园林专业历届学生，依然活跃在国内外园林专业大舞台上，成为独有的“北林园林现象”。这一美丽的“风景”也让陈俊愉先生享有极高的教育家声誉。他用严谨的治学风范、待生如父的慈祥爱心托起的一批批园林学子，都在岗位上担当着社会职责。

当今国家生态文明建设的发展，更加凸显风景园林学科的重任。陈俊愉先生作为学科领袖之一，成为一面旗帜。

花凝人生，香满乾坤，桃李芳菲，永驻人间。

我与恩师陈俊愉先生二三事

追忆故去恩师，往事像电影一幕幕翻起。

第一次见到陈俊愉先生是1961年我入北京林学院园林系（原城市与居住区绿化系）上学。当时我是个17岁的山东学生，在先生面前还很腼腆。陈先生把我叫到他办公室，嘱我利用暑期回济南之机，帮他带回些花叶丁香的枝条。他说北京白丁香、紫丁香、暴马丁香很多，唯独花叶丁香少，要从济南引种。这样，我有机会认识了这位慈祥又健谈的教授。在林大学习期间，陈先生一有机会就把国内知名教授学者请来为学生授课。同济大学陈从周教授来林大讲过《瘦西湖和扬州园林》，中科院陈封怀教授讲过赴非洲考察植物的收获，黑龙江的北林校友刘桐年先生讲过兴凯湖的规划建设等等，这些讲座都是由他主持，我们才得以有机会聆听。他还常常和学生谈心聊天，在阶梯教室他还为园林系全体学生开设《如何正确对待和度过青春期，使身心得到健康发展》的讲座，时刻把学生放在心里。

1965年系里指定我为参加报考汪菊渊先生园林史课题的研究生，被录取的消息就是陈先生通知我的。那天，他把我叫到他家，嘱他原夫人做了几个菜，请我吃了顿便饭，并对我说：“汪菊渊先生因调北京市园林局任副局长，他电话委托我找你聊聊。”然后，他讲了一大堆寄希望于我的话。这位全园林系都景仰的教授请我吃饭，使我感激涕零。然而不久“文革”前夕的“清理思想运动”，一张大字报贴到了班里：“你是做资产阶级的掘墓人还是殉葬人？两条道路由你挑。”后来学校迫于压力，只能取消了这次的招生。我虽然没有读成研究生，却让我有机会和陈先生成为忘年交。

“文化大革命”一开始，陈先生受到铺天盖地的批斗，他蒙受着“反党”“变天复辟”“特务”等不白之冤，心情纠结却又十分坦然。我当时已分配到园林局的绿化队实习和接受劳动教育。一天，陈先生突然来到八宝山绿化队部出现在我面前，他说：“我去首钢调研绿化，顺便来看看你。你出身不好要特别小心啊！”我一时语塞，心里却充满着感激。他顶着那么大的压力还能来看他的学生，我深切感受到父辈和教长的亲情。也许正是有了这些接触，才更加坚定了我学好用好专业知识的动力，并有了后来的一些发展。至今我还保留着“文革”10年我从报纸杂志的字里行间寻找的专业信息贴报本，并在工业基地石景山开展工厂和部队营区的绿化设计与实践。“文革”后期学校搬到云南，我也中断了和陈先生的联系。

改革开放后学校才恢复高考搬回北京，陈先生也经常带青年教师和学生来石景山教学实习，我们的接触就更多了，他和他的第一个博士生、现北林大张启翔副校长一起到北京各区推广新培育的地被菊，引种山荞麦。我们也常常回学校找老师探讨一些专业问题和参加校庆等一些社会活动，在一些专业学术会议上，聆听他的教诲。有一次，陈先生去广西调研，惊喜得知他的学生首次发现野生金花茶。众所周知，过去山茶只有红白粉色，唯独金黄色的茶花是世界首次发现。这一发现面临如何保护种质基因资源的问题，他多次上书中央领导并参加建立金花茶基因库和品种培育，每讲起金花茶总被他充满激情的谈吐所感染，对野生花卉资源的呵护扶持他总是一往情深。

最令我感动的还是他提出并推动评选国花的工作。他关于推荐牡丹和梅花双国花的建议我是坚决支持的。牡丹雍容华贵国色天香，象征着物质文明；梅花坚忍不拔傲雪怒放，代表着中华民族的精神文明。牡丹分布在黄河流域，梅花广植于长江流域，两条母亲河孕育了两大名花，具有地域的广泛性和代表性。早在20世纪20年代国民政府就把梅花确定为国花。一国两花与一国两制相对应，也尊重了台湾人民的美好情感，具有统战和亲情意义。我查到世界上许多国家有一国两花的先例（如日本、印度等），为此在全国政协和北京市政协都写过提案。我还应陈先生之邀为宋代林和靖的名诗《山园小梅》谱曲，请歌唱家王洁实录制并带到昆明等梅花节传唱。后来陈先生又送来蒋纬国写词他又进一步润色修改的《梅花》歌词，我把这首歌写成与邓丽君演唱的那首歌风格完全不同的大合唱，并请青岛歌舞剧院录制播出。2007年先生邀我陪他去无锡参加梅花节，我们师生二人作为电视台的嘉宾共同参加访谈，他那股坚忍执著和以理服人的风范让我永不能忘怀。后来，他不顾年事已高又为我《绿色的梦》摄影集写序，认真朴素的话语透着对学生的厚爱，每每想起令人落泪。

先生走了，他却把坚忍不拔的梅情永留人间。

先生走了，他却为祖国大地铺撒了那么多锦绣春色。

先生走了，他培养的一代学人，会坚定不移地沿着科学发展观走向生态文明的彼岸。

先生走了，他是踏着梅菊铺就的鲜花大道走向那个世界的，我不会忘记最后一次见到他时，他闪烁着明亮智慧的眸子说：“我要活过一百岁，再干一些事情。”他的声音至今仍然回旋在我的耳边，先生在那个世界依然期盼着他的事业在祖国大地发扬。

原载《中国建设报》和《中国园林》2012年第8期

一个园林大家对艺术的独白
——记孟兆祯院士

大学问家往往是科技和一些艺术门类融会贯通的。钱学森先生说，一个科学家要有一点文学素养，一个艺术家要懂些科学技术。这些是激发创新火花的重要基础。孟兆祯先生就是典型的范例，无论从学品、艺品还是人品，孟先生都堪称风景园林学界的楷模。

先生是我一生最信任、最钦佩和我最愿意在专业上托付的良师益友。我从1961年入学，至今53年，是和孟先生、杨赉丽先生一直保持联系的少数人之一。我从走进校园大门，就开始了和孟先生的漫长的不解之缘。当年，我是带着现在已故校友赵旭光先生的一封信，走进孟先生家门的。赵是高我6年的校友，也是从小住在家乡济南同一个小胡同的“发小”。他从北林大园林系毕业不久我才入学，当他得知我和他上一所大学并学同一个专业时，他欣喜若狂，立刻写信把17岁的我托付给他最信任的杨赉丽先生。在后来上学的时光中却不仅仅是这层关系。我因出身“问题”，没能入上海音乐学院，却有机会来到北京林学院学习园林。我弹奏钢琴和手风琴，引起了孟先生的关注和兴趣，于是，专攻京剧的他又多了一个知音。我听他拉京胡如痴如醉，他听我弹琴还勾起学五线谱的兴趣。这些园林专业之外的交往，增进了我们师生的情谊。他在给我的书写的序中这样讲：“我们不仅在教学中相识，而且在学校同台演出中逐渐熟悉起来。他能弹钢琴和作曲，唱起歌来是那样投入，操着浓厚的山东口音，洋洋自得的形象，令我难忘，表现出对家乡的眷恋，引乡音为荣。他重感情，能兴奋，对自己的思绪和灵感绝不掩盖，尽情抒发自己的感受，见文曲如见其人。”这就是我们在艺术情感上的心灵对话。

学　品

当然，主要的交往首先还是我们共同珍爱的专业。当时孟先生教我园林工程，杨先生教我园林规划，再加上陈俊愉、陈有民先生的园林植物课，孙筱祥先生的园林设计课，周家琪先生的花卉学，李劼先生的拉丁文，金承藻先生的园林建筑，宗未成、李农先生的绘画。我和同学们享受并游弋在中国最优秀的园林大师团队的伟大的（完全可以讲是伟大的）学科摇篮里，成为享尽学科哺育、机遇天降的学生。大学生活是短暂的，之后几十年风雨变迁和后来的改革开放，我与先生割不断的交往使我受到塑造一生的教诲。

毕业了，“文革”了，我还时常回到学校找他帮我把握自己设计成果的得失。我毕业后第一张设计图——北京军区工程兵司令部的图名都是请他提写的。可以肯定地讲，孟先生是我开始从事园林设计生涯的启蒙人和引领者。在首钢医院庭院设计中轴线上的山石喷泉的构图如何拿捏，也是把孟先生找来亲自动手，一块一块叠上去的，他连续三天到现场，揣摩“主、从、次”的构图关系，看到最终的成果才放心离去。在古城公园湖体设计的给排水结构工程上，也是孟先生亲自画的施工图，并做了详细的施工交底。当时没有设计团队，孟先生则是我最初进入设计状态的靠山。这些都是在没有任何报酬的情况下，凭着专业的责任完成的。至今我还保留着我和他在古城公园前一住宅楼屋顶上，以古城公园鸟瞰为背景的合影照。之后，杨赉丽先生带着包括今天在场的李如生、李炜民、李金路等学弟来古城公园、石景山雕塑公园实习，并分析设计成果的得失。我一生设计思维、园林情结和解惑答疑，每每总是与汪菊渊、孟兆祯、杨赉丽先生的教诲直接相连。

与孟兆祯、杨赉丽先生在一起

从学术上讲，孟先生是开创中国园林工程理论体系的创建人。他学思敏捷，涉猎广泛，不仅编写了园林工程的教材，创建并总结撰写了叠石理水的技法和历史起源，并把实践中寻找的体验与感悟表达得淋漓尽致。山石理论历史上一直是实践多于总结，也许中国不乏各种流派的山石艺人，他们匠心独具各成格律，作为中国学派的理论表述，应该说孟先生站在这一至高点上，加以技术归纳和总结分类。他是园林工程研究最深的学者，各种不同风格的山石运用及其技法都出自他的完美表述。

孟先生在坚守并继承发扬着传统园林的理论与实践，捍卫传统的、民族的园林文化基因，是一位高屋建瓴的领跑者和勇士。在理念漫天飞的浮躁时代背景下，他不断发表一系列著作和研究成果，不仅系统地梳理了传统园林的哲理思辨，还不断结合现代园林的功能，就如何巧妙地继承发扬传统文脉、推进创新园林的先导思维，有一系列的论述，具有鲜明的时代印迹。这其中对避暑山庄造园艺术的理论分析是最为突出的经典文献，是对《园冶》的发展，是现代对历史的精彩对话。

他对中西园林的比较研究、对传统园林融入中国梦的精彩解读、对学习实践《园冶》理论在现代园林中的具体运用，都有敏锐鲜明的观点。在关于《文心：城市山林的内质》一文中，孟先生又提出“研今必习古，无古不成今”和中国园林特色是“景面文心”，是“意在手先”的“文心”思维。强调了园林作为文学艺术的一面，予以学科定位。总之，孟先生是在捍卫传统与文脉，并阐明了新时代现代园林创作的方法论和思想基础，从传统到现代，从文脉到时尚，寻找创新园林的思想路线和精神实质。

在园林的不少领域，他都不断探索一些结合时代特征的新思维。譬如，他认为平原城市绿化配置的多样性固然重要，但还不足以解决平整的城市景观环境的多样性，可以适度注入城市道路绿地的微地形，自然舒缓的变化（而不是生硬的），将会给城市园林带来某些活力。事实证明，微地形的适度运用对造景有积极意义。这些创意后来被广泛地用于城市造景，显示了园林设计思想的灵动思维，运用得体，成为与时俱进的创新。

北京在评选定夺市树市花的最终抉择中，孟先生起到重要作用。园林树木一大堆，如何定市树，依据也一大堆。国槐是北京基调树应予认同。从城市历史文化的解读，孟先生首推侧柏具有象征意义。3 000 年建城史，860 多年建都史，侧柏留存至今，广植于寺庙古刹和中山公园，辽金时代的侧柏是北京历史的重要见证，虽数量不是最多，却具有唯一性和历史文化意义。他的意见受到北京市的高度关注，并最终被采纳。

作为北京市园林局多年的专家顾问组长，北京园林学会多年的名誉理事长，他对北京园林倾注的心血不胜枚举，几乎是每会必到，在许多方面成为北京园林规划设计和建设的主心骨，这里不一一赘述。

艺　品

艺术是相通的。早在学生时代我就托腮聆听孟先生那行云流水般的京胡演奏，不仅流畅大度，拉到细微之处，那些惟妙惟肖的技巧和情感处理，让我领会到他是用心去拥抱艺术，流淌出来的京调，让你和他一起入戏，一起兴奋并享受。这不只是演奏技巧的炉火纯青，他的奏、念、唱、演的一招一式，让你寻找到京昆艺术从技巧完善到全面艺术表达的真谛，于境界之中享受大段唱腔的华丽大器。

当年有一天，他突然闯进京胡大师李慕良先生演出戏园子的后台（大概是人民剧场），奏完几曲后，李慕良老师当着他几个徒弟讲："你们要称孟老师为师叔，而不是师兄，他的技巧你们可以学到，他入木三分的艺术处理，你们就自愧不如了，因为他是用心演奏，令人钦佩。"从此，他和李先生成为莫逆之交，也成就了他后来的演奏生涯和京剧研究功底。

有一天，孟先生嘱我找欧阳中石先生为国家京剧院京胡演奏会题字。我和欧阳先生一讲，他说："孟兆祯是北京高校最好的京胡演奏家，名气很大，他完全可以直接给我打电话，我很尊重他。"还有一次，孟先生出差去山东，著名京剧艺术家方荣翔先生得知后专门托人送票，请孟先生看戏，请他提意见，因为孟先生不只是票友式的京剧爱好者，还是京剧理论界的学者和名家。我知道他还撰写过评论赵燕霞演唱艺术的文章。园林是科技，也是艺术，艺术门类的相通互融，成全了孟先生高端的艺术生涯和艺术人生，他的园林成就也正是得益于他多方面的艺术追求、艺术修养和深入的研究功底。

当然，不仅是京戏，在诗词歌赋和书法艺术诸方面，孟先生都不仅涉猎，还都有独到的功底和见解。

这里顺便讲一下孟先生的弟弟孟兆祥先生，他是大型音乐舞蹈史诗《东方红》的主要舞蹈编导，《飞夺泸定桥》等重要历史性作品都出自他手。我还通过他找到空政文工团任士荣老师提高手风琴的演奏技巧。

人　品

孟先生坚持学术严谨，待人处事和判断是非总是客观公正，有鲜明的观点。他是院士、学科带头人，有很高的学术声望，但他同时又平易近人，没有架子。这些平实的素质，还表现在他对学生的爱护、培养、提携和关心上。

我 1986 年被破格提升高级工程师的推荐信就是汪菊渊先生、孟兆祯先生和杨赉丽先生共同起草和签署的。长期的工作交流，他和杨先生知道我身体一直不好，时时给予关心并不断帮我寻找治病健身的药方和静功等方便可行的健身方法。我能深切体会到，他讲的话不是客套，不是敷衍，是设身处地为我去量身定做寻求健康的良丹忠言，是实实在在地关心我、提示我。遇到一些处事待人的问题，他也能提醒我注意，并直爽地讲出自己的看法。这些没有任何戒心的真诚相待，使我不仅认为他是专业的师长、艺术上的楷模，也是生活上的挚友。

他尽管很有品位，但生活上依然节俭。记得 1983 年我陪他在南京参加中国建筑学会风景园林学分会成立大会，走在街上看到几块好看的雨花石，他挚爱难忍，但苦于囊中羞涩，反复犹豫多次，走走回回，最后还是下决心买了下来。我打趣地问他："你最喜欢什么颜色？"他诙谐地说："我最喜欢最便宜的颜色。"家里摆放的一副对联，也是因为便宜才敢出手买下。这些学者般的生活细节，潜移默化地也成了我学习的楷模。

孟先生长我整 12 岁，同是两只园林"猴子"，我祝愿这个一生对我有重要影响的师长：长寿、幸福、心情好；健康、舒朗、夕阳红。

原载《风景园林》2014 年第 3 期

附：三位恩师给我的推荐信

北　京　林　业　大　学

刘秀晨同志毕业于北京林学院园林系，在园林专业高等学科知识方面打下了全面而扎实的理论基础。毕业后又投入园林绿化的实践工作，在实践中进行再学习，并致力于理论结合实践。在园林植物栽培种植方面获得了进一步的成就。自1979年起转入园林规划设计工作后，先后主持设计了北京第一个新型区级公园——东城公园，北京第一个雕塑公园，石景山游乐园，法海寺森林公园，和平住区、丁石居、等绿化设计工作。在短短的八年时间内，设计创作数量还是少有的，更重要的是在设计质量方面在继承传统的基础上刻意求新，根据社会及时代内容的需要进行构思，由于不断地刻苦钻研，设计水平也不断上升，得到园林界专家承认和广大人民群众的一致好评。他还潜心于园林的科研工作，边实践边总结，发表了园林规划设计论文多篇，论证明晰，图文并茂，是比较全面的中年人材。

在政治方面，刘秀晨同志一贯热爱党，热爱社会主义，并以实际行动投身于四化建设，多次评为先进工作者和劳动模范。

综上所述，我们认为刘秀晨同志达到了高级工程师水平，特此推荐。

第　　页共　　页

汪菊渊　孟兆祯　杨赉丽

诗人、画家、园艺家、生态学家和建筑师，一个园林巨匠终生的追求

——记孙筱祥教授

中国现代园林教学关于园林规划设计的系统理论基本上是20世纪50年代由孙筱祥先生总结的，这是一个较为完整的风景园林规划设计的理论体系。

北京林业大学风景园林专业在全国高校学科评估中拔了头筹。况且第一名和第二名差距很大，北京林业大学，95分；第二名清华大学，87分；第三名同济大学，83分；后面依次是东南大学、南京林业大学、重庆大学等。北京林业大学园林学院能取得这样的成就，与创建风景园林学科的一批巨匠以及全体师生的努力是分不开的。这其中孙筱祥先生作为老一辈园林学科开创者做出了巨大贡献。他们是我们永远尊敬的师长和学习的榜样。我们这些园林人今天聚会杭州，研讨孙先生的学

术思想，对推动生态文明建设和实现中华民族伟大复兴的中国梦，十分有意义。

这是一种事业的责任和良心。汪先生当年组建园林专业时，一开始就把全国各地相关学科的一流教授都集中到了北京林业大学，奠定了学校风景园林专业学科的师资基础。我们熟知的汪菊渊、陈俊愉、李驹、孙筱祥、陈有民、郦芷诺、孟兆祯、杨赉丽、金成藻、宗惟成和周家祺等各位先生，就是其中的代表。今天北京林业大学风景园林专业荣获学科评估第一名，这个荣誉首先应该归功于以上这些专业的奠基人。他们是中国风景园林专业的开拓者，他们是伟大的教育家、理论家，也是伟大的实践家，使整个学科从无到有不断向前推进。当然，过去也有传统园林，但是真正形成学科是在新中国成立以后。我们这些园林人都是在老一辈园林家的教导、熏陶下，继承了他们的学术思想和伟大的爱国情怀。当然，也有其他园林界和院校的学者教授的贡献。

在北京林业大学成立 60 周年时我写了一篇文章，叫《北林园林现象》。为什么会有这个现象？它是怎么形成的？我认为这是在汪先生旗下形成的，是中国一流风景园林学科的领路人的开拓，才使园林学科有了今天辉煌的成果。建立和发展学科拼的是人才，我们都是这些老师教诲的受益者。因此，我对我们学科的领路人和开拓者表示由衷的钦佩和感谢。同时，我在想，我们这些人该怎么办呐？我们应该无愧于这个学科在中国的学术地位。今天这个会是把学科放在国家生态文明建设的大背景下，以孙先生为楷模来总结和认识学科。国土绿化和城市园林是生态建设的核心内容，是主动解决生态危机的唯一手段。

梳理一下，孙先生和几个学者共讲了五条，第一谈到了继承与创新；第二谈到了学科的综合性；第三讲到“五条腿”问题；第四讲到了园林是“人间天堂”，要充满美和爱，是一种人文关怀；第五讲到了风景园林的三境：“生境”“画境”和“意境”。这些正是孙先生教学思想的精髓。花港观鱼、杭州植物园和深圳仙湖植物园等就是孙先生等学者为风景园林留下的经典之作。

孙先生讲，贝多芬用眼睛看音乐，我用耳朵听风景，听了这句话令人感动。我喜欢音乐，但是我能否从音乐中勾勒出风景呢？孙先生说的是贝多芬的《田园交响乐》，他讲的是用五官去感受风景园林，而不是只用眼睛，形象是重要的。当然，还不只是用五官，更要用心灵去感受风景园林。用五官和心灵全身心地感悟和创作风景园林，这就是孙先生造园艺术的思想和方法论。

孙先生讲了“五条腿”理论。这五条腿就是支撑风景园林学科的五种人，包括充满爱心的诗人、画家、园艺学家、生态学家和建筑师。我们在北京林业大学上学，就已经得到孙先生、孟先生和杨先生等老师的教诲。在之后的 50 多年时间里，这“五条腿”的人才比喻非常形象、具体。如果没有充满爱心的诗人情怀和用心灵去创作，风景园林将是单薄的；如果没有绘画技巧，就不知道园林如何入画；如果没有园艺家的本事，我们就不会科学艺术地栽培植物。生态学则更加全面且内容广泛，包括环保、生态农业，甚至生态食品、可循环经济等。其中，风景园林在生态体系中依然是核心，最后是建筑。我当时的画工并不是很好，孙筱祥、金承藻、宗惟成和李农先生是手把着手教我的。毕业后，我做设计时遇到的最大难题是设计园林建筑，一个十几万平方米的建筑，做方案可能比较容易，但要设计百十平方米的园林建筑，把它放在整个园林环境中，如何做到尺度合适得体，能适用并能传达最准确的文化信息，让人感受到建筑作为一种文化、精神、记忆的标志，这就考验设计师综合的和建筑学的功底。这需要我们在课堂上学，更需要在实践中不断地积淀经验。

另外，孙先生今天讲到山林水趣之乐，就是园林要追求的核心。这与当年钱学森先生讲到的山水城市，是一脉相承的，它的诗化境界就是鸟语花香。它是通过一个园林人的心灵去体验和表达最深邃的东西，这是很了不起的。

孙先生讲到大学也是一个“有玩之年”，要有各种情趣。当年读大学时，在校园里我和孟先生切磋，我弹钢琴他拉京胡，不仅参加各种社团活动，还搞乐队，搞合唱。这些都是“有玩之年”，对我们的成长和从事园林专业，都大有裨益。它开阔了我们的视野，增强了我们对艺术的驾驭和创作能力。我们把大学叫作“有趣”的地方。我是 1961 年入学 1965 年毕业的，正好赶上“自然灾害”的岁月，吃不饱肚子，每个人都瘦瘦的，脸色也不好，穿着打补丁的衣服。但那四年的大学生活，总的感觉还是幸福的。因为生活在一批有情趣的师生当中，有一个好的学术氛围，成长的过程是幸福和充实的。当时孙先生给我们讲的设计理论，我基本上都记住并思考了，且运用在自己的设计实践中。他带着我们班同学，在颐和园度过了难忘的一个月。以下有几个小片段很值得回忆。

第一个是讲“欲露先藏”和“借景”。仁寿殿和后面的小山把玉泉山、昆明湖、佛香阁的景致先藏起来，不让游人一眼看穿，只有转到耶律楚材墓边的古柏林，游人才感受到豁然开朗的湖光山色，同时又感受到远处玉泉山塔的“借景”意义。当时孙先生讲了这样一段话：“我手里拿着一块糖，孩子来了，我藏在手里，他不知道我拿的是什么，感到新奇。当我最后拿出糖给孩子吃的时候，孩子对糖的印象就会加深。如果直接给他，他也许就记不住。”这段话让我永记在心，对造景来说，这就是“欲露先藏”的妙笔和“借景”手段的成功应用。第二个故事讲的是乐寿堂里那块大石头，从这里孙先生引出了“米芾拜石”的故事。

在东宫门前的院里有四棵古柏，孙先生让学生们竖起梯子爬到树上，伸手去抠树洞。当年英法联军焚烧颐和园，建筑毁了，但树洞深处至今还能抠出大火烧过的黑灰。这说明他也曾去抠过，所以让我们去体验并增加记忆。这件事已经过去 50 年了，印象还那么深。我们来到扇面殿，一进门他讲到这个轴线广场，向湖面方向伸进了一两米。后来，这一细节让我运用到了石景山游乐园灰姑娘城堡的湖面广场上。昆明湖与谐趣园有两米的地面高差，造园时巧用了这个高差，靠一个小叠落不断地将湖水缓缓地流到谐趣园里来，也是孙先生讲给我们听的。今天我们却用水泵把低水位扬到高处去，这种反向做法与谐趣园相比大相径庭，值得反思。谐趣园里的饮绿亭，是乾隆皇帝起的名字，饮绿就是品茶，把绿的颜色吞下去，很清高。他还饶有兴致地讲到万寿山后那道山桃沟的植物配置，讲到颐和园在布局上的节奏与韵律的变化。他把颐和园的造园艺术比作一首乐曲，从序曲到高潮，再展开，最后到尾声：从东宫门仁寿殿到乐寿堂，从长廊到排云殿转向再到佛香阁，轴线又转了一个小弯到智慧海，这是世界上最美的两次轴线转向。用现在的语言讲，是城市设计中的实轴序列，这几条轴线的转向，以及从序曲、高潮到尾声的韵律变化，孙先生的讲解让我们记忆终生。后来，我往往就会想到把这种富有韵律与节奏的变化和形成的景观序列融入自己的设计中。

孙先生还讲到比例和尺度的关系，什么样的尺度做什么样的园林，这很重要。现在我们进入了一个大尺度公共园林的新时代。我们过去做的多是几公顷的居民区公园。改革开放初期，我做的北京古城公园和北京石景山雕塑公园，都是三五十亩的小公园。现在不同了，进入生态文明建设的新时期，郊野公园、滨河森林公园，都是营造风景的大手笔，尺度变大了，这些尺度概念让我们应用直至今天。现在好多城市都建了新城，多是新规划的行政中心，政府大楼广场前后都有大绿地。无论从东莞到湘潭，还是从温州到威海，所有城市都在建设新城，设计大尺度的“政府园林”，因此，对大型园林公共空间的塑造成了新课题，既要把握尺度，也要创新。我特别注意到孙先生还说了一句话：“不仅要在继承的基础上去创新，也可以在创新的前提下去继承”，这句话很有哲理。从传统出发是一条路，从创新出发也是一条路。创新是在设计哲理的基础上完成的。孙先生的设计思想一直在影响着中国一代园林人，也许这可以叫作孙式设计理论和思维体系，它是中国风景园林的基本理论之一。我曾想能否以此为基础逐步形成一部完整的具有中国特色的风景园林设计学，然后申请世界非物质文化遗产？当然，这需要更多学者的参与和完善。

孙先生的设计思想与理论体系，是具有中国特色的风景园林规划设计体系的重要组成部分。我们还是要坚持中国的传统，并将中国式的风景园林艺术发扬光大。我想代表所有的学生向孙先生、孟先生以及朱先生和杨先生鞠一个躬，谢谢你们！中国园林界有了老一辈学者辛勤睿智的耕耘，才有了今天的精彩，我辈应该继往开来，去创造美好的未来。

这些是我对孙先生设计教学思想的粗浅认识，也是我受益终生的创作思维的宝藏。

在2013年杭州“孙筱祥先生园林艺术研讨会”上的讲话

原载《人文园林》杂志

一个在园林现实与虚幻中耕耘并游走一生的人
——《园冶图释》序言

书案前这部三卷成册的《园冶图释》样本，是吴肇钊先生等三位作者付出巨大心血精心绘制撰写完成的。肇钊把这部书从深圳寄来，我不仅先睹为快，也深感作为同学好友、园林同行、从孩提到年迈50年友情的一份厚重。《园冶图释》是我们园林学人一辈子攻读的首本，是我国风景园林学科理论与实践最经典的传统总结，也是对规划、建筑、园林三位一体的人居环境学科体系的世界性贡献。过去曾有一些读本，如《园冶注释》《园冶图说》《园冶文化论》《园冶园林美学研究》《中国园林美学》等，这本《图释》则是更多地从实践运用的角度完成的。它图文并茂、深入浅出，是肇钊和他的同事几十年工作历程的心得，可喜可贺。他索序于我，于是欣然命笔。

我和肇钊是50年前北京林大（原北京林学院）园林系的校友。上学时虽然我高他一届，但是志趣和对专业的执著，却让我们几个年轻学子成为挚友。至今，我眼前浮现的还是那个眼睛明亮、皮肤黝黑、开朗好学的小伙。那时我们在学校美工社一起学画创作，在校园一起滑冰游泳，我还和他所在的六二班同学一起到京郊怀柔参加“四清”，向村民教唱红歌……他幽默、聪明、俏皮，还记得他自编自演的三句半惟妙惟肖令人捧腹。“文革”期间他练就一手好画工，是同学中艺术悟性最好的。我则由于更多偏爱音乐，和他们班的同学一起创作并集全校之力演出了“忆苦思甜”大合唱。那时学生生活很艰苦，纯真的心却把我们这些热爱生活钟情艺术的年轻人连在一起。

毕业之后大家天各一方，彼此的信息却是清楚的。他从扬州辗转深圳乃至全国各地，几十年下来不知设计了多少园林项目，你走到山东章丘、甘肃酒泉、湖北黄石，甚至到了德国斯图加特，到处都可以听到他的名字，看到他的作品。虽然我们各干各的，却都成为一辈子坚守园林“死不改悔”的一帮人。我们总是在各地的方案评审、专业会议中相遇，光阴荏苒经历各异，事业却成为我们共同的追求和联系的纽带。我们彼此尊重，常常谈到专业中前沿的、有争议的问题。改革开放和城市化大潮把城市园林一次次推到浪尖，我们共同享受和体验着繁忙和困惑。直至有一天听说他身体不好做了大手术，为他揪了一把汗，送去真诚的祝福。这个一辈子不得闲暇的执著者，今天却又一次拿起笔，干出那么大部头的著作，钦佩、感动、令人鼓舞。肇钊，50 年了，你怎么就没改一改脾气和那颗要强的心，你是好样的。

热爱生活、追逐艺术、思维敏锐、钟情园林，活跃在园林设计领域的那个黑小伙，如今也成了白发人。值得一提的是肇钊还有一颗充满激情、时尚前卫、活得有滋有味的年轻人的心，他有时着装近乎怪癖，发型在变幻中引领潮流，在创作思维中又不停地拿捏着传统与时尚、文脉与创新的关系并吐故纳新，在园林的现实与虚幻中耕耘并游走，活得如此之精彩。这些并没有改变他善良的为人和对朋友的真诚，他是一个与众不同的人。我这样勾勒一个内心充实、心态不老的挚友是出于真诚。谢谢你，肇钊和你的同事所做的有益工作。

2012 年 11 月

创新京派新园林，迈向设计新高度

——《梦笔生花·李战修先生设计文集》序言

城市园林规划设计专业正在新人辈出，且逐步走向新的专业高度。这其中知识全面、有悟性、有驾驭能力的杰出人才也多了起来。它表现在把握全局、方案成熟、有创新意识，对规划现场把控自如、环境塑造、细部表达都能彰显功底等等。灵感、悟性固然重要、敬业吃苦、专业责任也不可缺失。成为设计团队的主心骨不是件容易的事，这当中我看好一个人——李战修。也许你根本不认识他，或者不知道他的名字，他低调厚道人品好，在设计前辈檀馨学姐的团队里一步一个脚印，成绩斐然，有思路善管理，已经走到总经理的岗位上。直到有一天，他诚恳地请我为他的书写序，我欣然同意。

战修是一个北京生北京长的纯北京人，从他的作品和他本人身上，都能强烈地感受到一个在胡同里长大的有心人，他纯粹的北京气质和情结。他所在的团队一开始就取名“创新园林”，他遵循这个理念，20几年来一直在寻找揣摩老北京和新北京的体验和感觉。不信你浏览一下他的作品：元大都遗址公园、皇城根公园、菖蒲河公园、圆明园遗址公园、北二环德胜公园、通惠河庆丰公园、

金中都公园、老宣武区的万寿公园等。这些作品串起来纵观，能鲜明地感受到一个比一个成熟进步，正不断注入创新与坚守相融合的风格。横看，则深深地体验到那些传统的和现代的设计语汇都烙上了深深的北京味。您不能不说他是带着深爱北京的那种割舍不了的感情，我们甚至可以把这些作品称为“京派园林”的新成果。

我看好战修，绝不只是作品的精深和北京味的新文学性。在他执著地追求专业高度的同时，你会对他为人处世的低调和对别人的尊重所钦佩。其实，我和他的深度接触并不多，不能说完全进入到他的情感和价值观世界。这么多年，他从一个北京林业大学园林专业的大学生，走进北京园林的设计圈，大家看到、听到、感觉到更多的是他一直踏踏实实地干活，从来没有和别人争吵，对拿不准的经常忐忑地请教老师和专家，真诚地听取别人的意见。他爱读书，有一定学养基础，每当接到设计任务，他的案头工作都是用心而细腻的。总想把设计做好，不求功名，不求赞美，但这些平实的性格我甚至也做不到。设计的命运已给他安排到这里了，他认命就老老实实地干活吧，不争名不争利，然而他当上创新设计团队的总经理却成了天经地义的众望所归。我与檀馨大姐说：“你选了个好苗子，我欣赏。”

战修很用功，每个项目都是真诚专注地去完成。不管从作品的总体布局，景区序列，还是很多表达文化和情感的细部都有新鲜玩意，特别是小尺度的精准，他那股认真较劲让人感动。

时代在前进，园林作为生态文明建设的主旋律，正在发挥着生态、休憩、文化、景观和减灾避险的综合功能。走到今天，在不断发展的新常态下，我们迈向大尺度园林的新时代，和以往我所经历的那个时代设计状态比有了很多变化，把几平方公里、十几平方公里的大环境交给你，能和国家战略的大格局相融合吗？新时代北京和全国城市园林都遇到了大尺度、精细化的挑战，把五位一体的园林社会功能结合实际科学规划，为国家和时代负起责任而不出大的差错，正是每个园林人的追求。我相信战修会干得更好，也快50岁的人了，各方面都趋于成熟，期待你有更大的进步和担当，期待你对学术和专业驾驭能走到时代的前列。如今，园林规划设计任务在新常态下日趋广泛：除了城市一般公园绿地设计外，已推至生态修复、环境提升、城市设计等更多的领域。有人讲，“园林即城市”。这两者都在遵循人与天调、师法自然的宗旨和理念。在这样的时代背景下，祝愿战修能有更大的建树，并走向新的高度。

刘秀晨

2016 年 12 月 6 日

古城公园揽霞榭滴翠亭

注：我在 30 多年前的一张手绘图，谨此献给我的良师益友。

歌曲创作

沁园春·雪

毛主席诗词
刘秀晨　曲

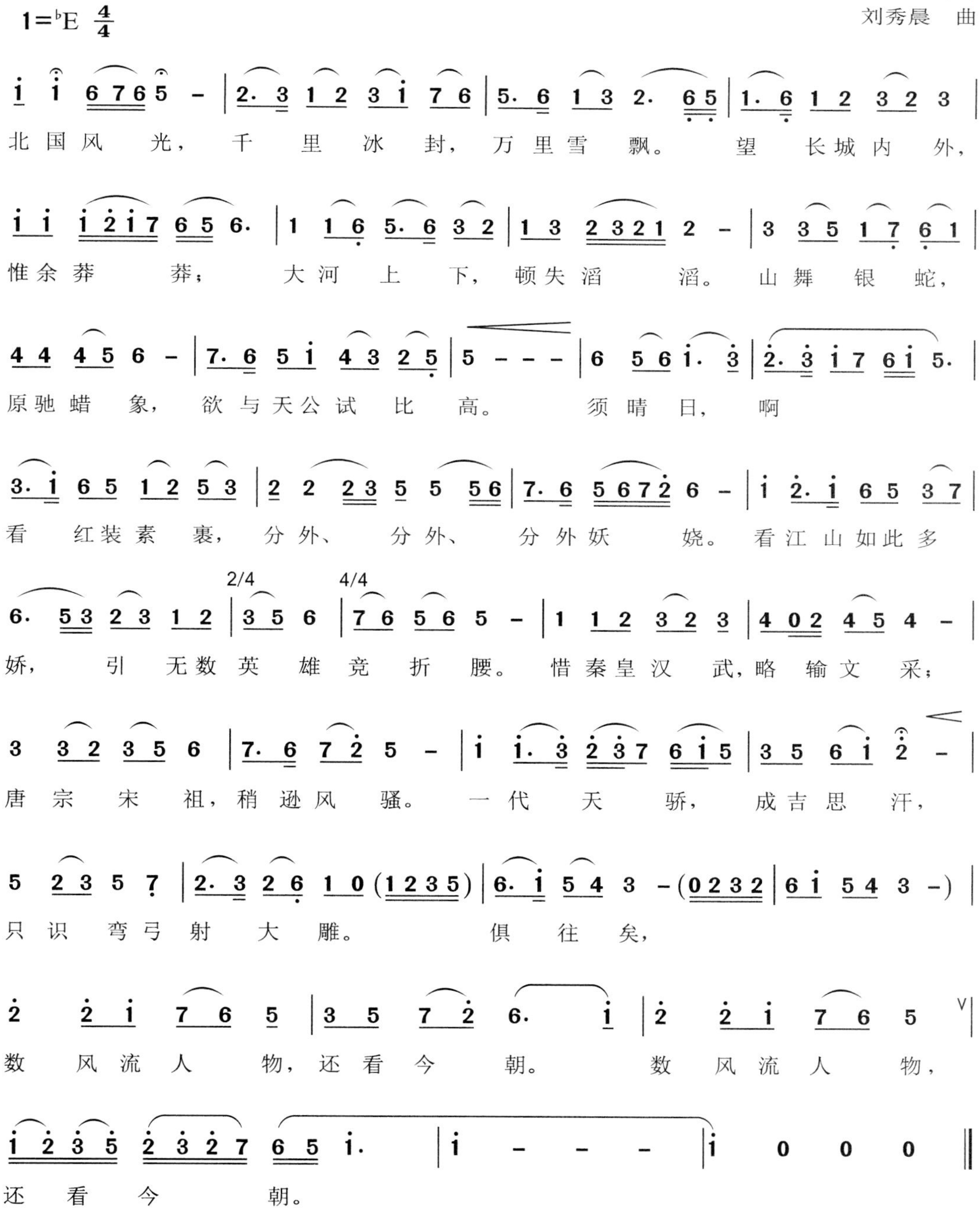
1=♭E 4/4
2/4
4/4
北国风光，千里冰封，万里雪飘。望长城内外，
惟余莽莽；大河上下，顿失滔滔。山舞银蛇，
原驰蜡象，欲与天公试比高。须晴日，啊
看红装素裹，分外、分外、分外妖娆。看江山如此多
娇，引无数英雄竞折腰。惜秦皇汉武，略输文采；
唐宗宋祖，稍逊风骚。一代天骄，成吉思汗，
只识弯弓射大雕。俱往矣，
数风流人物，还看今朝。数风流人物，
还看今朝。

1958 年作者 14 岁创作

一只竹篮

（女声独唱）

佚名 词
刘秀晨 曲

1=G $\frac{4}{4}$

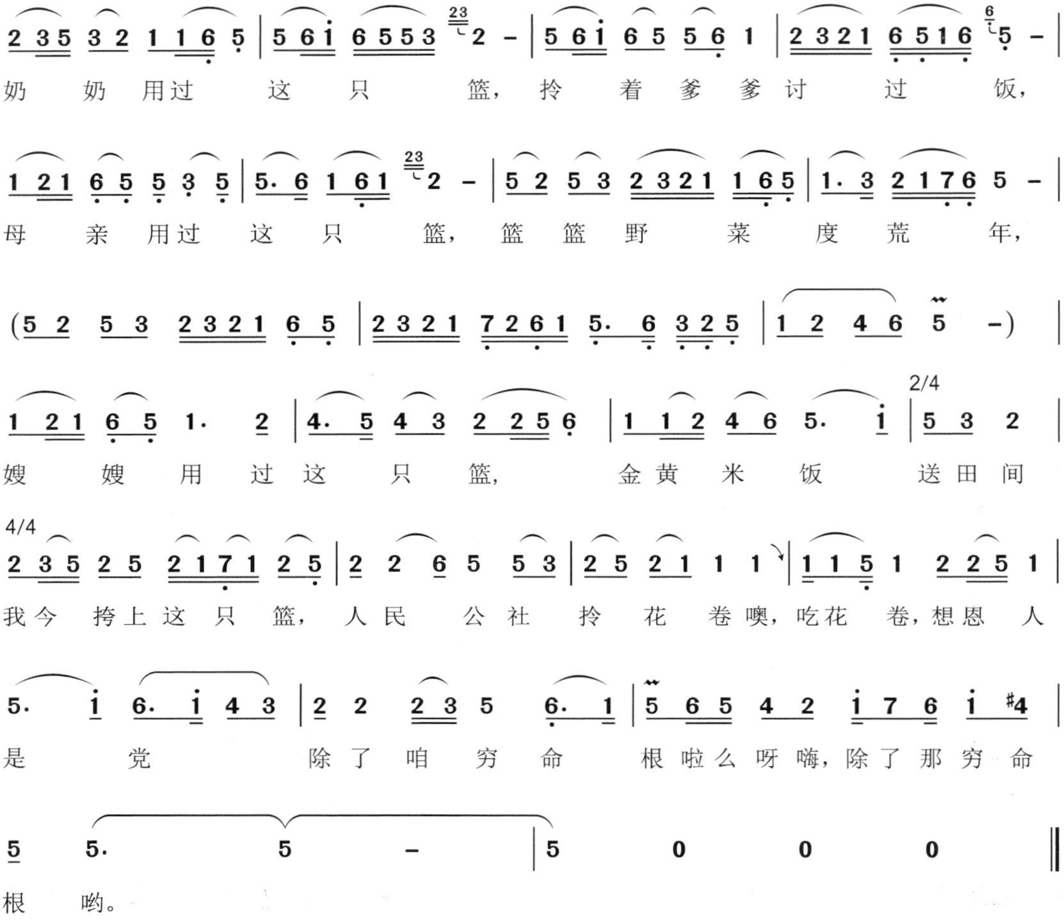
奶奶用过这只篮，拎着爹爹讨过饭，
母亲用过这只篮，篮篮野菜度荒年，
嫂嫂用过这只篮，金黄米饭送田间
我今挎上这只篮，人民公社拎花卷噢，吃花卷，想恩人
是党除了咱穷命根啦么呀嗨，除了那穷命
根哟。

1960年作者16岁创作

忆苦思甜大合唱

（领唱、合唱）

刘秀晨　词曲

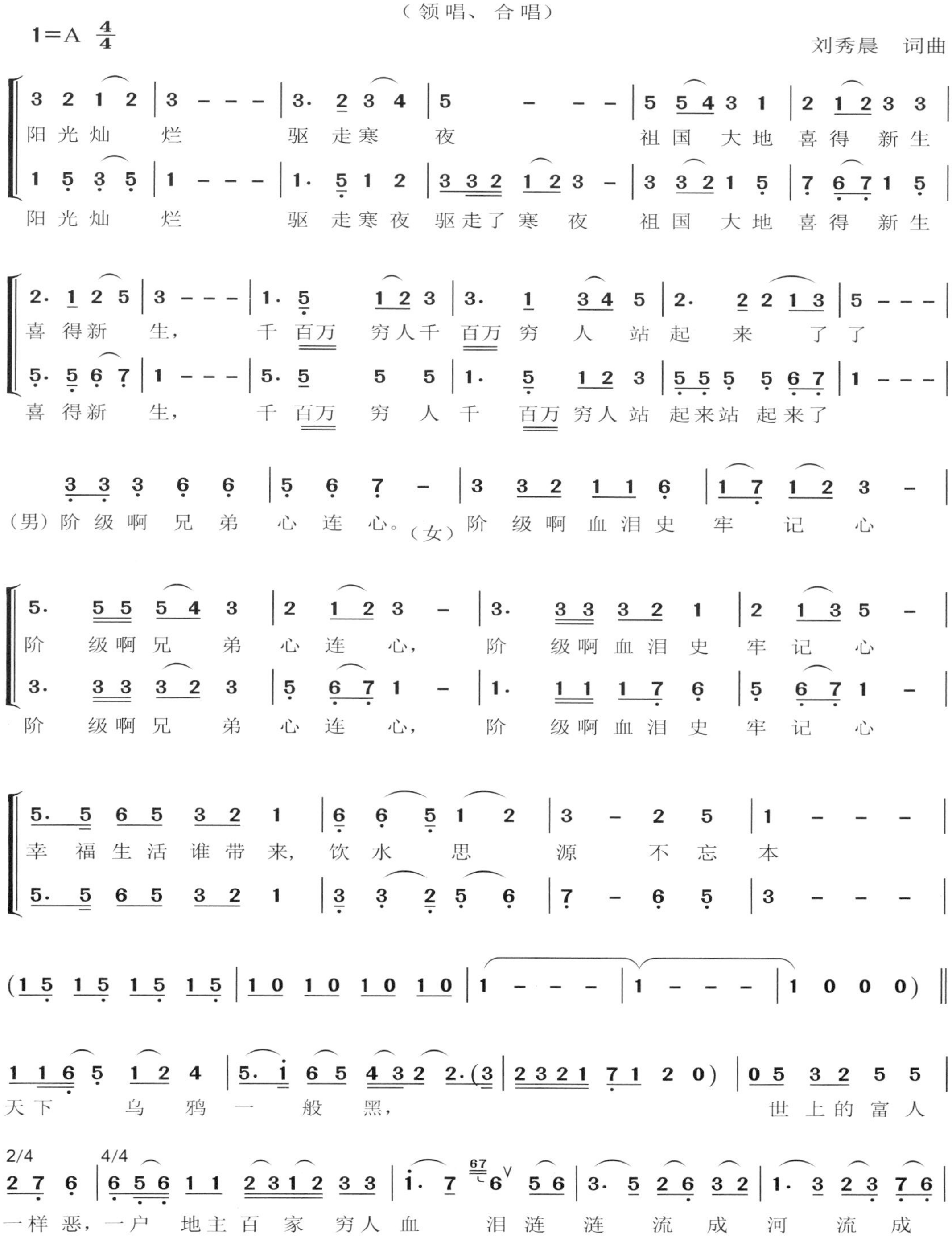
1=A 4/4
阳光灿烂　驱走寒夜　祖国大地喜得新生
阳光灿烂　驱走寒夜驱走了寒夜　祖国大地喜得新生
喜得新生，千百万穷人千百万穷人站起来了了
喜得新生，千百万穷人千百万穷人站起来站起来了
（男）阶级啊兄弟心连心。（女）阶级啊血泪史牢记心
阶级啊兄弟心连心，阶级啊血泪史牢记心
阶级啊兄弟心连心，阶级啊血泪史牢记心
幸福生活谁带来，饮水思源不忘本
天下乌鸦一般黑，世上的富人
2/4
4/4
一样恶，一户地主百家穷人血泪涟涟流成河流成

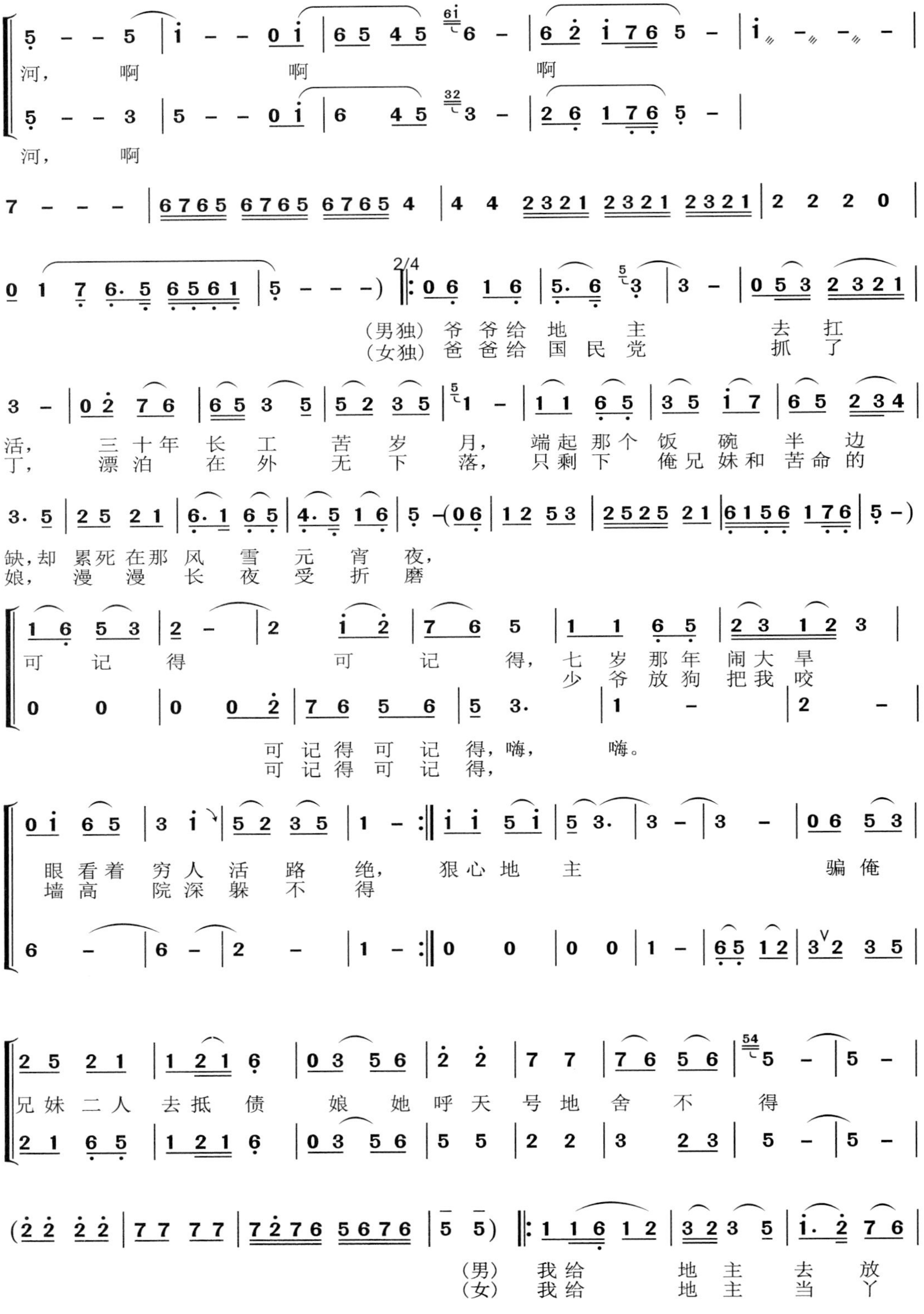
河， 啊 啊 啊
河， 啊
（男独）爷爷给地主 去扛
（女独）爸爸给国民党 抓了
活， 三十年长工苦岁月，端起那个饭碗半边
丁， 漂泊在外无下落，只剩下俺兄妹和苦命的
缺，却累死在那风雪元宵夜，
娘，漫漫长夜受折磨
可记得 可记得，七岁那年闹大旱
少爷放狗把我咬
可记得可记得，嗨， 嗨。
可记得可记得，
眼看着穷人活路绝， 狠心地主 骗俺
墙高 院深躲不得
兄妹二人去抵债 娘她呼天号地舍不得
（男） 我给 地主去放
（女） 我给 地主当丫

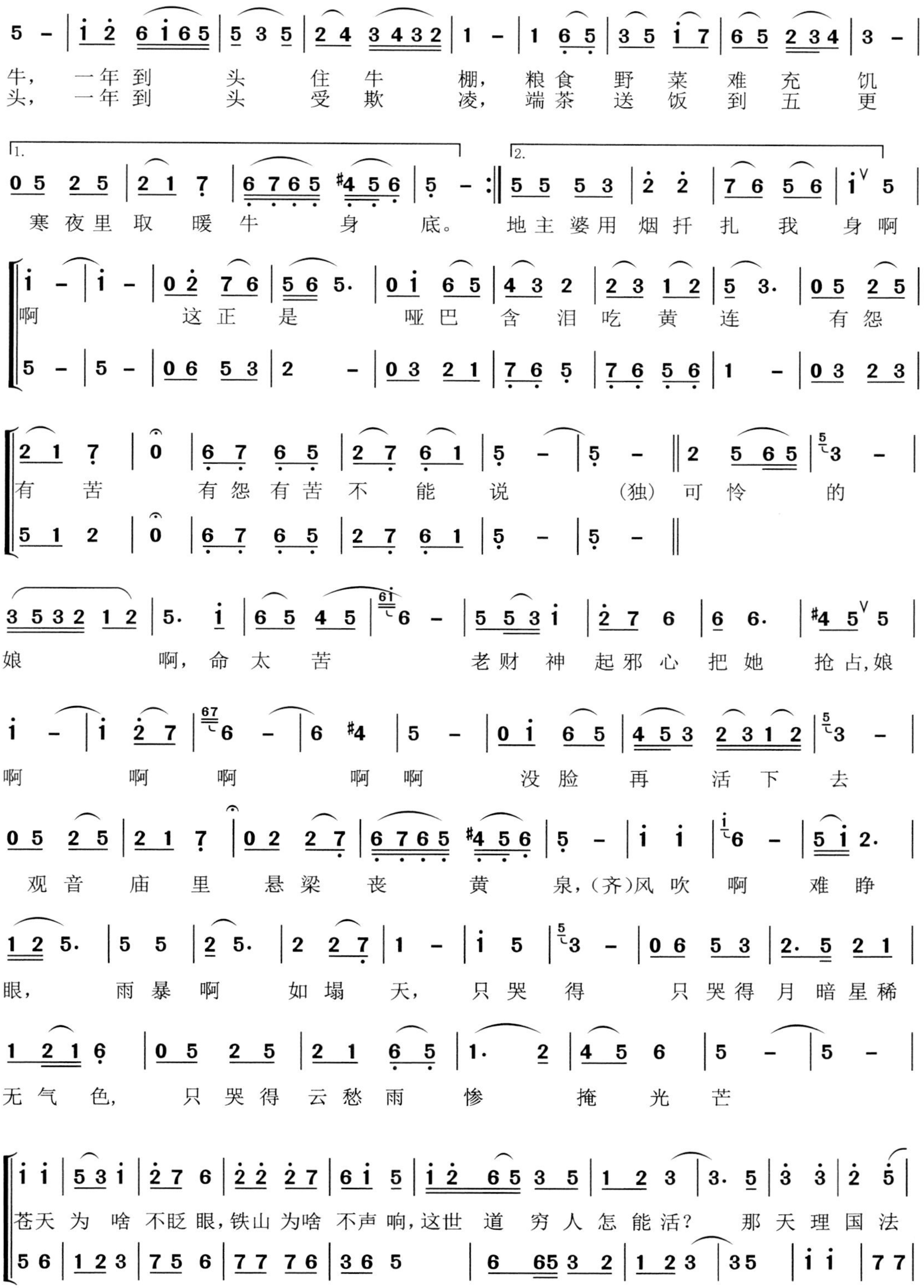

牛，一年到头住牛棚，粮食野菜难充饥
头，一年到头受欺凌，端茶送饭到五更
寒夜里取暖牛身底。地主婆用烟扦扎我身啊
啊这正是哑巴含泪吃黄连有怨
有苦有怨有苦不能说（独）可怜的
娘啊，命太苦老财神起邪心把她抢占，娘
啊啊啊啊啊没脸再活下去
观音庙里悬梁丧黄泉，（齐）风吹啊难睁
眼，雨暴啊如塌天，只哭得只哭得月暗星稀
无气色，只哭得云愁雨惨掩光芒
苍天为啥不眨眼，铁山为啥不声响，这世道穷人怎能活？那天理国法

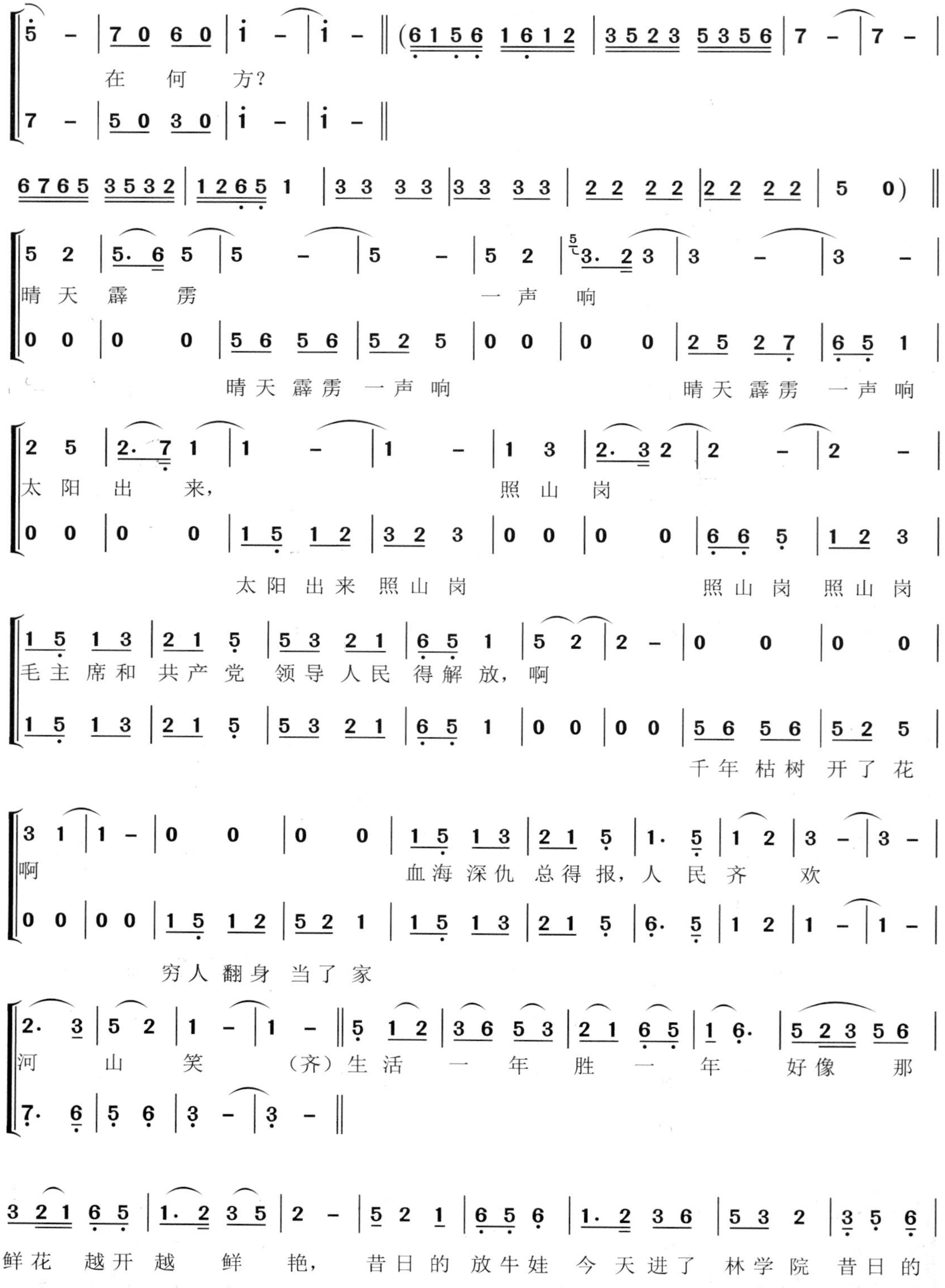
在 何 方？
晴天霹雳 一声响
晴天霹雳一声响 晴天霹雳一声响
太阳出来， 照山岗
太阳出来照山岗 照山岗 照山岗
毛主席和共产党 领导人民 得解放，啊
千年枯树开了花
啊 血海深仇总得报，人民齐 欢
穷人翻身当了家
河 山 笑 （齐）生活 一 年 胜 一 年 好像那
鲜花 越开 越 鲜 艳， 昔日的放牛娃 今天进了 林学院 昔日的

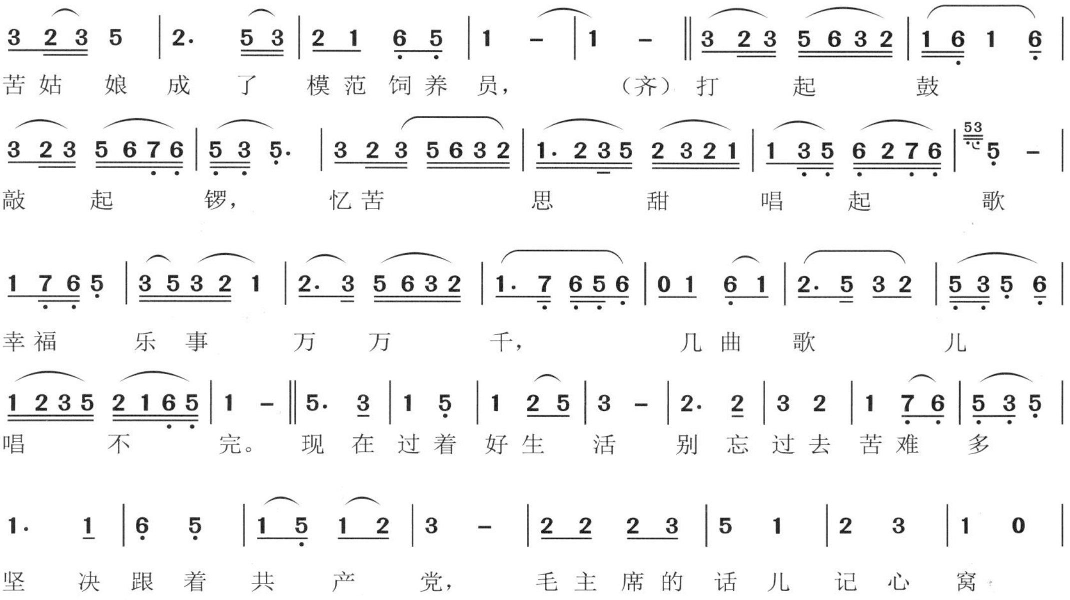
苦姑娘成了模范饲养员，（齐）打起鼓
敲起锣，忆苦思甜唱起歌
幸福乐事万万千，几曲歌儿
唱不完。现在过着好生活 别忘过去苦难多
坚决跟着共产党，毛主席的话儿记心窝

（集体朗诵：）不忘阶级苦，牢记血泪仇

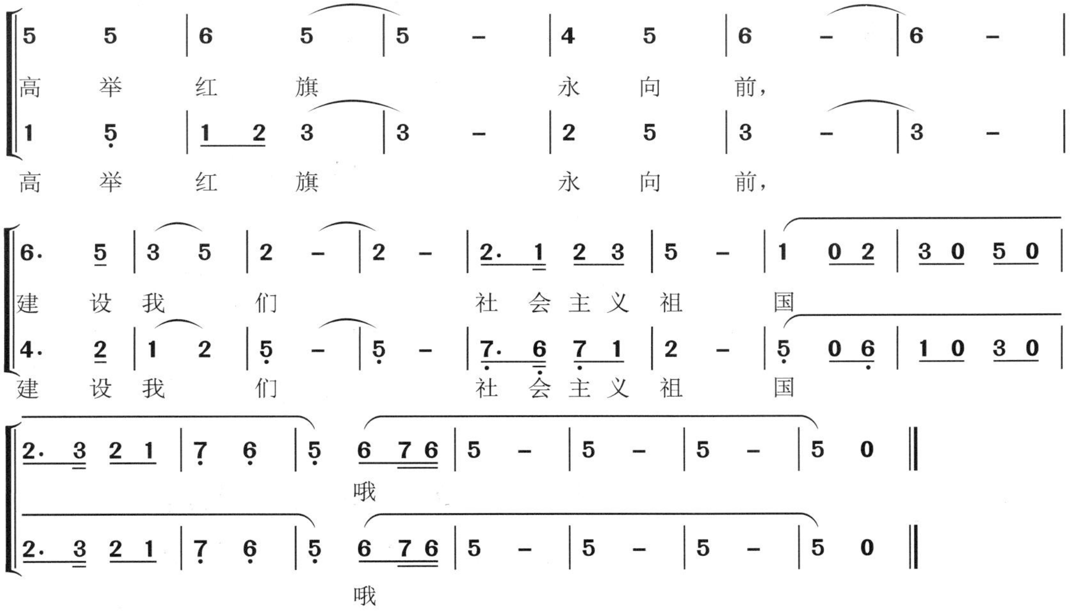
高举红旗永向前，
高举红旗永向前，
建设我们社会主义祖国
建设我们社会主义祖国
哦
哦

荣获北京市高校文艺创作一等奖
1963年作者19岁创作

毛主席给我们送礼物

（女声小合唱）

王希富 词
刘秀晨 曲

1=♭B 3/4

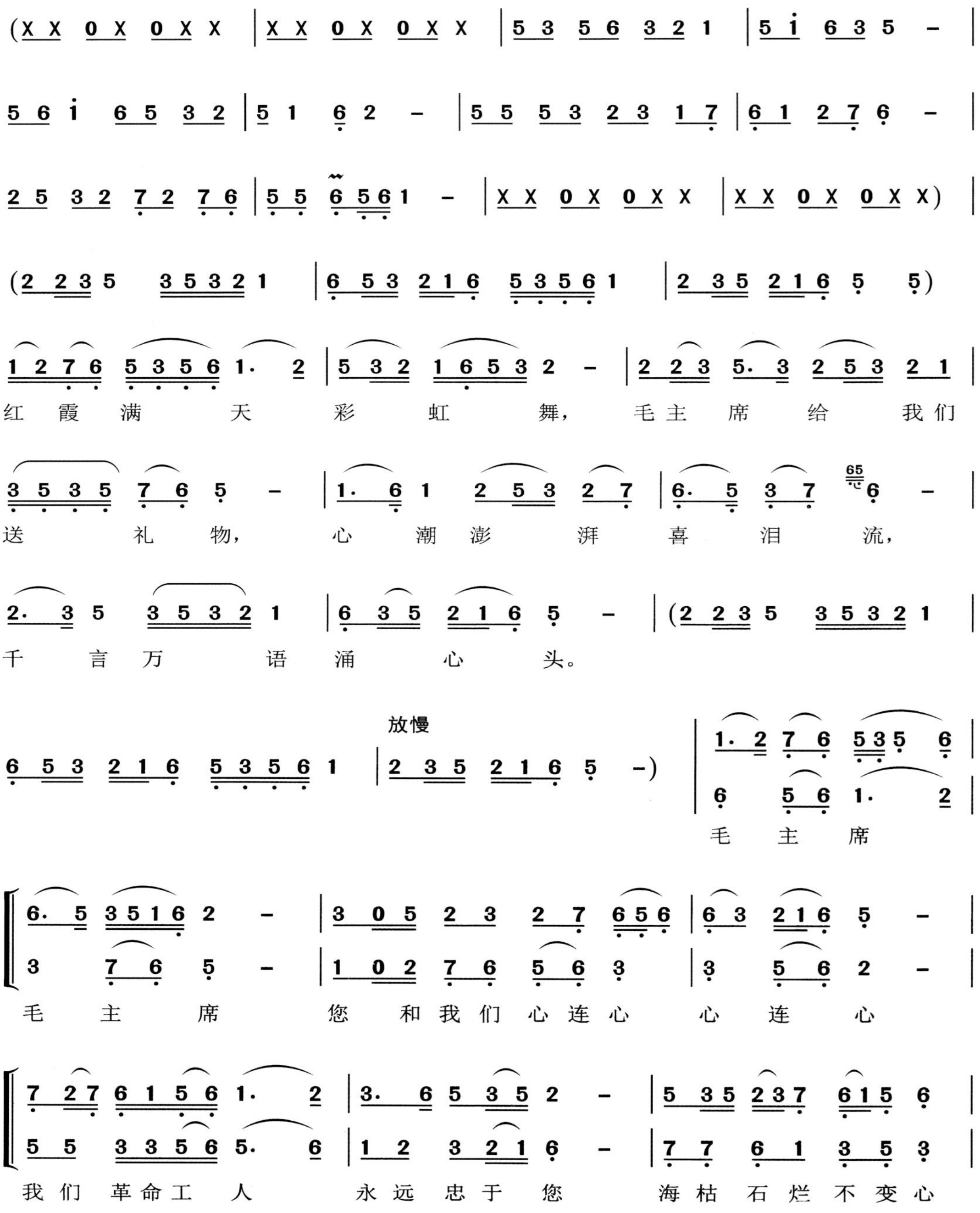
红霞满天彩虹舞，毛主席给我们送礼物，心潮澎湃喜泪流，千言万语涌心头。
放慢
毛主席
毛主席 您和我们心连心 心连心
我们革命工人 永远忠于您 海枯石烂不变心

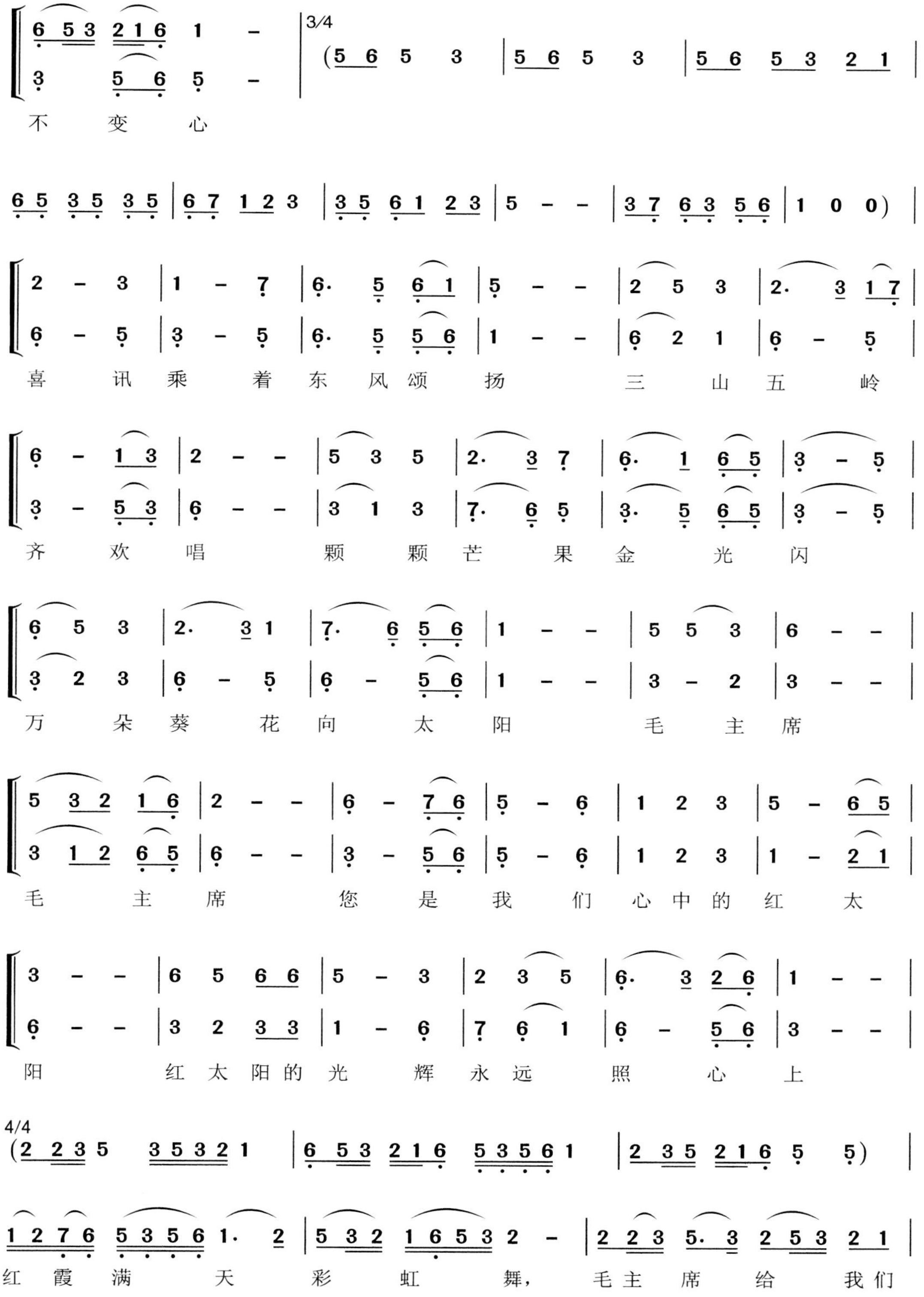
3/4
不 变 心
喜 讯 乘 着 东 风 颂 扬 三 山 五 岭
齐 欢 唱 颗 颗 芒 果 金 光 闪
万 朵 葵 花 向 太 阳 毛 主 席
毛 主 席 您 是 我 们 心 中 的 红 太
阳 红 太 阳 的 光 辉 永 远 照 心 上
4/4
红 霞 满 天 彩 虹 舞，毛 主 席 给 我 们

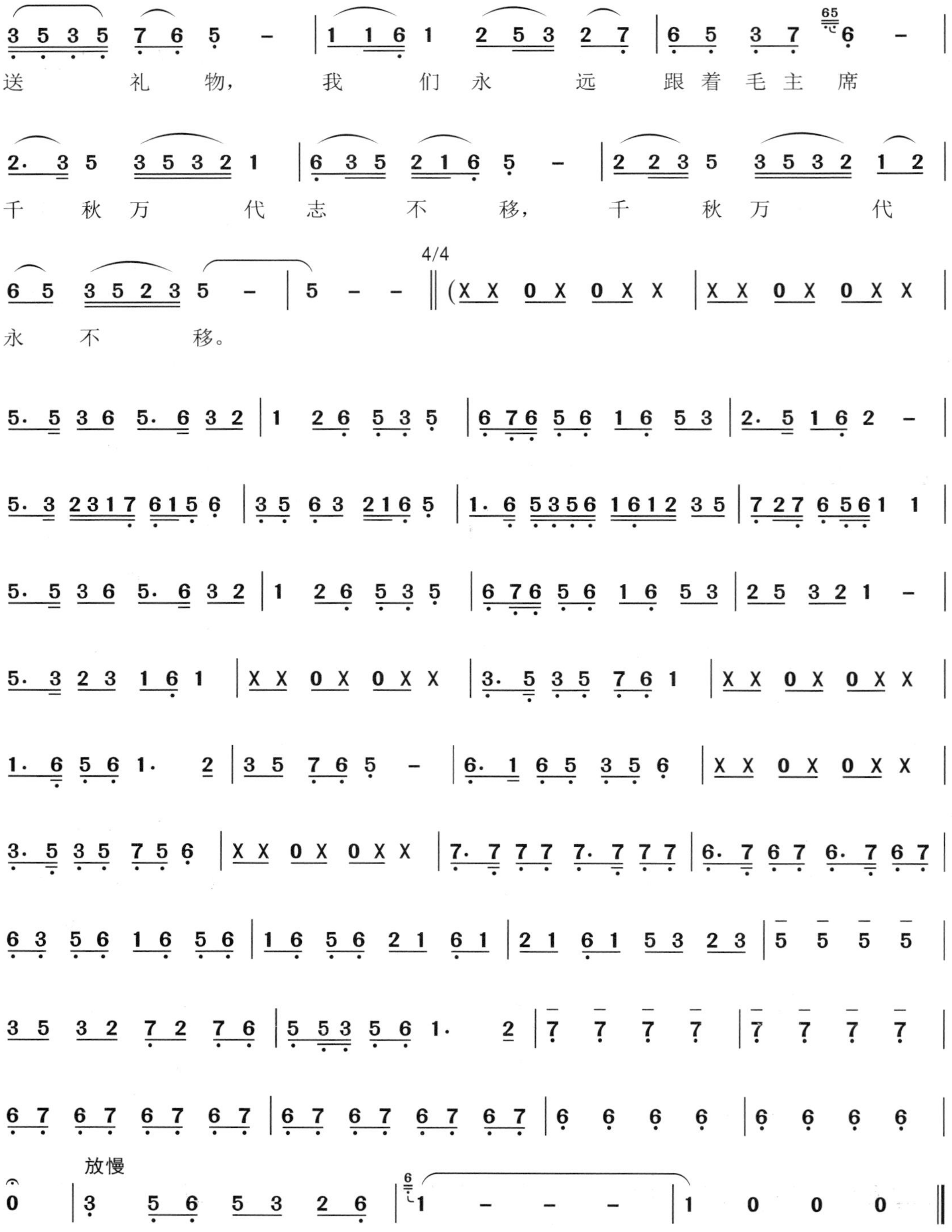
送 礼 物， 我 们 永 远 跟 着 毛 主 席
千 秋 万 代 志 不 移， 千 秋 万 代
永 不 移。
4/4
放慢

1967 年创作

献 茶 歌

（选自歌舞剧《步步紧跟毛主席》）

1=G $\frac{2}{4}$ $\frac{6}{8}$

王希富 词
刘秀晨 曲

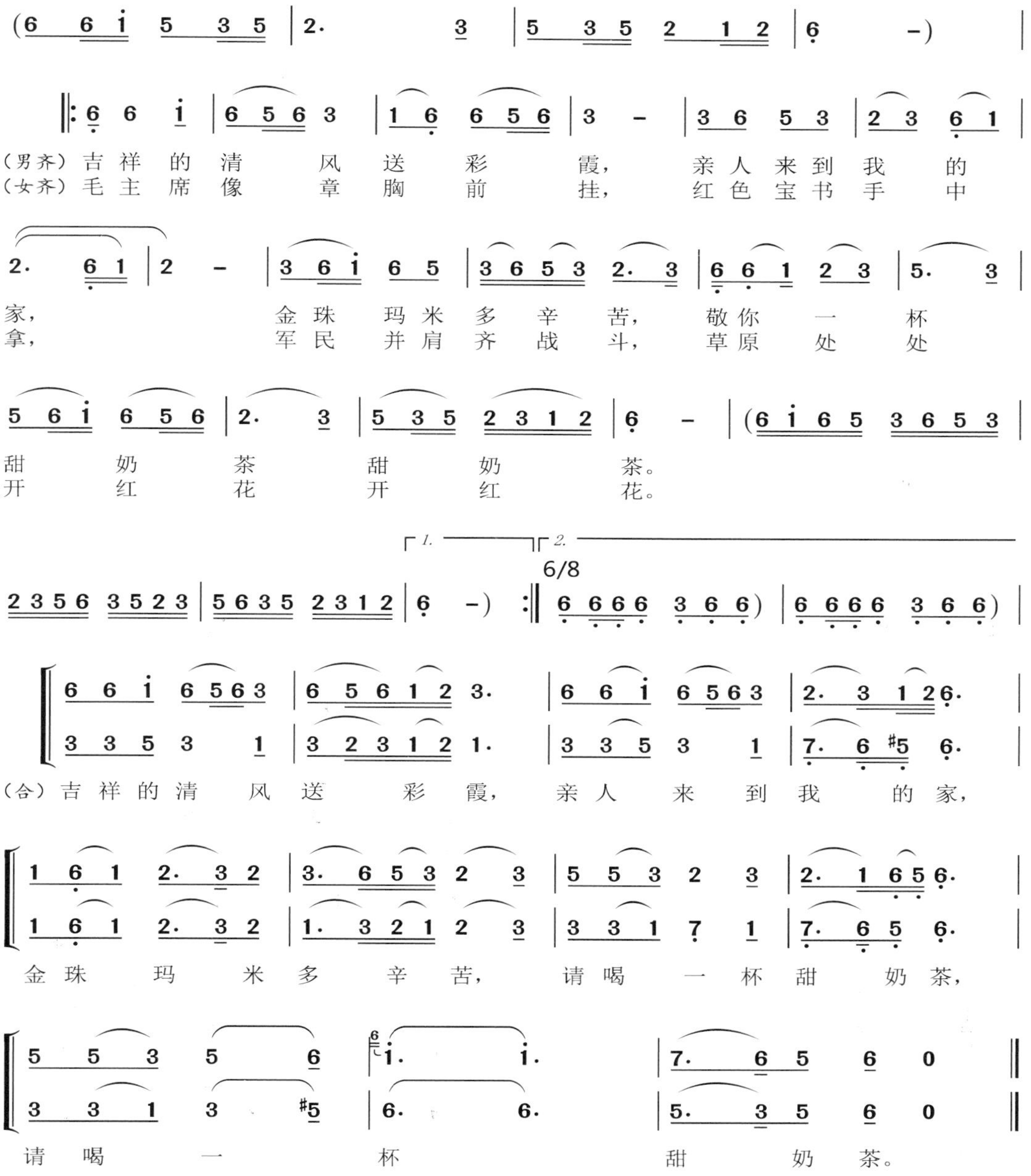
(男齐)吉 祥 的 清 风 送 彩 霞， 亲 人 来 到 我 的
(女齐)毛 主 席 像 章 胸 前 挂， 红 色 宝 书 手 中
家， 金 珠 玛 米 多 辛 苦， 敬 你 一 杯
拿， 军 民 并 肩 齐 战 斗， 草 原 处 处
甜 奶 茶 甜 奶 茶。
开 红 花 开 红 花。
6/8
(合)吉 祥 的 清 风 送 彩 霞， 亲 人 来 到 我 的 家，
金 珠 玛 米 多 辛 苦， 请 喝 一 杯 甜 奶 茶，
请 喝 一 杯 甜 奶 茶。

1967 年创作

路漫漫，夜正长

（选自歌舞剧《步步紧跟毛主席》）

王希富 词
刘秀晨 曲

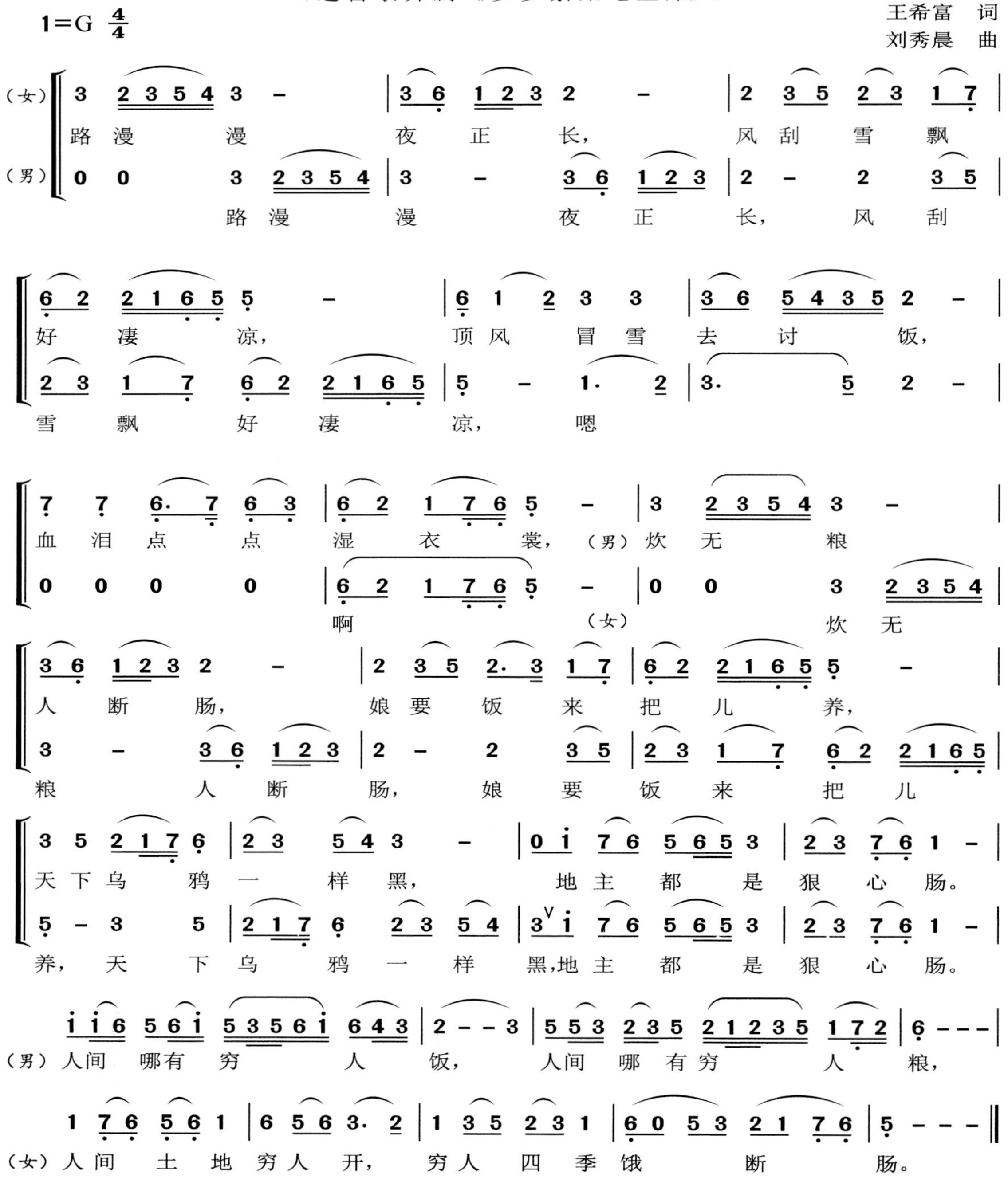
1=G 4/4
（女）
（男）
路 漫 漫 夜 正 长， 风 刮 雪 飘
路 漫 漫 夜 正 长， 风 刮
好 凄 凉， 顶 风 冒 雪 去 讨 饭，
雪 飘 好 凄 凉， 嗯
血 泪 点 点 湿 衣 裳，（男）炊 无 粮
啊 （女） 炊 无
人 断 肠， 娘 要 饭 来 把 儿 养，
粮 人 断 肠， 娘 要 饭 来 把 儿
天 下 乌 鸦 一 样 黑， 地 主 都 是 狠 心 肠。
养， 天 下 乌 鸦 一 样 黑，地 主 都 是 狠 心 肠。
（男）人间 哪有 穷 人 饭， 人间 哪 有 穷 人 粮，
（女）人 间 土 地 穷 人 开， 穷 人 四 季 饿 断 肠。

1970 年创作

苦苦菜歌

（选自歌舞剧《步步紧跟毛主席》，女声齐唱）

1=G 4/4

王希富 词
刘秀晨 曲

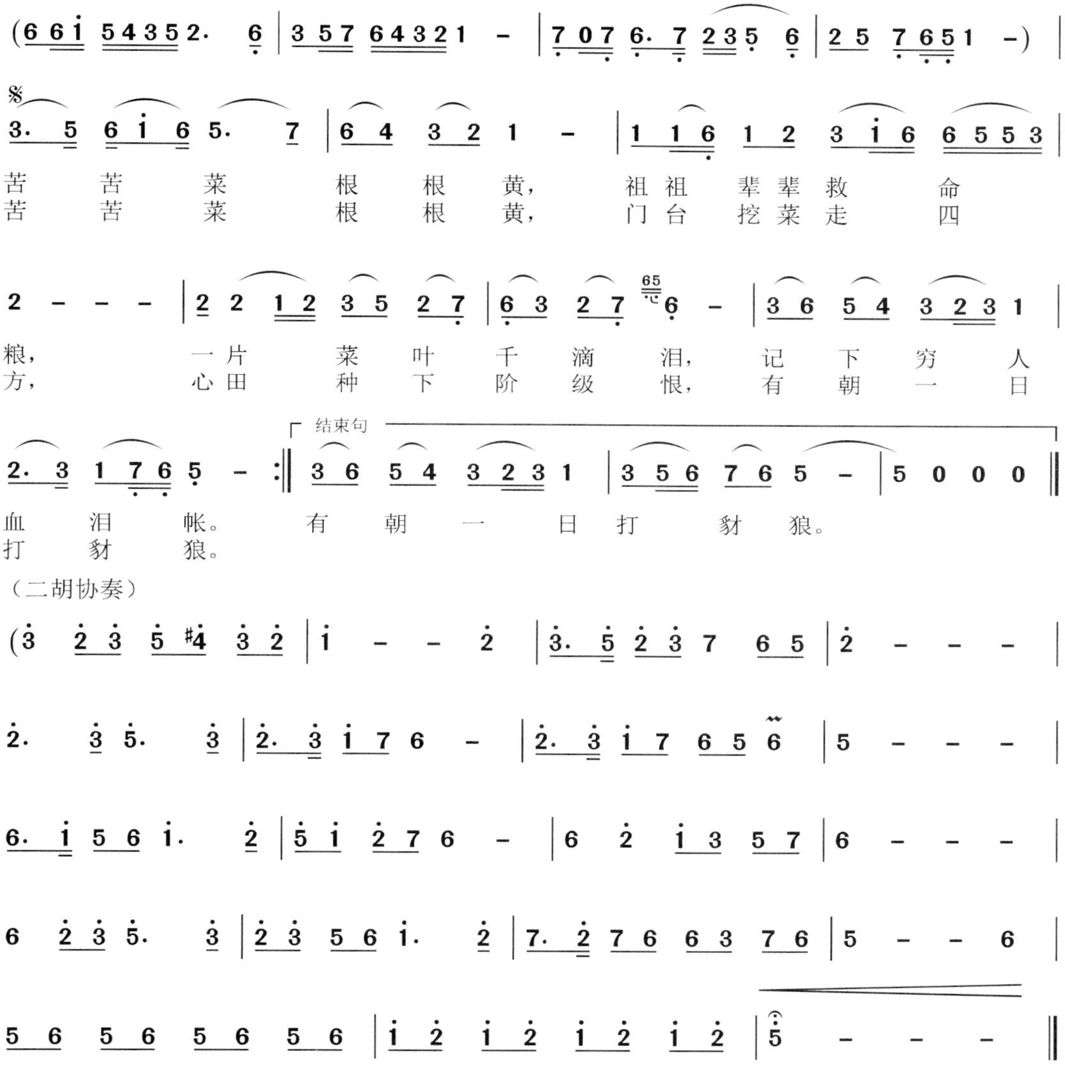
苦 苦 菜 根 根 黄，祖祖 辈辈救 命
苦 苦 菜 根 根 黄，门台 挖菜走 四
粮，一片 菜 叶 千 滴 泪，记 下 穷 人
方，心田 种 下 阶 级 恨，有 朝 一 日
血 泪 帐。
打 豺 狼。
结束句
有 朝 一 日 打 豺 狼。
（二胡协奏）

1967年创作

日本革命的胜利就是毫无疑义的

毛主席语录
刘秀晨　曲

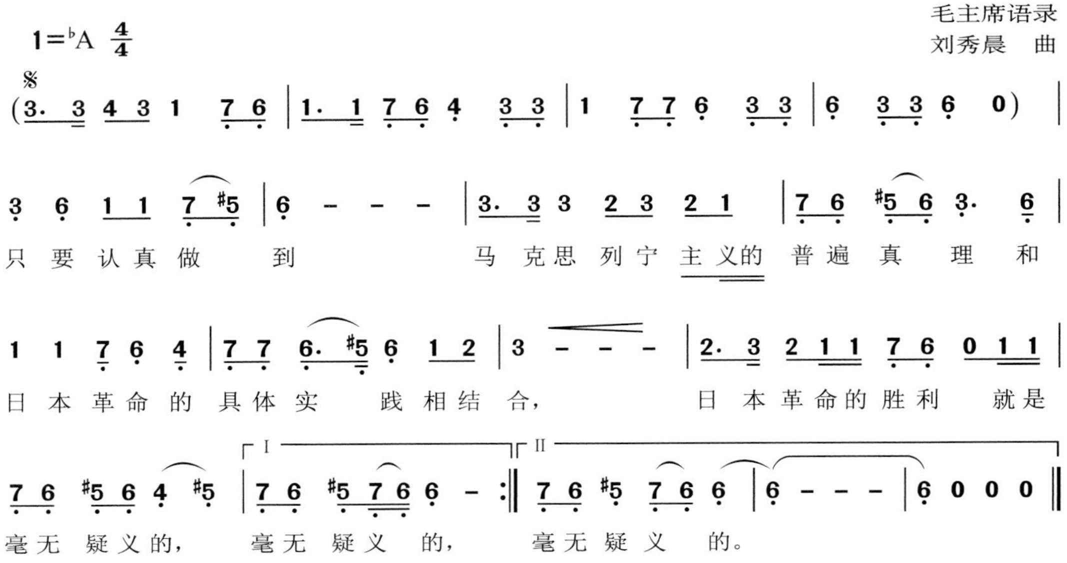
1=♭A 4/4
只要认真做到马克思列宁主义的普遍真理和
日本革命的具体实践相结合，日本革命的胜利就是
毫无疑义的，毫无疑义的，毫无疑义的。

1967年郭沫若先生委托作者创作

知识青年到农村去

毛主席语录
刘秀晨 曲

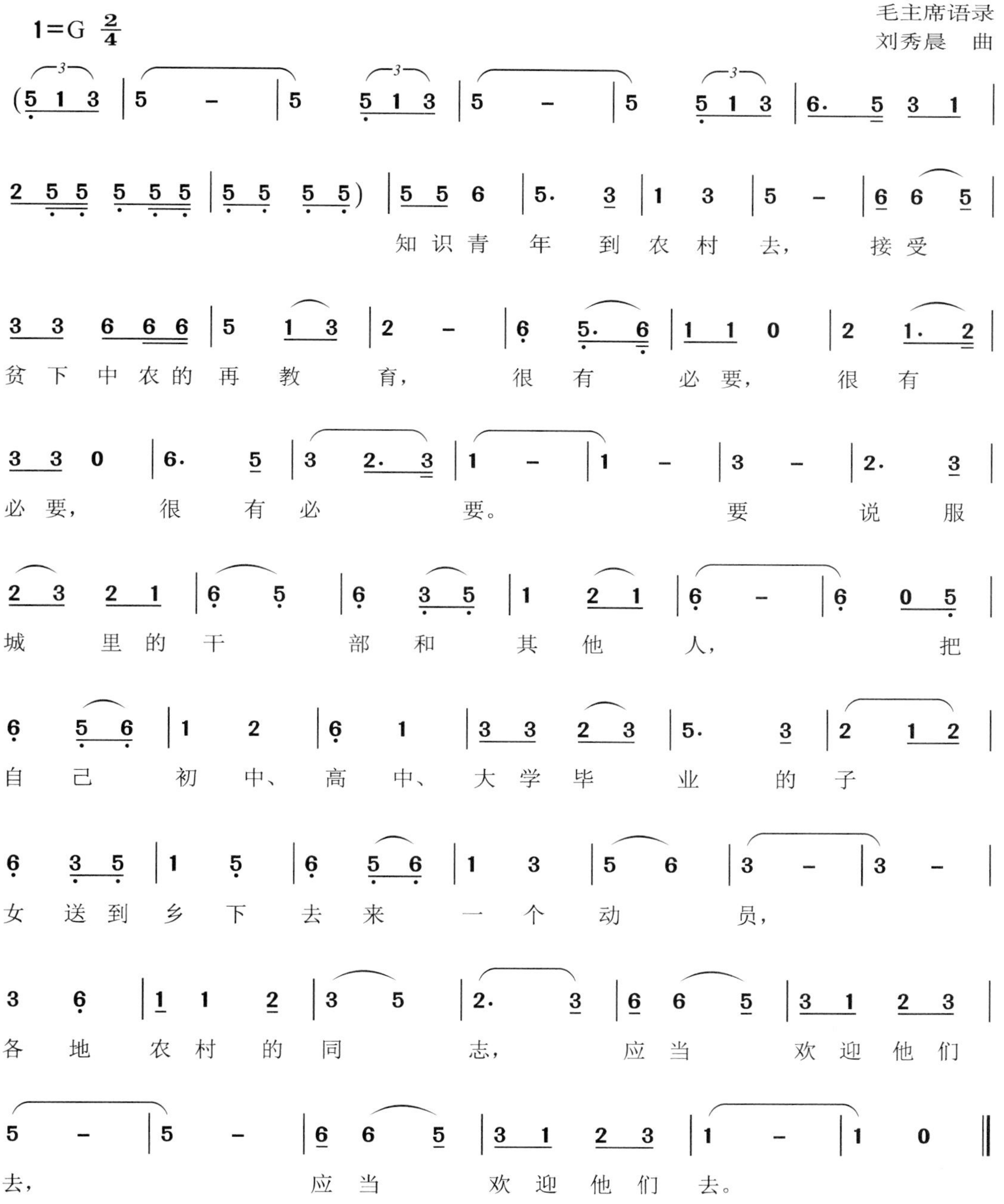
1=G 2/4
知识青年到农村去，接受贫下中农的再教育，很有必要，很有必要，很有必要。
要说服城里的干部和其他人，把自己初中、高中、大学毕业的子女送到乡下去来一个动员，
各地农村的同志，应当欢迎他们去，应当欢迎他们去。

1968年创作

照张相片捎回家

（男声独唱）

延水波 词
宵汉
瑞铭 曲
秀晨

1=G $\frac{4}{4}$ $\frac{2}{4}$

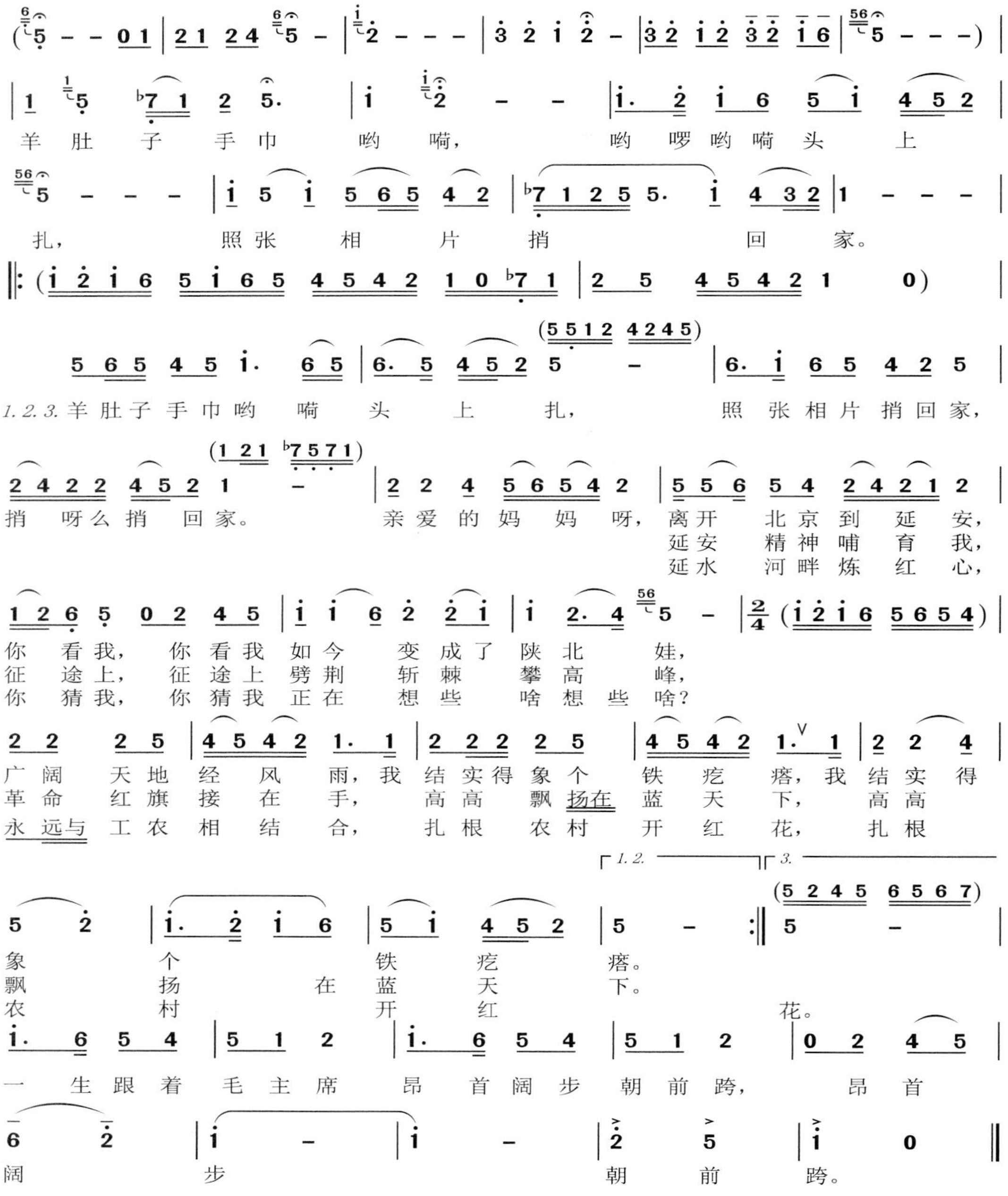
羊肚子手巾哟嗬，哟啰哟嗬头上扎，照张相片捎回家。
1.2.3.羊肚子手巾哟嗬头上扎，照张相片捎回家，捎呀么捎回家。
亲爱的妈妈呀，离开北京到延安，
延安精神哺育我，
延水河畔炼红心，
你看我，你看我如今变成了陕北娃，
征途上，征途上劈荆斩棘攀高峰，
你猜我，你猜我正在想些啥想些啥？
广阔天地经风雨，我结实得象个铁疙瘩，我结实得象个铁疙瘩。
革命红旗接在手，高高飘扬在蓝天下，高高飘扬在蓝天下。
永远与工农相结合，扎根农村开红花，扎根农村开红花。
一生跟着毛主席昂首阔步朝前跨，昂首阔步朝前跨。

1968 年创作

站在珍宝岛，眼望北京城

（合唱）

刘秀晨　词曲

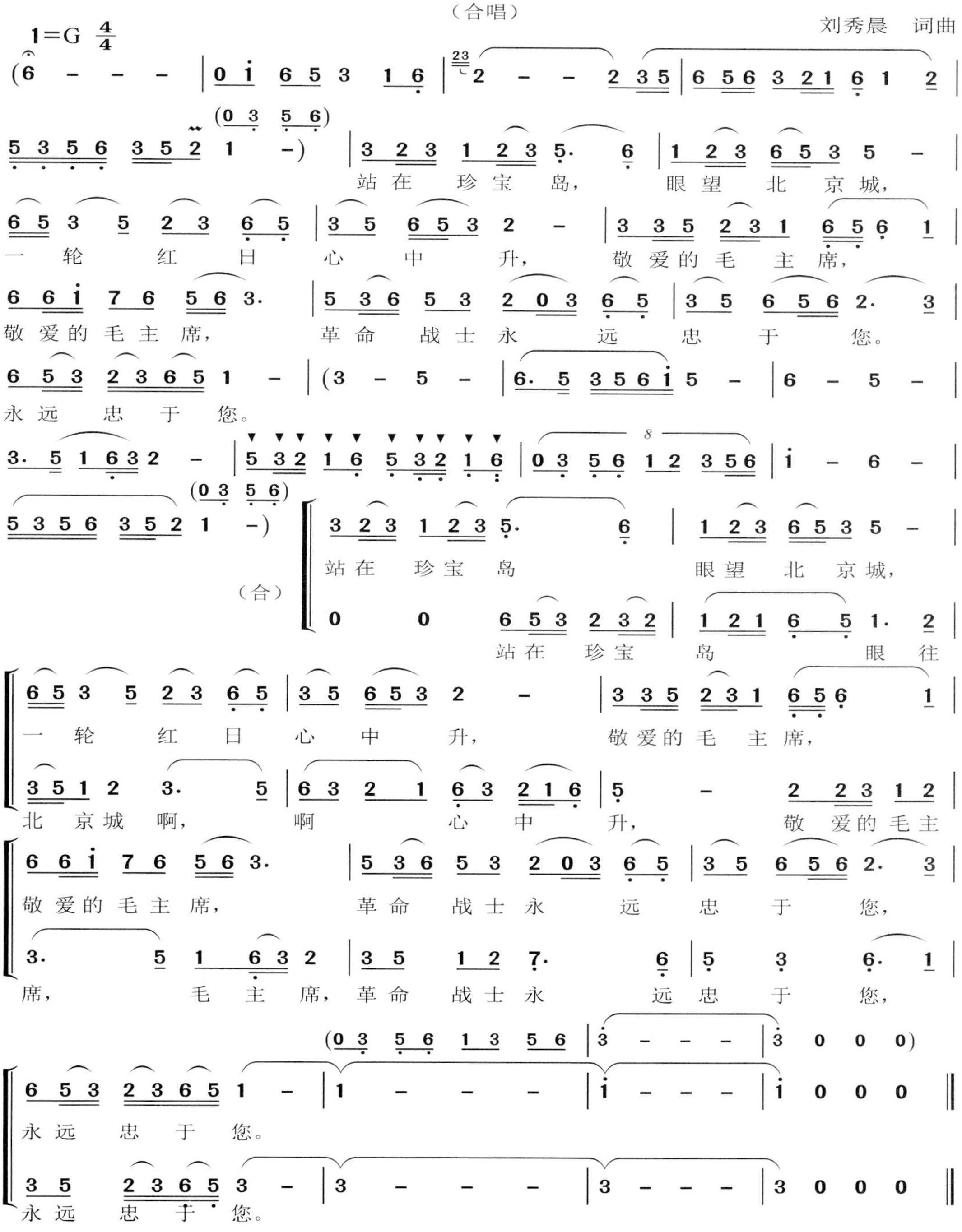
1=G 4/4
站在珍宝岛，眼望北京城，
一轮红日心中升，敬爱的毛主席，
敬爱的毛主席，革命战士永远忠于您。
永远忠于您。
（合）
站在珍宝岛　眼望北京城，
站在珍宝岛　眼往
一轮红日心中升，敬爱的毛主席，
北京城啊，啊心中升，敬爱的毛主
敬爱的毛主席，革命战士永远忠于您，
席，毛主席，革命战士永远忠于您，
永远忠于您。
永远忠于您。

1969年国庆在天安门金水桥为毛主席等中央领导演出

珍宝岛好河山

（合唱）

1=G $\frac{4}{4}$

王希富 词
刘秀晨 曲

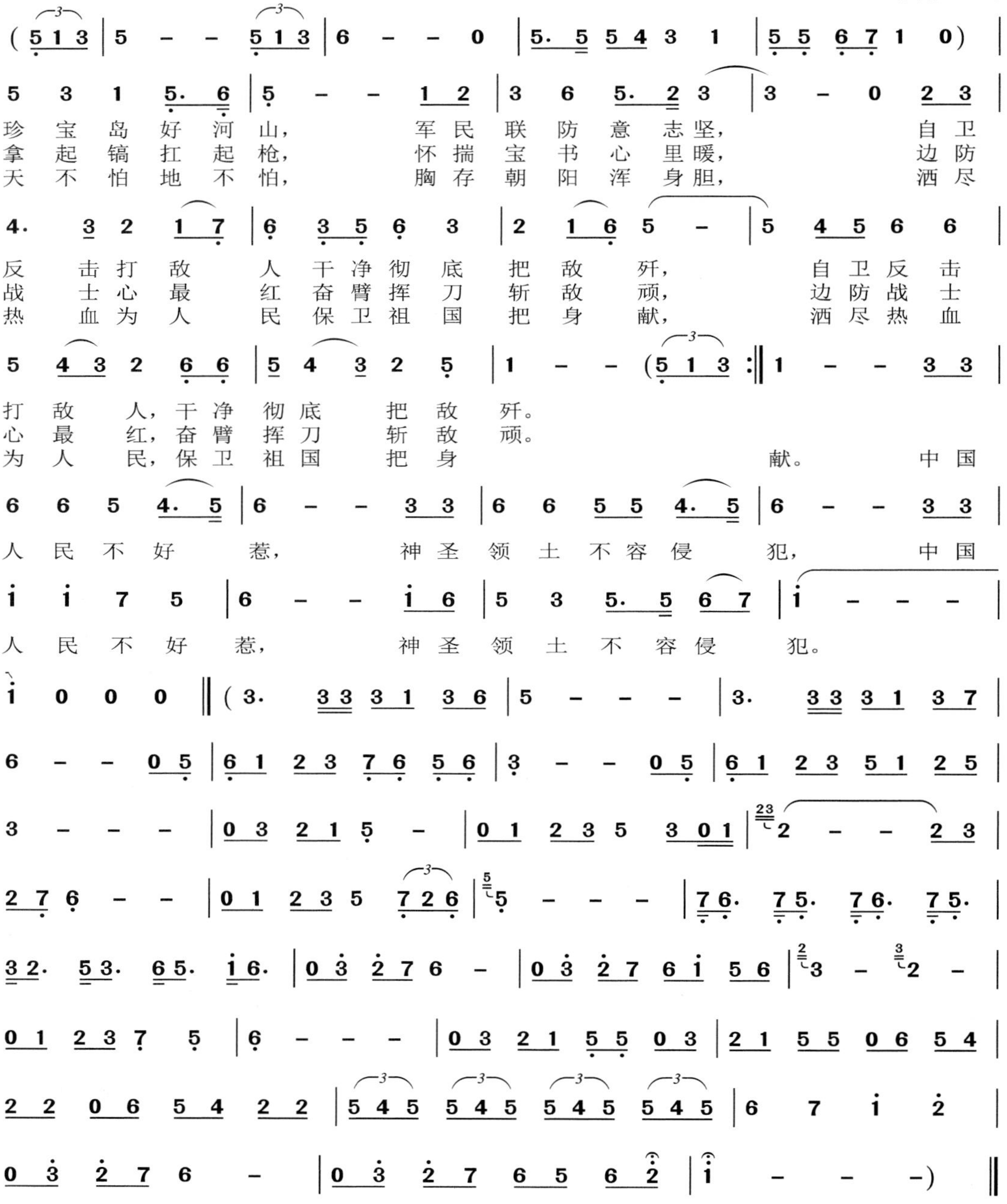
珍 宝 岛 好 河 山， 军 民 联 防 意 志坚， 自 卫 反 击打 敌 人 干净彻 底 把 敌 歼， 自卫反 击 打 敌 人，干净 彻底 把 敌 歼。
拿 起 镐 扛 起 枪， 怀 揣 宝 书 心 里暖， 边 防 战 士心 最 红 奋臂挥 刀 斩 敌 顽， 边防战 士 心 最 红，奋臂 挥刀 斩 敌 顽。
天 不 怕 地 不 怕， 胸 存 朝 阳 浑 身胆， 洒 尽 热 血为 人 民 保卫祖 国 把 身 献， 洒尽热 血 为 人 民，保卫 祖国 把 身 献。
中 国 人 民 不 好 惹， 神 圣 领 土 不 容 侵 犯， 中 国 人 民 不 好 惹， 神 圣 领 土 不 容 侵 犯。

1969年国庆在天安门金水桥为毛主席等中央领导演出

只等那党代会一开好

（小歌剧《送代表》选曲）

1=G $\frac{2}{4}$ $\frac{4}{4}$

高亢、壮丽地

吴　捷　词
刘秀晨　曲

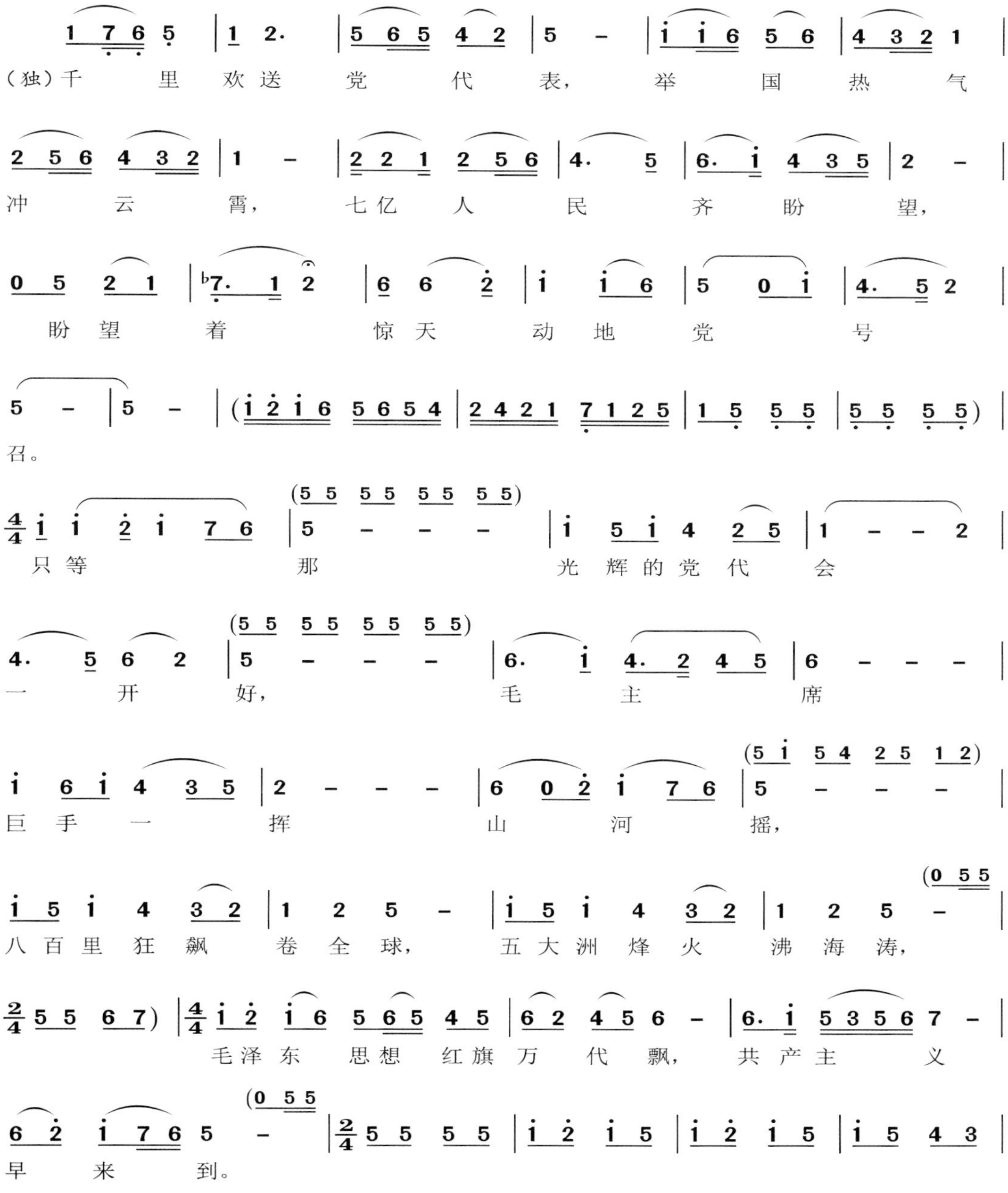
（独）千里欢送党代表，举国热气
冲云霄，七亿人民齐盼望，
盼望着惊天动地党号
召。
只等那光辉的党代会
一开好，毛主席
巨手一挥山河摇，
八百里狂飙卷全球，五大洲烽火沸海涛，
毛泽东思想红旗万代飘，共产主义
早来到。

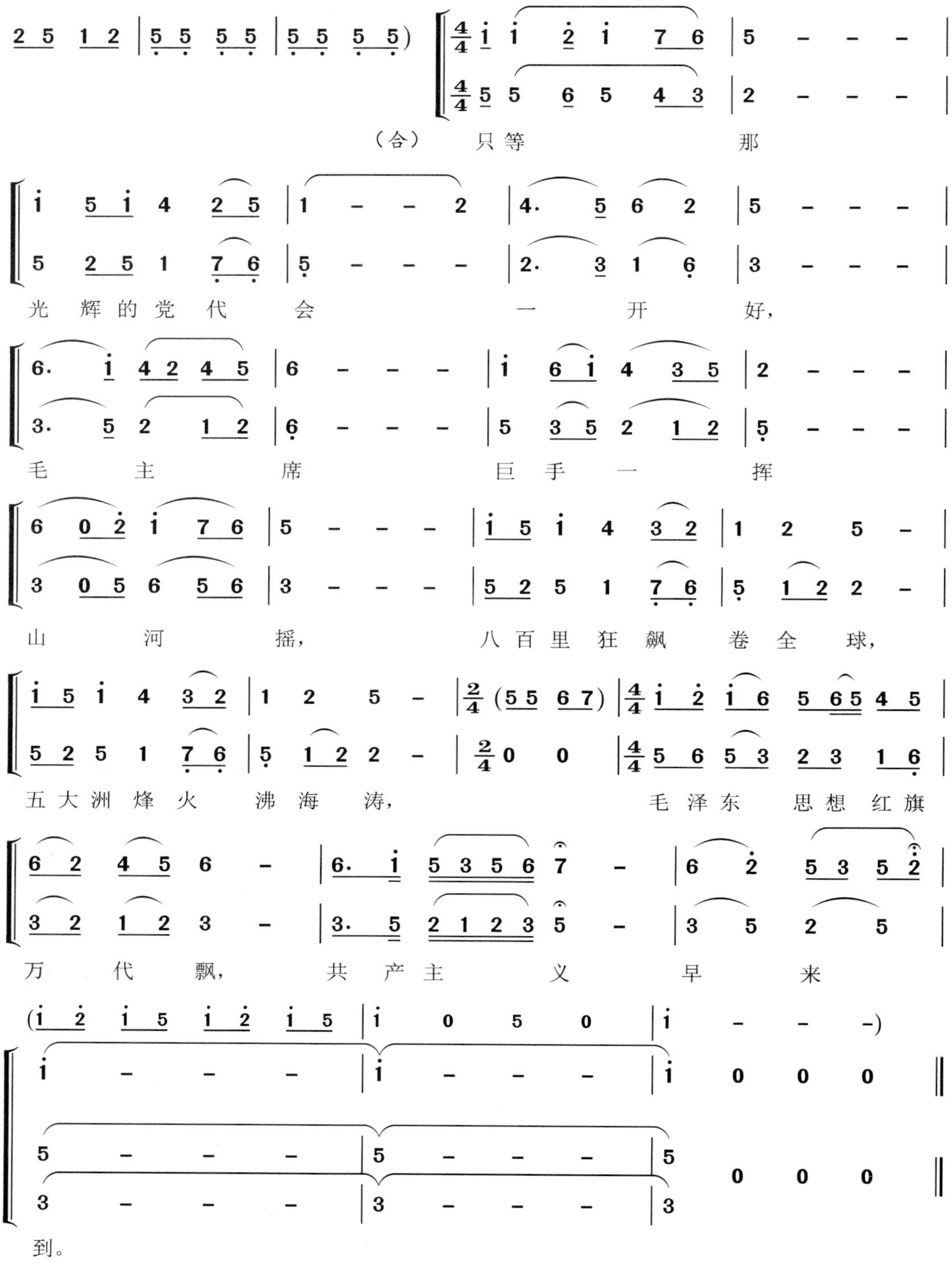
（合）只等那
光辉的党代会一开好，
毛主席巨手一挥
山河摇，八百里狂飙卷全球，
五大洲烽火沸海涛，毛泽东思想红旗
万代飘，共产主义早来
到。

1969 年创作

你好比杨家岭上一朵花

（小歌剧《送代表》选曲）

1=G $\frac{2}{4}$

亲切地

吴　捷　词
刘秀晨　曲

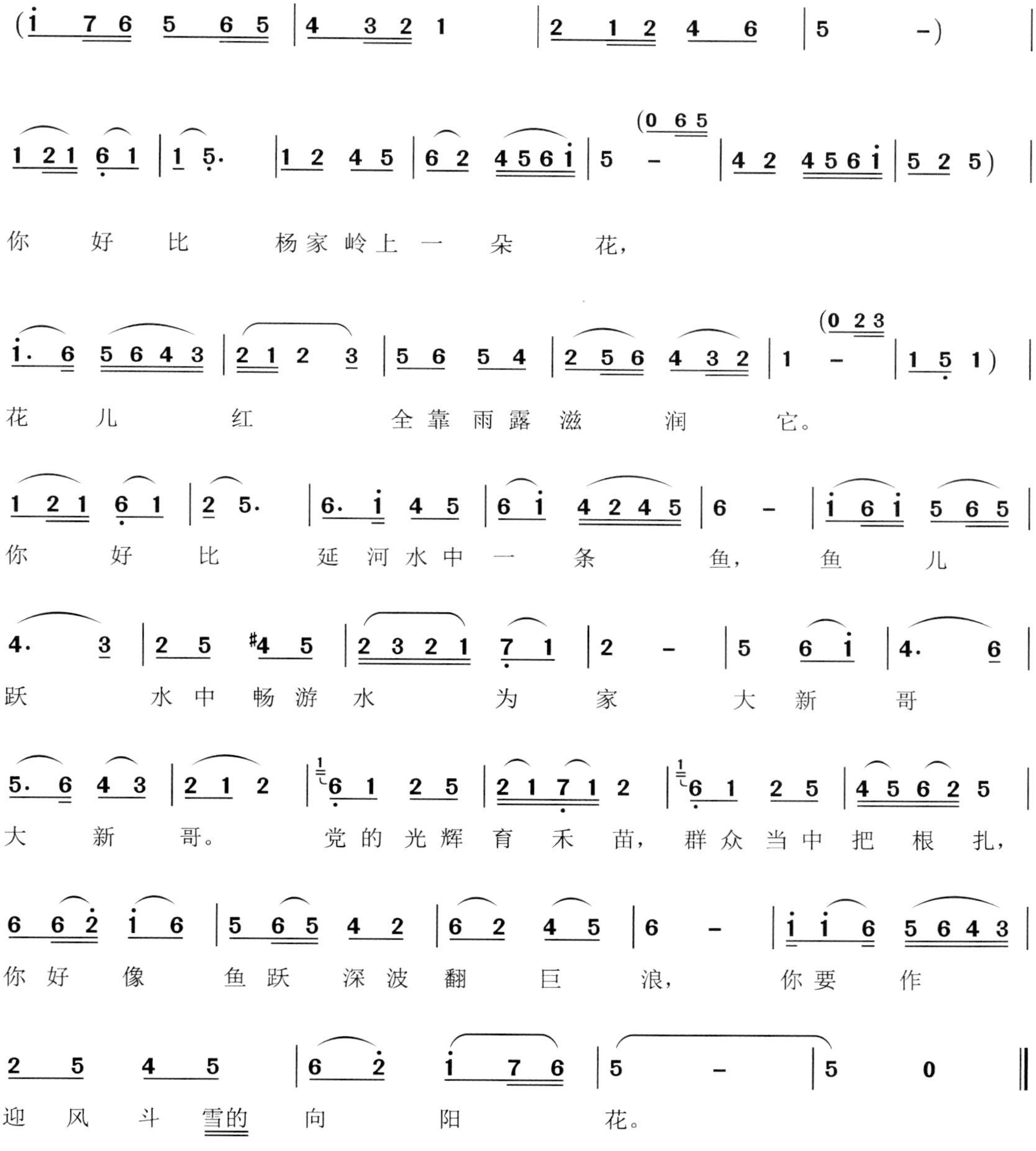
你好比杨家岭上一朵花，
花儿红全靠雨露滋润它。
你好比延河水中一条鱼，鱼儿
跃水中畅游水为家大新哥
大新哥。党的光辉育禾苗，群众当中把根扎，
你好像鱼跃深波翻巨浪，你要作
迎风斗雪的向阳花。

1969 年创作

战斗吧！英雄的黑人兄弟

（男声小合唱）

佚　名　词
刘秀晨　曲

1＝♭B $\frac{4}{4}$ $\frac{5}{4}$

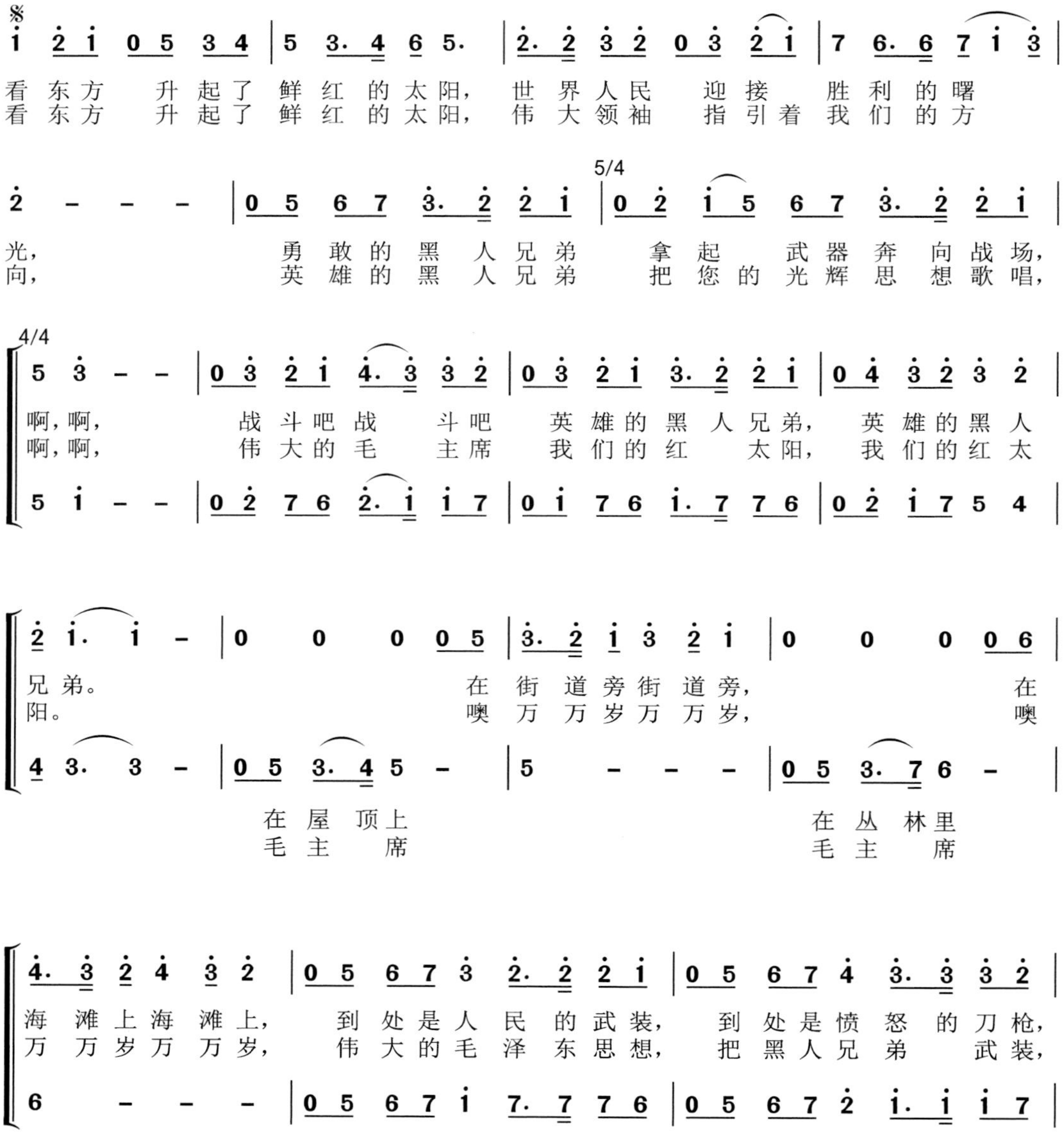
5/4
4/4
看东方　升起了　鲜红的太阳，世界人民　迎接　胜利的曙
看东方　升起了　鲜红的太阳，伟大领袖　指引着我们的方
光，　勇敢的黑人兄弟　拿起　武器奔向战场，
向，　英雄的黑人兄弟　把您的光辉思想歌唱，
啊，啊，　战斗吧战　斗吧　英雄的黑人兄弟，英雄的黑人
啊，啊，　伟大的毛　主席　我们的红　太阳，我们的红太
兄弟。　在街道旁街道旁，　在
阳。　噢万万岁万万岁，　噢
在屋顶上　在丛林里
毛主席　毛主席
海滩上海滩上，　到处是人民的武装，　到处是愤怒的刀枪，
万万岁万万岁，　伟大的毛泽东思想，　把黑人兄弟　武装，

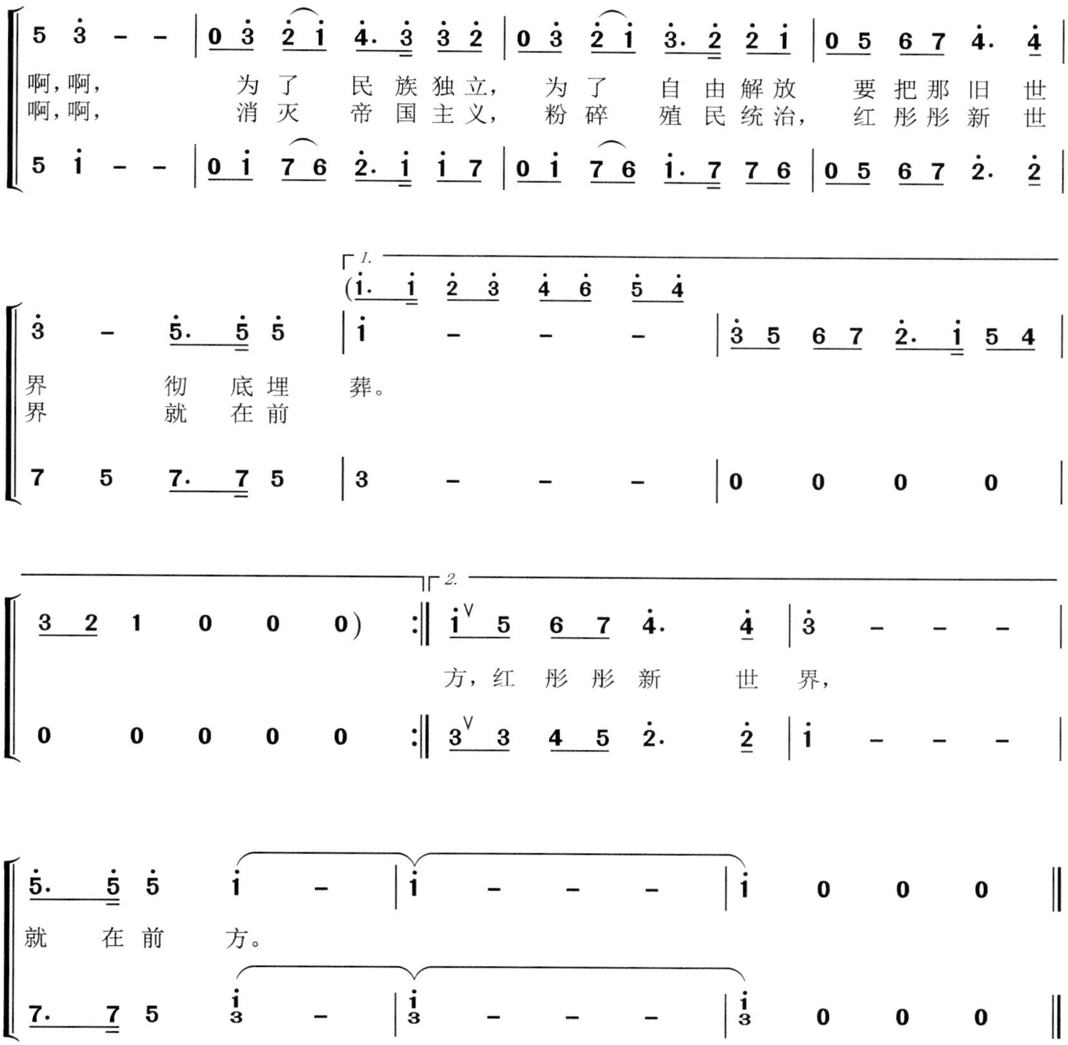
啊，啊，　为了民族独立，为了自由解放　要把那旧世界　彻底埋葬。
啊，啊，　消灭帝国主义，粉碎殖民统治，红彤彤新世界　就在前
方，红彤彤新世界，
就在前方。

1970 年创作

有个能人毛润之来到安源山

（选自歌舞剧《红太阳照亮安源山》，一民间艺人胸挂乐器边走边唱）

王希富 词
刘秀晨
王希富 曲

1=G $\frac{4}{4}$
叙述地

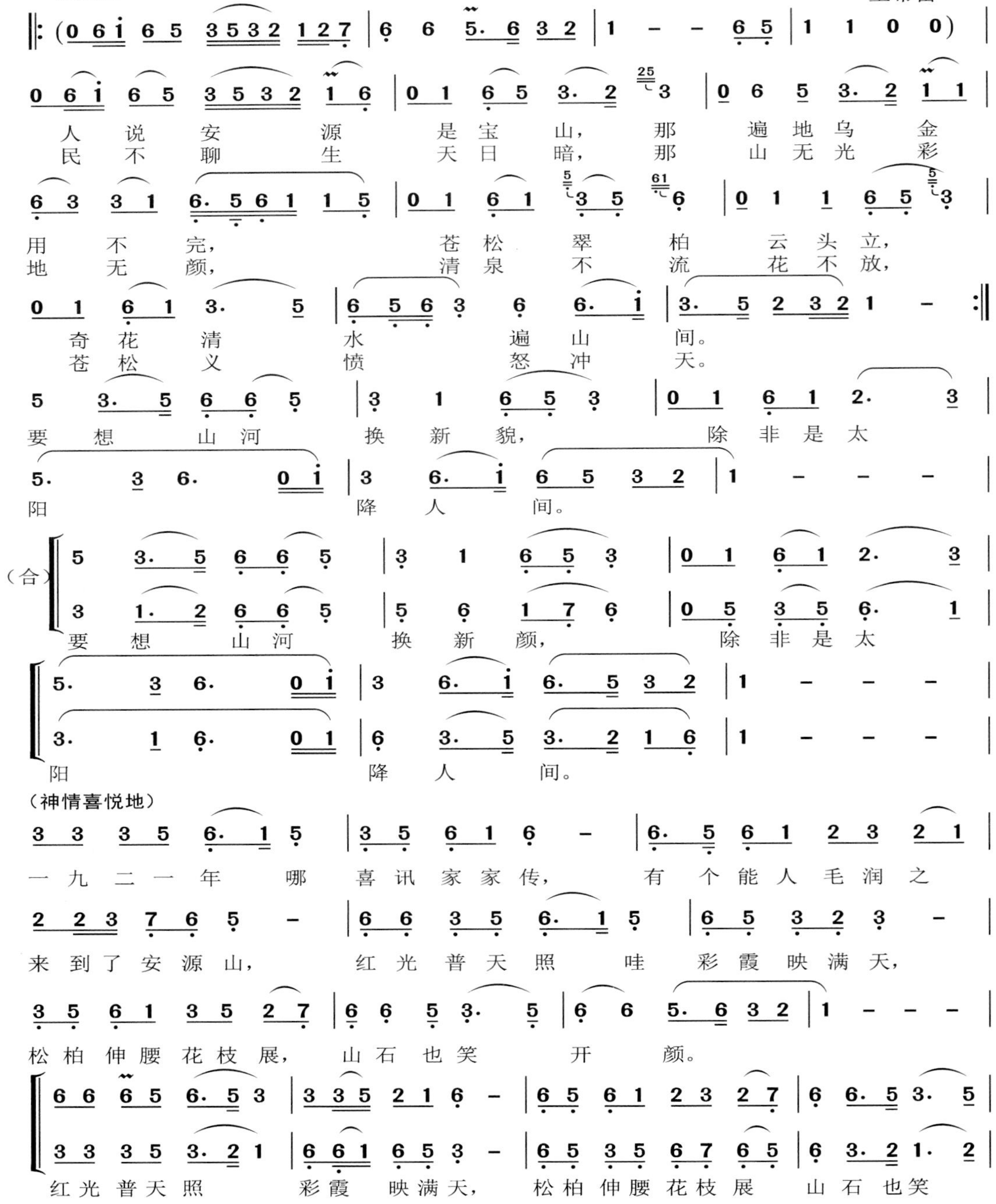
人说安源是宝山，那遍地乌金用不完，苍松翠柏云头立，奇花清水遍山间。
民不聊生天日暗，那山无光彩地无颜，清泉不流花不放，苍松义愤怒冲天。
要想山河换新貌，除非是太阳降人间。
（合）
要想山河换新颜，除非是太阳降人间。
（神情喜悦地）
一九二一年哪喜讯家家传，有个能人毛润之来到了安源山，红光普天照哇彩霞映满天，松柏伸腰花枝展，山石也笑开颜。
红光普天照彩霞映满天，松柏伸腰花枝展山石也笑

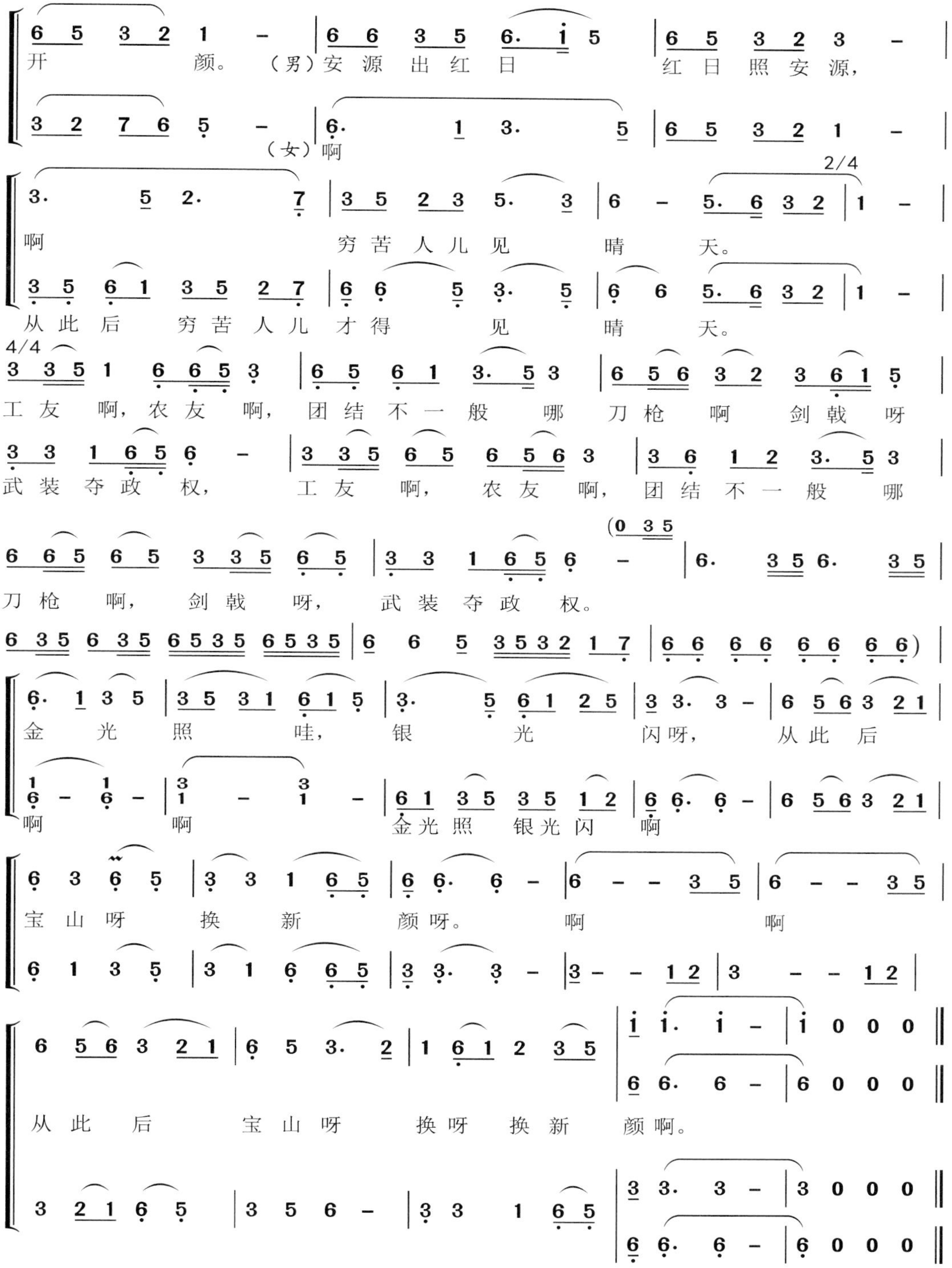
开 颜。（男）安 源 出 红 日 红 日 照 安 源，
（女）啊
2/4
啊 穷 苦 人 儿 见 晴 天。
从 此 后 穷 苦 人 儿 才 得 见 晴 天。
4/4
工 友 啊，农 友 啊， 团 结 不 一 般 哪 刀 枪 啊 剑 戟 呀
武 装 夺 政 权， 工 友 啊， 农 友 啊， 团 结 不 一 般 哪
刀 枪 啊， 剑 戟 呀， 武 装 夺 政 权。
金 光 照 哇， 银 光 闪 呀， 从 此 后
啊 啊 金 光 照 银 光 闪 啊
宝 山 呀 换 新 颜 呀。 啊 啊
从 此 后 宝 山 呀 换 呀 换 新 颜 啊。

1971 年创作

毛主席当年到安源

（选自歌舞剧《红太阳照亮安源山》）

王希富 词
刘秀晨 曲

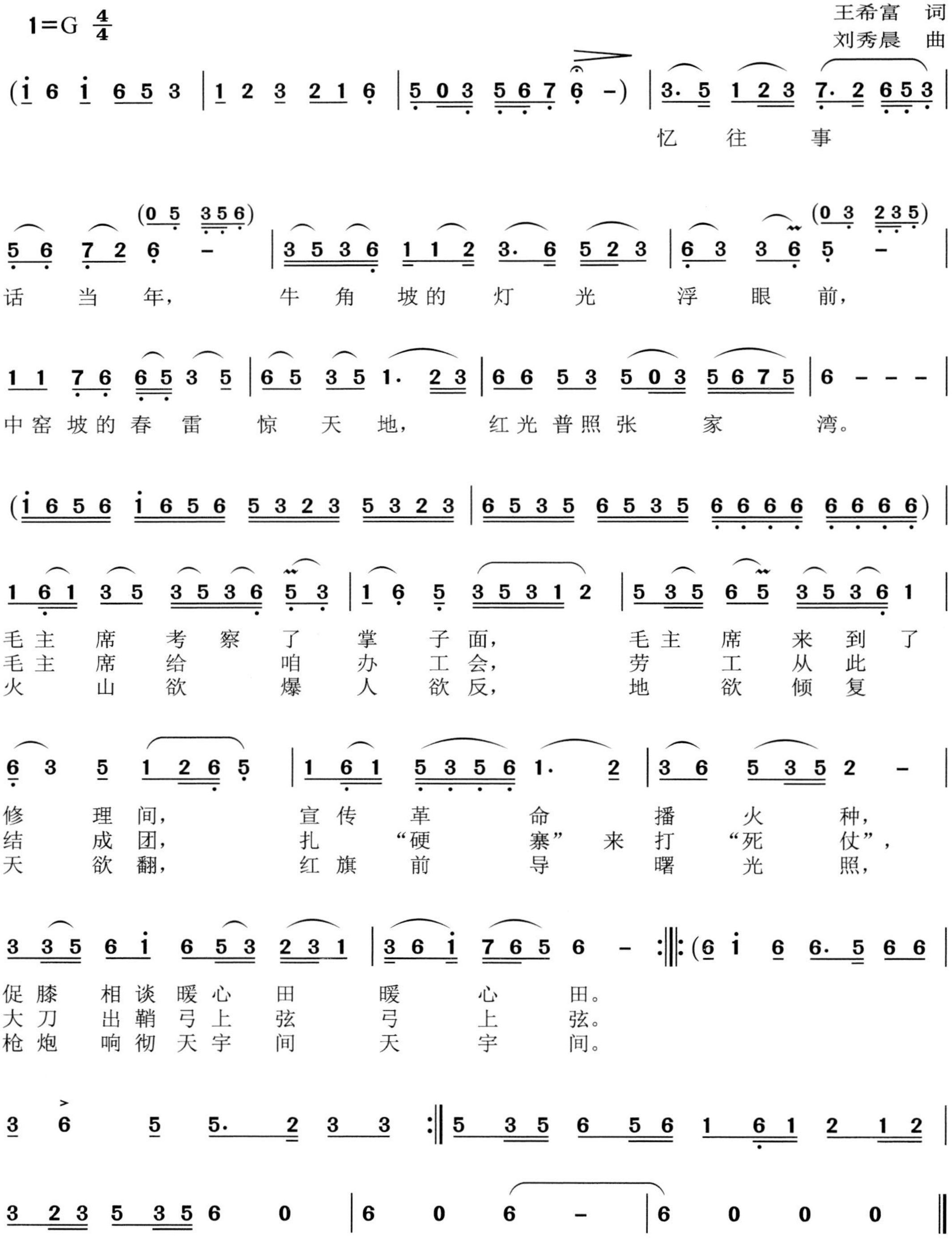
1=G 4/4
忆 往 事
话 当 年， 牛 角 坡 的 灯 光 浮 眼 前，
中 窑 坡 的 春 雷 惊 天 地， 红 光 普 照 张 家 湾。
毛 主 席 考 察 了 掌 子 面， 毛 主 席 来 到 了
毛 主 席 给 咱 办 工 会， 劳 工 从 此
火 山 欲 爆 人 欲 反， 地 欲 倾 复
修 理 间， 宣 传 革 命 播 火 种，
结 成 团， 扎 “硬 寨” 来 打 “死 仗”，
天 欲 翻， 红 旗 前 导 曙 光 照，
促 膝 相 谈 暖 心 田 暖 心 田。
大 刀 出 鞘 弓 上 弦 弓 上 弦。
枪 炮 响 彻 天 宇 间 天 宇 间。

1971 年创作

黑夜里天天望北斗

（选自歌舞剧《红太阳照亮安源山》）

王希富 词
刘秀晨 曲

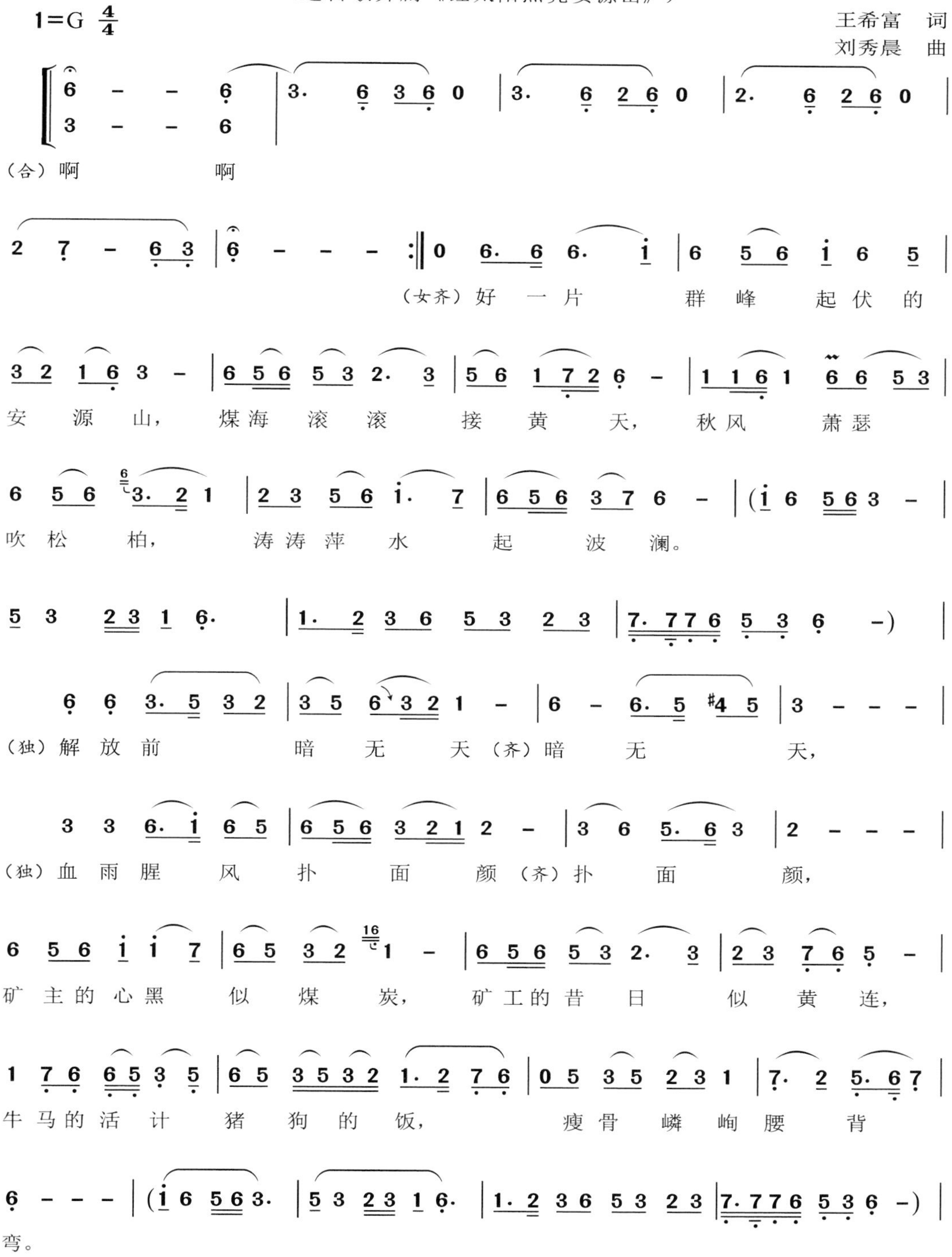
1=G 4/4
（合）啊 啊
（女齐）好 一 片 群 峰 起 伏 的
安 源 山， 煤海 滚 滚 接 黄 天， 秋风 萧瑟
吹 松 柏， 涛涛 萍 水 起 波 澜。
（独）解 放 前 暗 无 天（齐）暗 无 天，
（独）血 雨 腥 风 扑 面 颜（齐）扑 面 颜，
矿 主 的 心 黑 似 煤 炭， 矿 工 的 昔 日 似 黄 连，
牛 马 的 活 计 猪 狗 的 饭， 瘦 骨 嶙 峋 腰 背
弯。

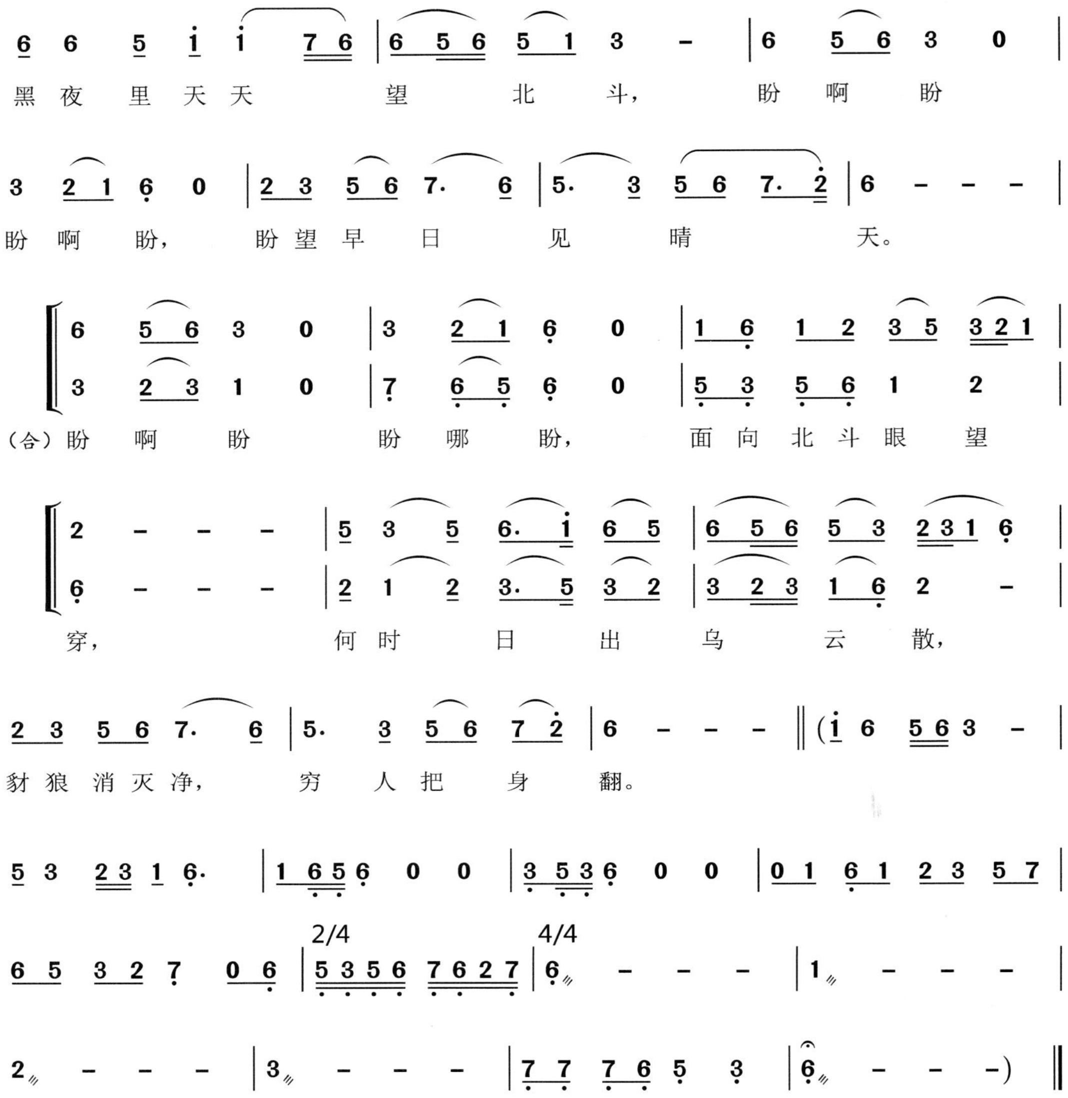
黑夜里天天望北斗，盼啊盼
盼啊盼，盼望早日见晴天。
（合）盼啊盼盼哪盼，面向北斗眼望
穿，何时日出乌云散，
豺狼消灭净，穷人把身翻。
2/4
4/4

1971 年创作

刻苦读书的好党员

（女声竹板坐唱）

佚　名　词
刘秀晨　曲

1=G $\frac{4}{4}$ $\frac{2}{4}$

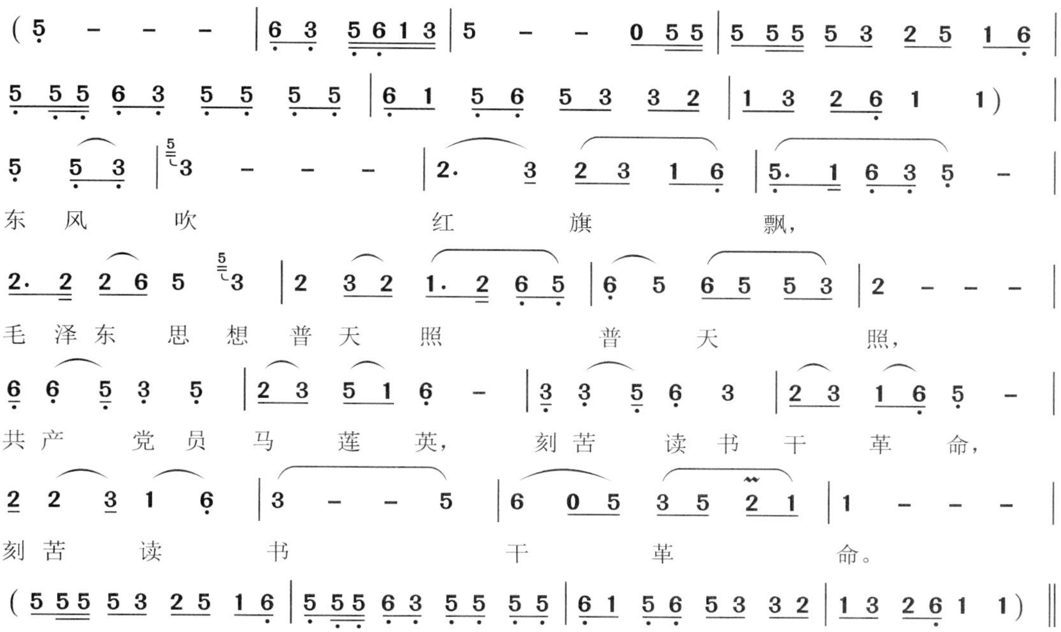
东　风　吹　红　旗　飘，
毛泽东思想普天照　普　天　照，
共产党员马莲英，刻苦读书干革命，
刻苦读书　干　革　命。

（道白）：毛主席教导我们要认真看书学习，弄通马克思主义。老马就是我们认真读书的好榜样，她常说：忠于毛主席，就是要刻苦读马列的书和毛主席的著作，学一点，用一点，在实践中提高阶级觉悟。

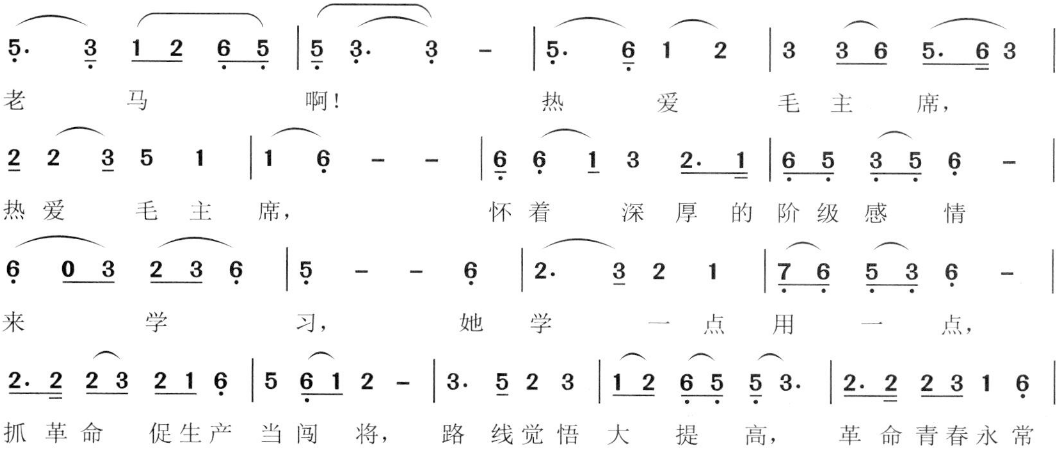
老　马　啊！　热　爱　毛　主　席，
热爱　毛　主　席，　怀着　深　厚　的　阶　级　感　情
来　学　习，　她　学　一　点　用　一　点，
抓革命　促生产　当闯　将，　路　线觉悟　大　提　高，　革　命青春永常

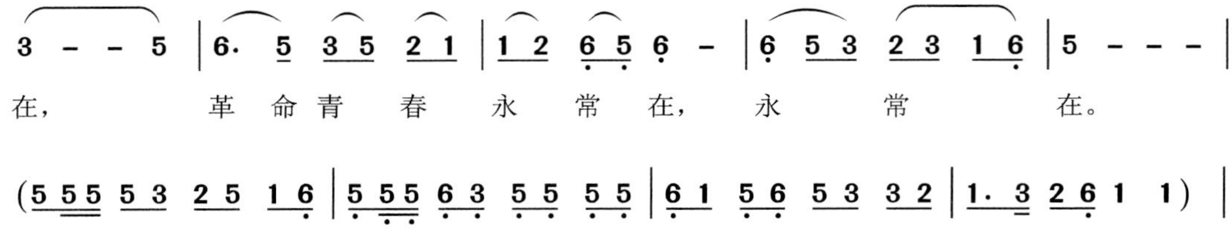
在， 革命青春永常在，永常在。

（道白）：老马她识字少文化浅，可是她决心大，有毅力攻克文化关，心想老愚公能够搬走山，这点困难算啥？咱也能攀登理论山。老马说："咱这两只手旧社会只能给地主资本家干活，哪有拿笔杆子的权利，今天我这五十几岁的人能拿起笔，是毛主席给的权利，我不能放弃，只要有一颗热爱毛主席的红心，天大的困难也能克服。"

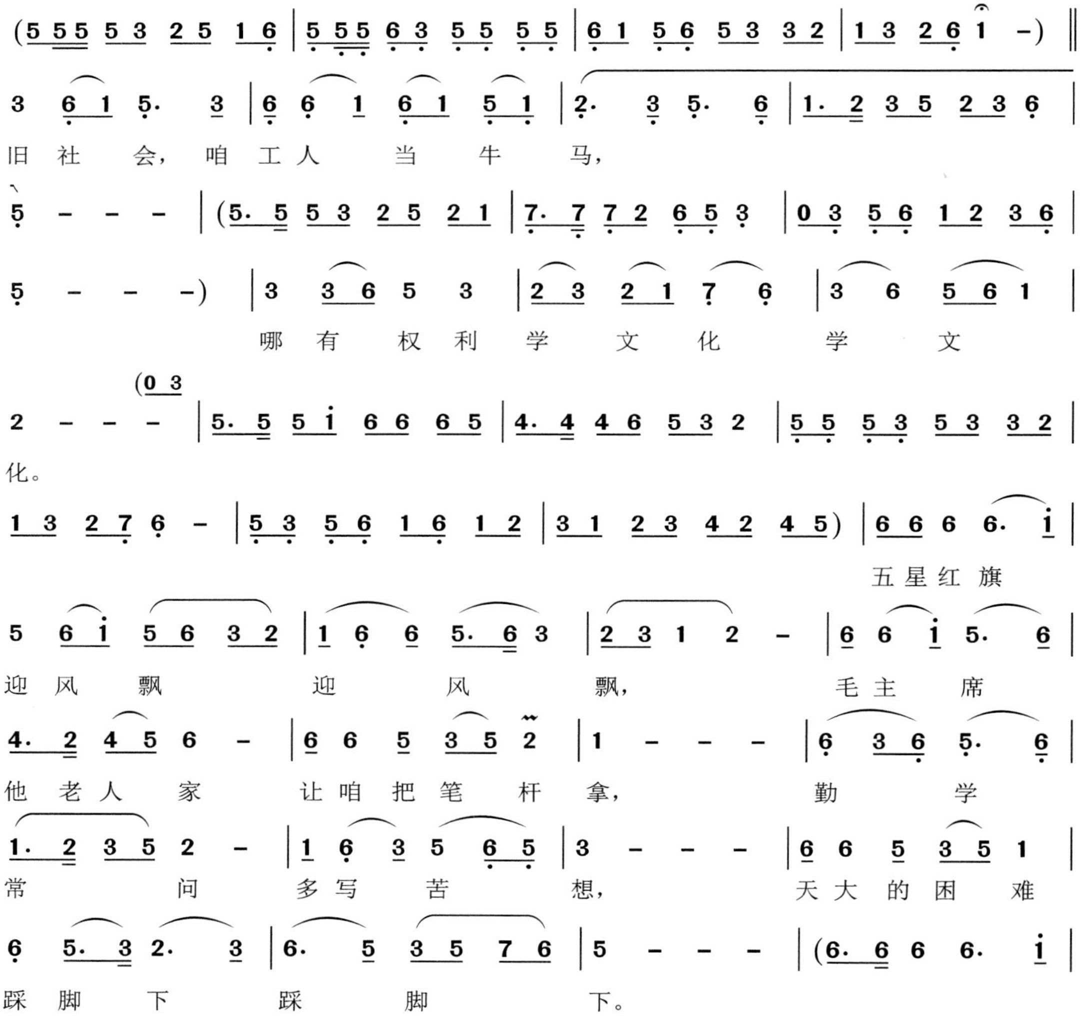
旧社会，咱工人当牛马，
哪有权利学文化学文
化。
五星红旗
迎风飘迎风飘，毛主席
他老人家让咱把笔杆拿，勤学
常问多写苦想，天大的困难
踩脚下踩脚下。

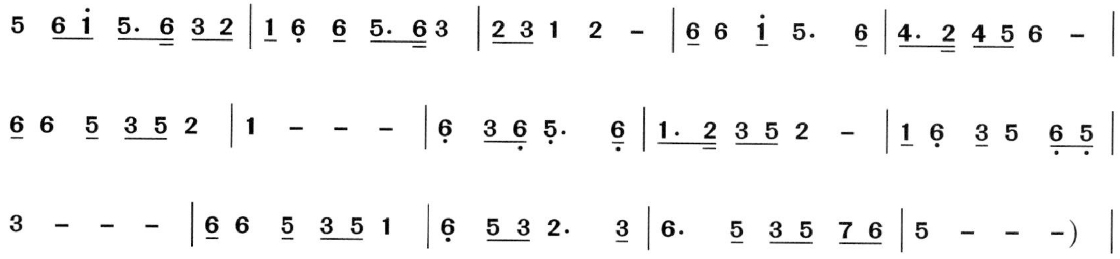

（道白）：老马学习了矛盾论，“一分为二”她牢牢记，团结同志干革命，越学心里越明亮，学会正确对待自己，正确对待同志，按照毛主席的哲学思想解决矛盾，推动事物的转化，越学越爱学，越学心里越明白。

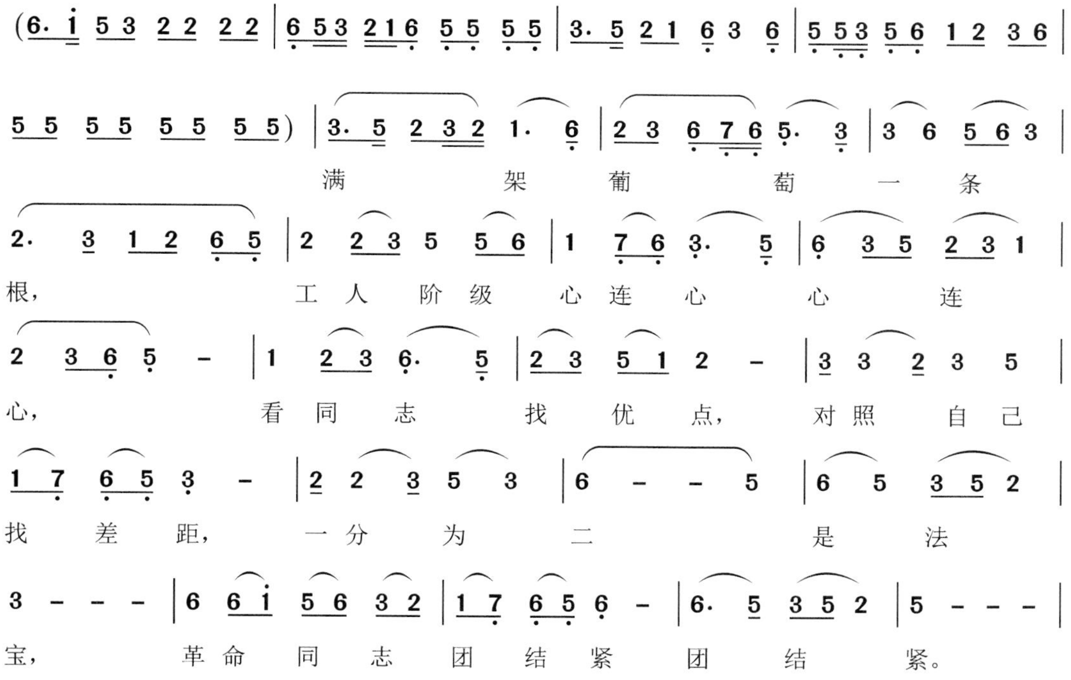
满 架 葡 萄 一 条
根， 工 人 阶 级 心 连 心 心 连
心， 看 同 志 找 优 点， 对 照 自 己
找 差 距， 一 分 为 二 是 法
宝， 革 命 同 志 团 结 紧 团 结 紧。

（道白）：毛主席教导我们，“路线是个纲，纲举目张”。老马在两条路线的激烈斗争中，努力学习毛主席著作，取得了很大成绩。几次幸福的见到了伟大领袖毛主席，但是她前进路上永不满足，把每一个进步当做新的起点，誓做永葆革命青春的常青松柏。

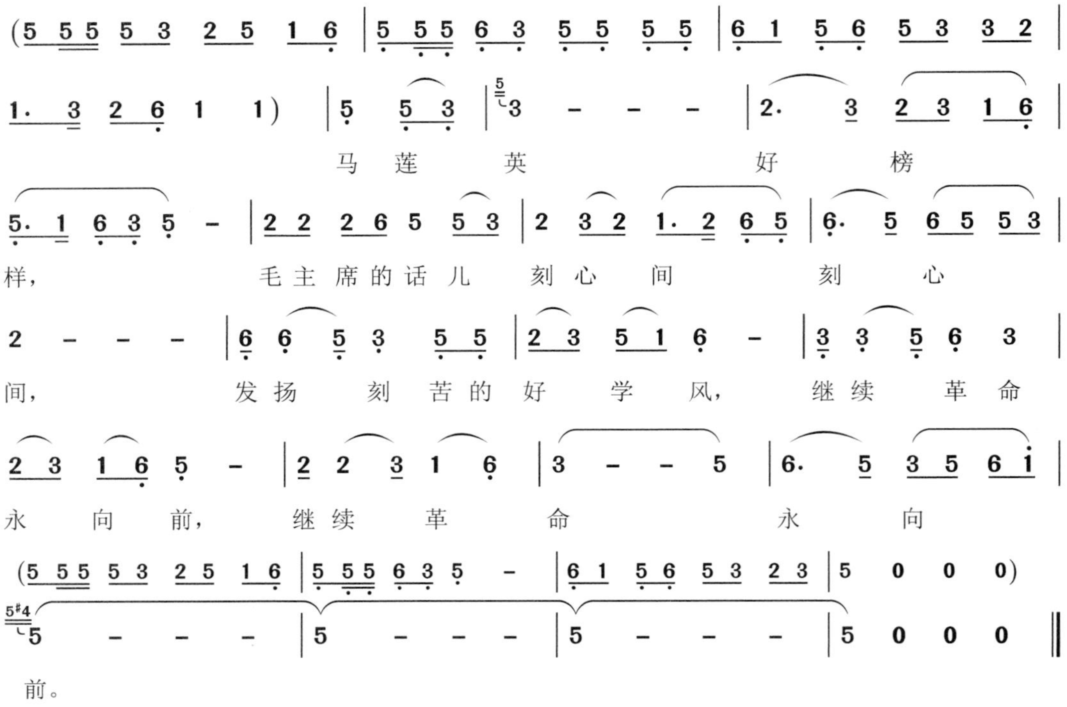
马 莲 英 好 榜
样， 毛主席的话儿 刻 心 间 刻 心
间， 发扬 刻 苦的好 学 风， 继续 革 命
永 向 前， 继续 革 命 永 向
前。

1971 年创作

撒开银线化彩虹

（男声独唱，为通讯兵战士而作）

佚　名　词
刘秀晨　曲

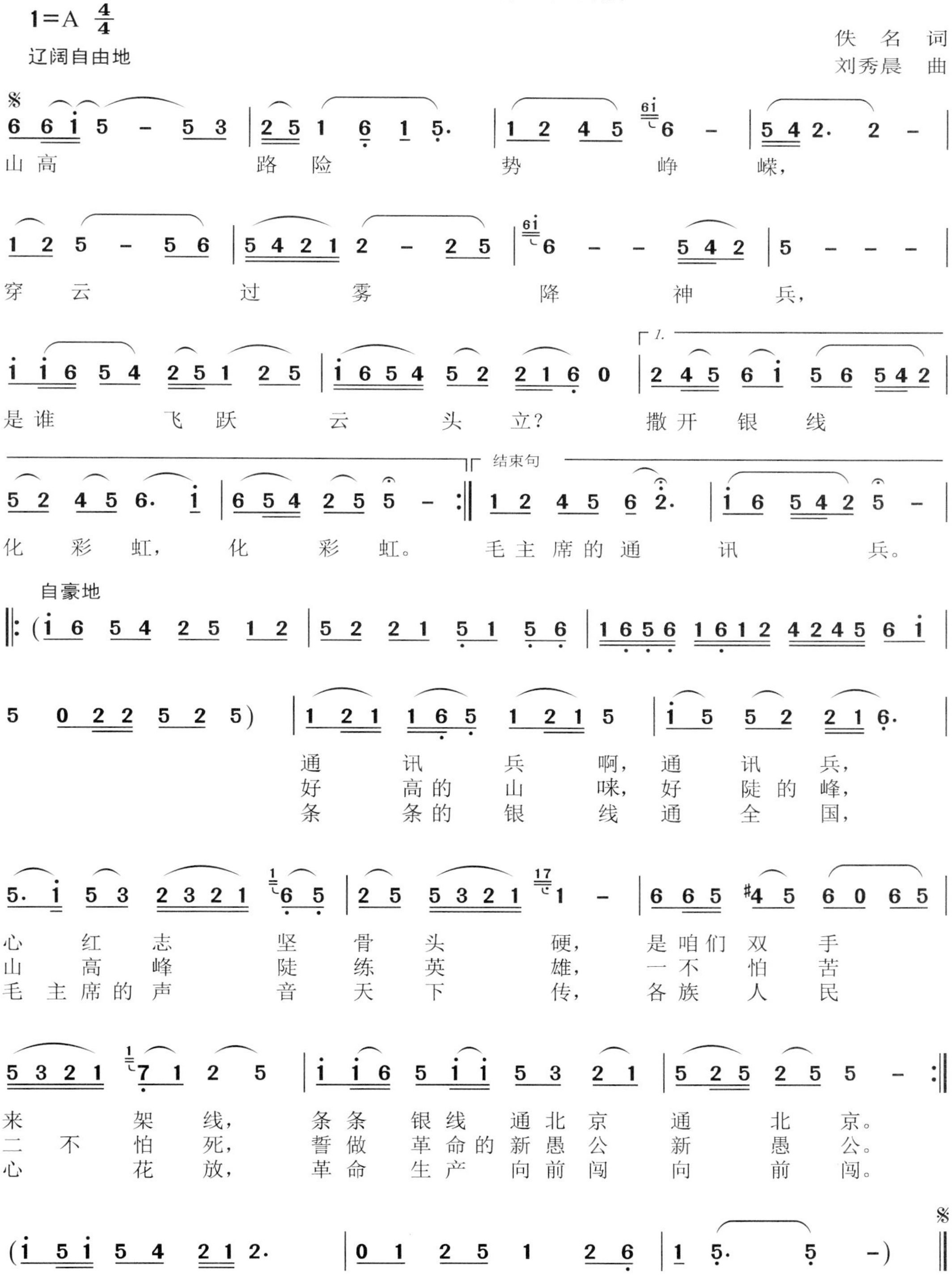
1=A 4/4
辽阔自由地
山高　路险　势　峥　嵘，
穿　云　过　雾　降　神　兵，
是谁　飞　跃　云　头　立？
1.
撒开　银　线
化　彩　虹，化　彩　虹。
结束句
毛主席的通　讯　兵。
自豪地
通　讯　兵　啊，通　讯　兵，
好　高的　山　咪，好　陡的　峰，
条　条的　银　线　通　全　国，
心　红　志　坚　骨　头　硬，是咱们双　手
山　高　峰　陡　练　英　雄，一不　怕　苦
毛主席的声　音　天　下　传，各族　人　民
来　架　线，条条　银线　通北京　通　北　京。
二　不　怕　死，誓做　革命的新愚公　新　愚　公。
心　花　放，革命　生产　向前闯　向　前　闯。

歌唱钢渣山大会战

1=♭B $\frac{4}{4}$

佚 名 词
刘秀晨 曲

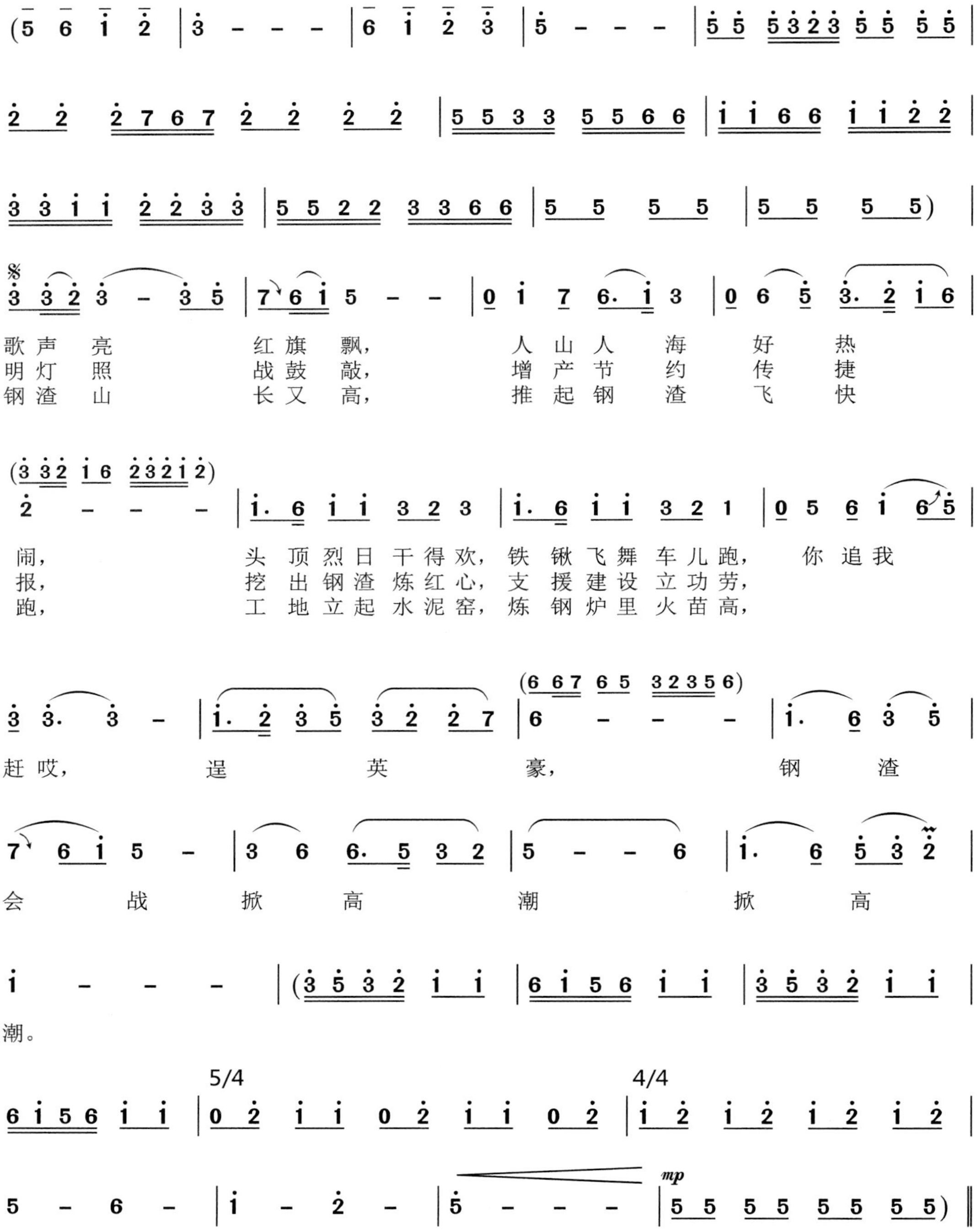
歌声亮 红旗飘，人山人海好热闹，
明灯照 战鼓敲，增产节约传捷报，
钢渣山 长又高，推起钢渣飞快跑，
头顶烈日干得欢，铁锹飞舞车儿跑，你追我赶哎，逞英豪，钢渣会战掀高潮掀高潮。
挖出钢渣炼红心，支援建设立功劳，
工地立起水泥窑，炼钢炉里火苗高，
5/4
4/4
mp

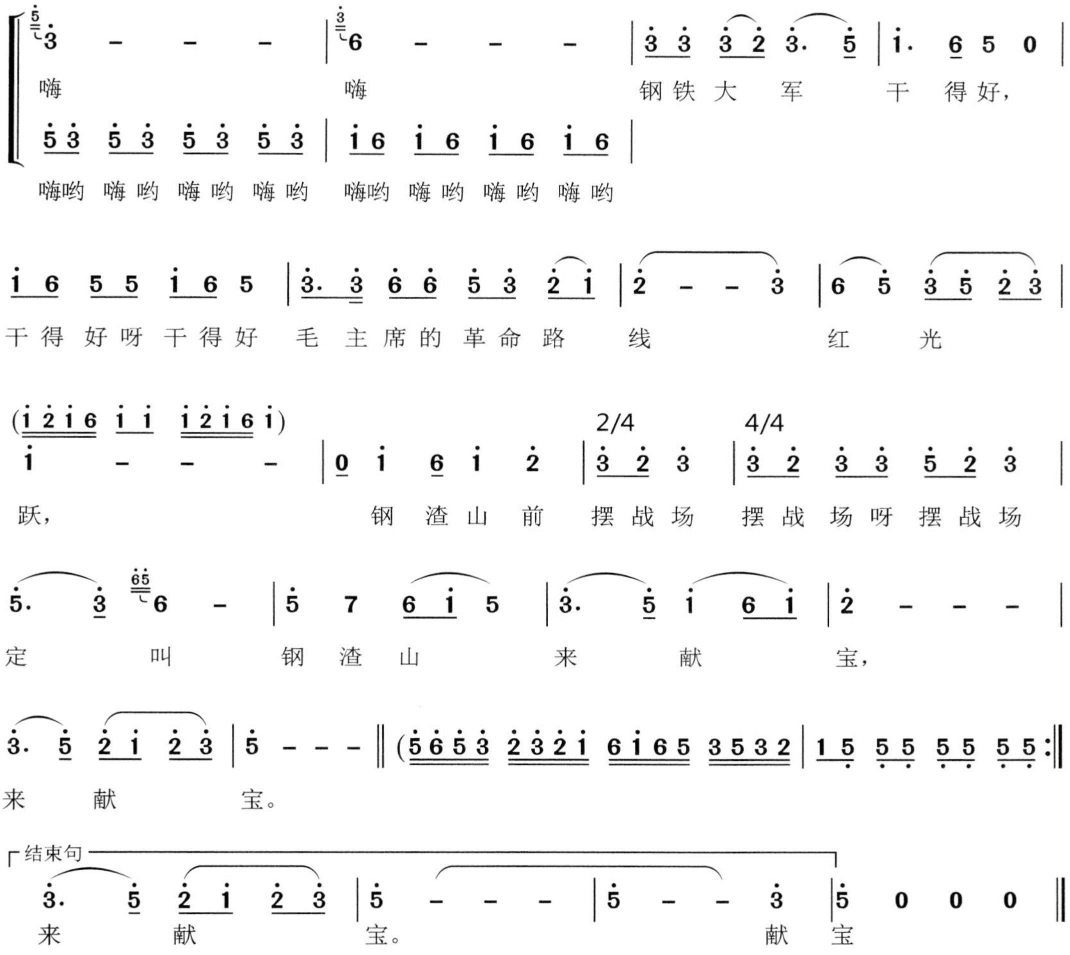
嗨　嗨　钢铁大军　干得好，
嗨哟 嗨哟 嗨哟 嗨哟 嗨哟 嗨哟 嗨哟 嗨哟
干得好呀干得好　毛主席的革命路　线　红　光
2/4
4/4
跃，　钢渣山前　摆战场　摆战场呀摆战场
定　叫　钢渣山　来　献　宝，
来　献　宝。
结束句
来　献　宝。　献　宝

1971 年创作

印刷工人印红心

（女声二重唱）

1=D转G $\frac{4}{4}$ $\frac{2}{4}$

欢快奔放地

薄秉义 词
刘秀晨 曲

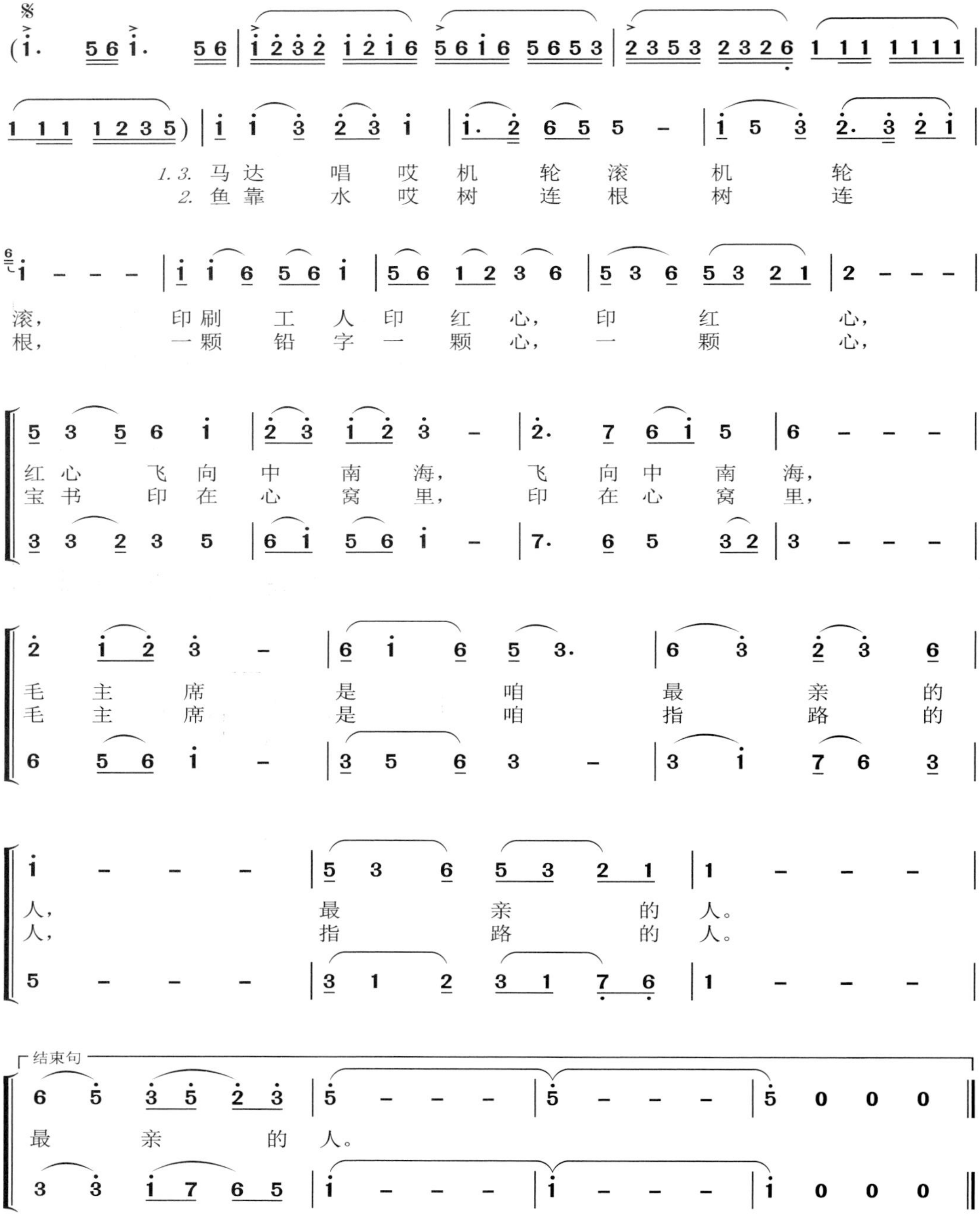
1.3. 马达唱哎机轮滚机轮滚，印刷工人印红心，印红心，
2. 鱼靠水哎树连根树连根，一颗铅字一颗心，一颗心，
红心飞向中南海，飞向中南海，
宝书印在心窝里，印在心窝里，
毛主席是咱最亲的人，最亲的人。
毛主席是咱指路的人，指路的人。
结束句
最亲的人。

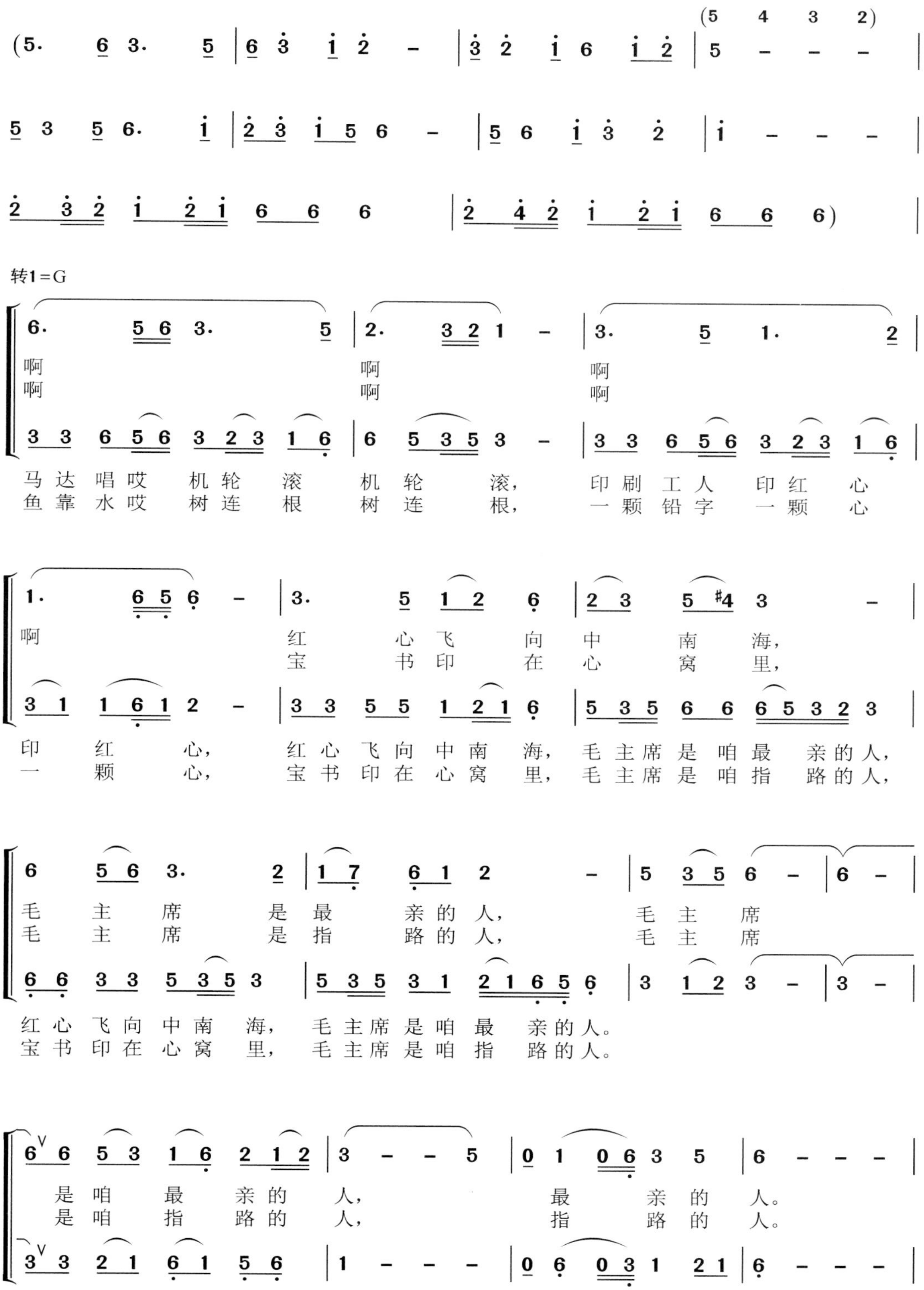
转1=G
啊 啊 啊
啊 啊 啊
马达唱哎 机轮滚 机轮滚, 印刷工人 印红心
鱼靠水哎 树连根 树连根, 一颗铅字 一颗心
啊 红心飞向中南海,
宝书印在心窝里,
印红心, 红心飞向中南海, 毛主席是咱最亲的人,
一颗心, 宝书印在心窝里, 毛主席是咱指路的人,
毛主席是最亲的人, 毛主席
毛主席是指路的人, 毛主席
红心飞向中南海, 毛主席是咱最亲的人。
宝书印在心窝里, 毛主席是咱指路的人。
是咱最亲的人, 最亲的人。
是咱指路的人, 指路的人。

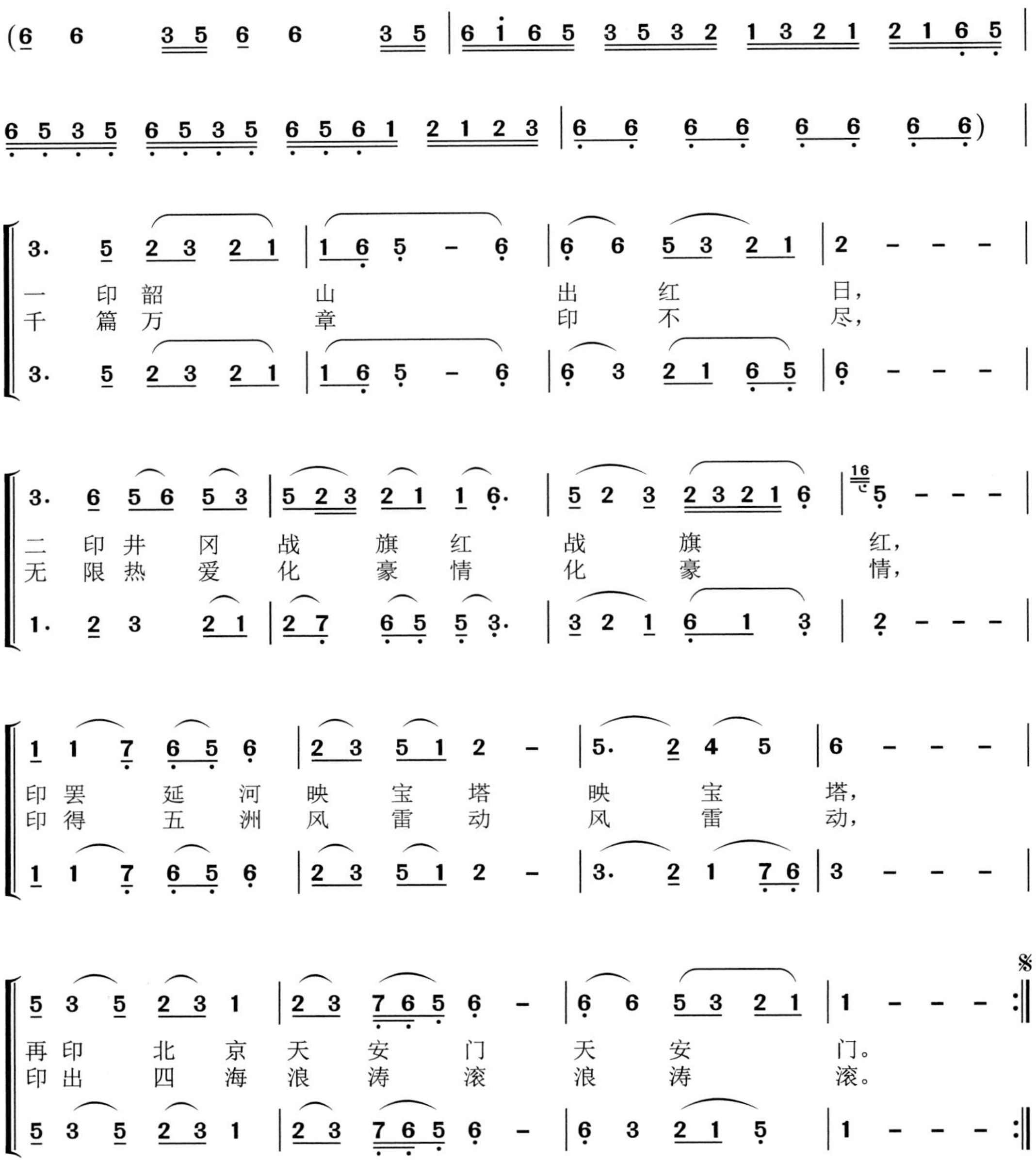
一 印 韶 山 出 红 日，
千 篇 万 章 印 不 尽，
二 印 井 冈 战 旗 红 战 旗 红，
无 限 热 爱 化 豪 情 化 豪 情，
印 罢 延 河 映 宝 塔 映 宝 塔，
印 得 五 洲 风 雷 动 风 雷 动，
再 印 北 京 天 安 门 天 安 门。
印 出 四 海 浪 涛 滚 浪 涛 滚。

1971 年创作

毛主席——伟大祖国您缔造

（女声独唱）

1=D $\frac{2}{4}$

豪迈地

佚　名　词

刘秀晨　曲

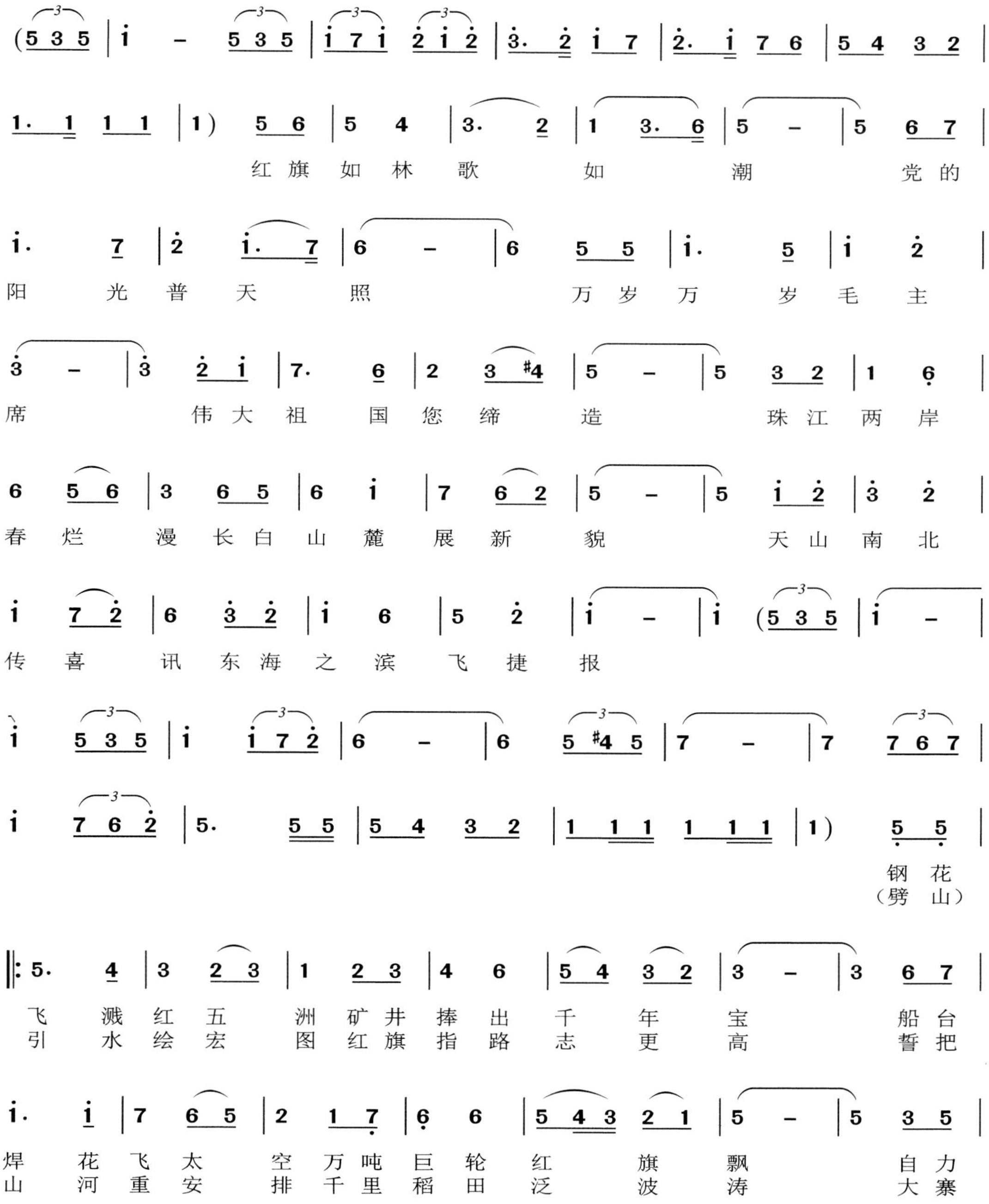
红 旗 如 林 歌 如 潮 党 的
阳 光 普 天 照 万 岁 万 岁 毛 主
席 伟 大 祖 国 您 缔 造 珠 江 两 岸
春 烂 漫 长 白 山 麓 展 新 貌 天 山 南 北
传 喜 讯 东 海 之 滨 飞 捷 报
钢 花
（劈 山）
飞 溅 红 五 洲 矿 井 捧 出 千 年 宝 船 台
引 水 绘 宏 图 红 旗 指 路 志 更 高 誓 把
焊 花 飞 太 空 万 吨 巨 轮 红 旗 飘 自 力
山 河 重 安 排 千 里 稻 田 泛 波 涛 大 寨

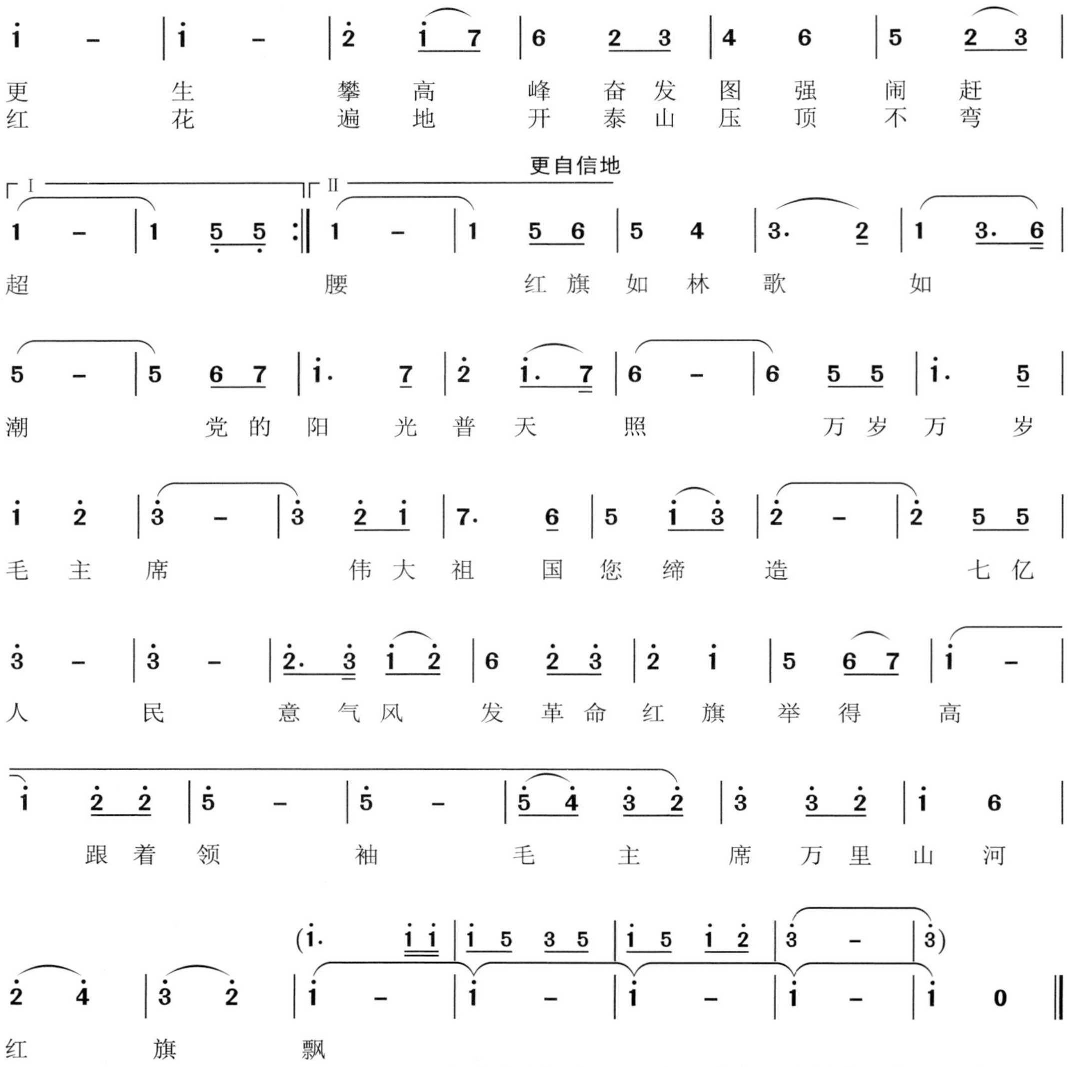

更 生 攀 高 峰 奋 发 图 强 闹 赶
红 花 遍 地 开 泰 山 压 顶 不 弯
更自信地
超 腰 红 旗 如 林 歌 如
潮 党 的 阳 光 普 天 照 万 岁 万 岁
毛 主 席 伟 大 祖 国 您 缔 造 七 亿
人 民 意 气 风 发 革 命 红 旗 举 得 高
跟 着 领 袖 毛 主 席 万 里 山 河
红 旗 飘

这首歌被评为1972年北京市文艺创作三个获奖歌曲之一

1971年创作

咱们支农小分队

（男声小合唱）

薄秉义 词
刘秀晨 曲

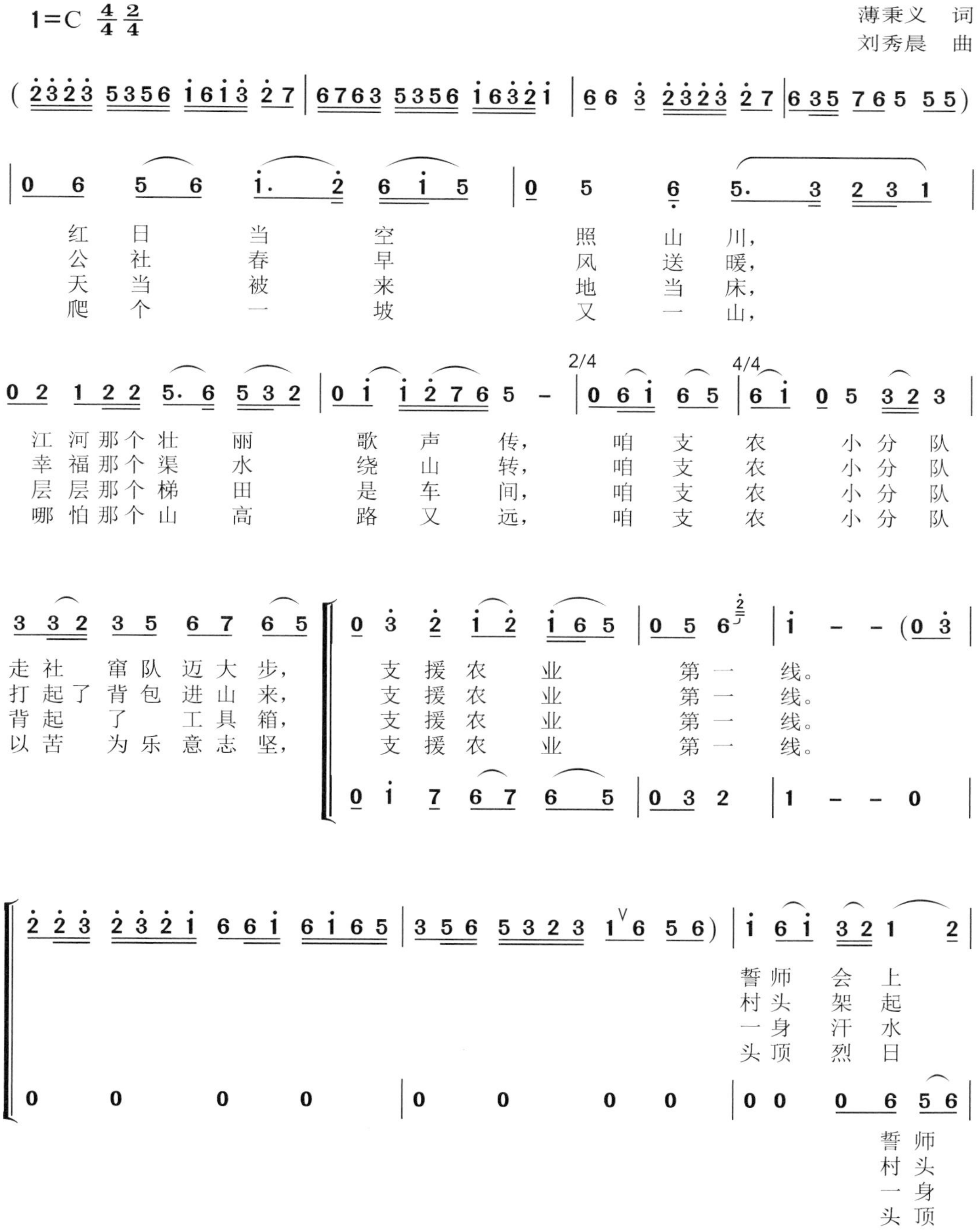
1=C 4/4 2/4
2/4
4/4
红日当空照山川，江河那个壮丽歌声传，咱支农小分队走社窜队迈大步，支援农业第一线。
公社春早风送暖，幸福那个渠水绕山转，咱支农小分队打起了背包进山来，支援农业第一线。
天当被来地当床，层层那个梯田是车间，咱支农小分队背起了工具箱，支援农业第一线。
爬个一坡又一山，哪怕那个山高路又远，咱支农小分队以苦为乐意志坚，支援农业第一线。
誓师会上
村头架起
一身汗水
头顶烈日
誓师
村头
一身
头顶

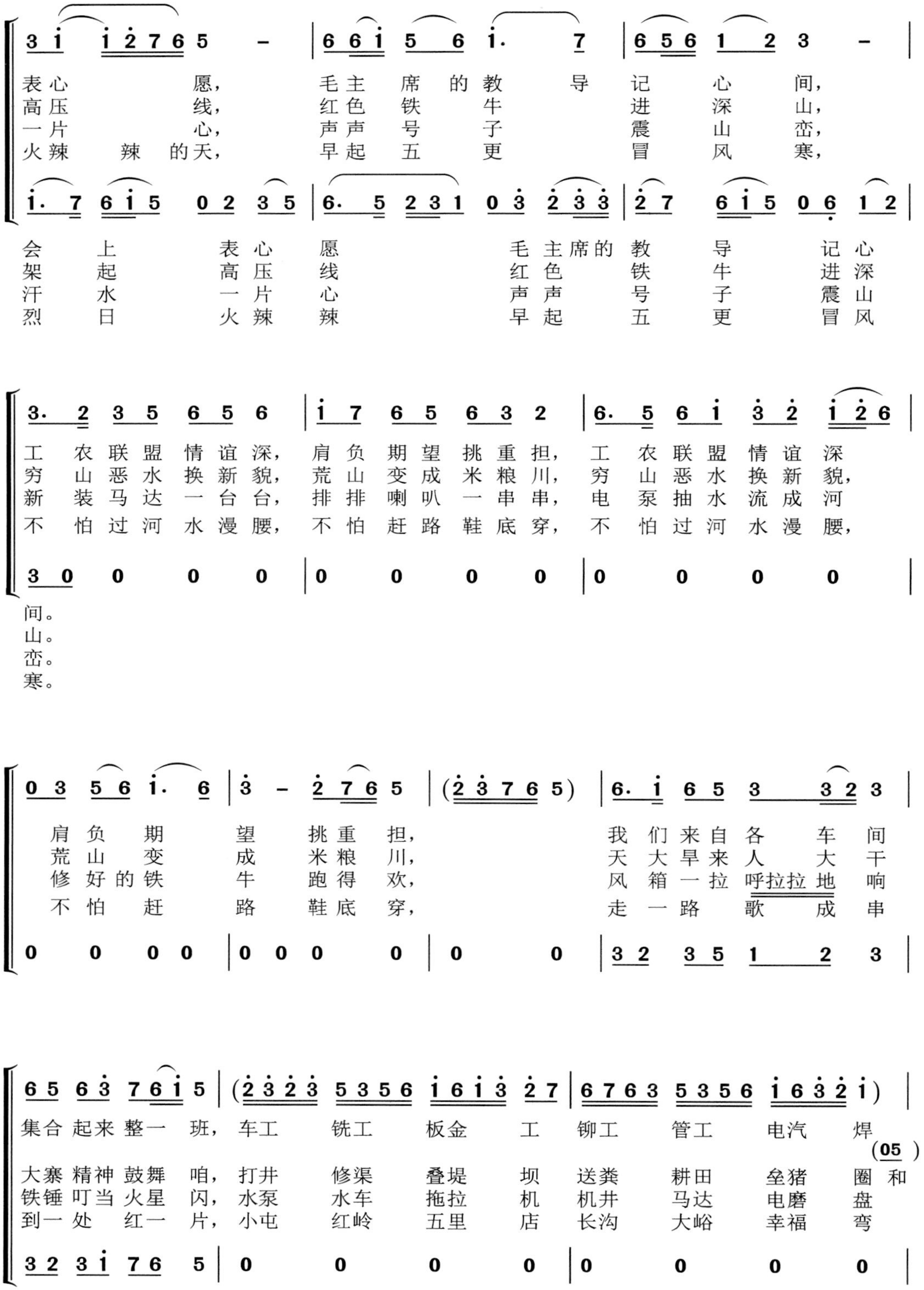
表心 愿，毛主 席 的 教 导 记 心 间，
高压 线，红色 铁 牛 进 深 山，
一片 心，声声 号 子 震 山 峦，
火辣 辣 的天，早起 五 更 冒 风 寒，
会 上 表 心 愿 毛 主席的 教 导 记 心
架 起 高 压 线 红 色 铁 牛 进 深
汗 水 一 片 心 声 声 号 子 震 山
烈 日 火 辣 辣 早 起 五 更 冒 风
工 农 联 盟 情 谊 深，肩 负 期 望 挑 重 担，工 农 联 盟 情 谊 深
穷 山 恶 水 换 新 貌，荒 山 变 成 米 粮 川，穷 山 恶 水 换 新 貌，
新 装 马 达 一 台 台，排 排 喇 叭 一 串 串，电 泵 抽 水 流 成 河
不 怕 过 河 水 漫 腰，不 怕 赶 路 鞋 底 穿，不 怕 过 河 水 漫 腰，
间。
山。
峦。
寒。
肩 负 期 望 挑 重 担，我 们 来 自 各 车 间
荒 山 变 成 米 粮 川，天 大 旱 来 人 大 干
修 好 的 铁 牛 跑 得 欢，风 箱 一 拉 呼拉拉 地 响
不 怕 赶 路 鞋 底 穿，走 一 路 歌 成 串
集合 起来 整一 班，车工 铣工 板金 工 铆工 管工 电汽 焊
(05)
大寨 精神 鼓舞 咱，打井 修渠 叠堤 坝 送粪 耕田 垒猪 圈 和
铁锤 叮当 火星 闪，水泵 水车 拖拉 机 机井 马达 电磨 盘
到一 处 红一 片，小屯 红岭 五里 店 长沟 大峪 幸福 弯

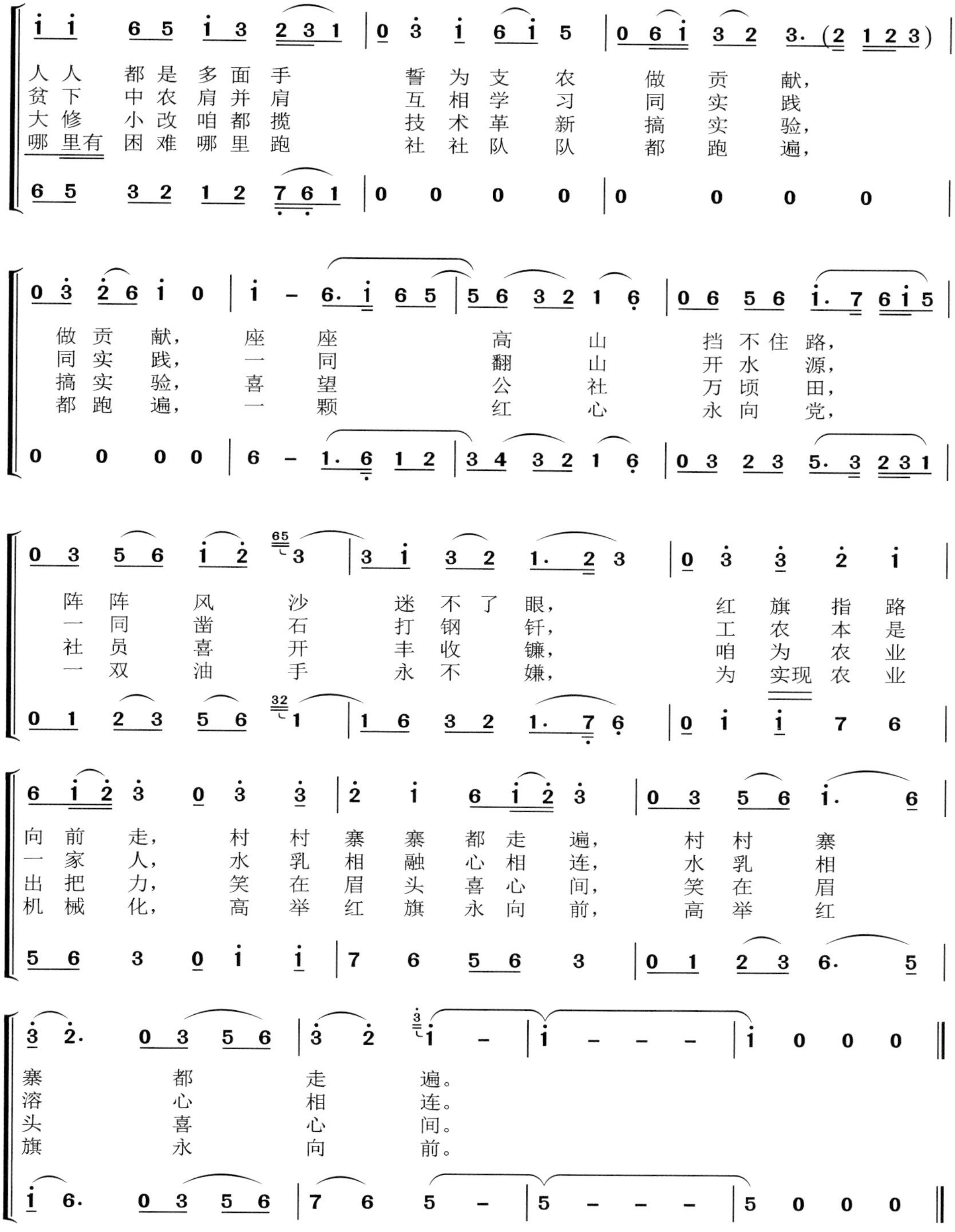
人人都是多面手 誓为支农做贡献，
贫下中农肩并肩 互相学习同实践
大修小改咱都揽 技术革新搞实验，
哪里有困难哪里跑 社社队队都跑遍，
做贡献，座座高山挡不住路，
同实践，一同翻山开水源，
搞实验，喜望公社万顷田，
都跑遍，一颗红心永向党，
阵阵风沙迷不了眼，红旗指路
一同凿石打钢钎，工农本是
社员喜开丰收镰，咱为农业
一双油手永不嫌，为实现农业
向前走，村村寨寨都走遍，村村寨
一家人，水乳相融心相连，水乳相
出把力，笑在眉头喜心间，笑在眉
机械化，高举红旗永向前，高举红
寨都走遍。
溶心相连。
头喜心间。
旗永向前。

1972 年创作

大学毕业我回山乡

（女声独唱）

1=♭B $\frac{4}{4}$

自由地

佚 名 词

刘秀晨 曲

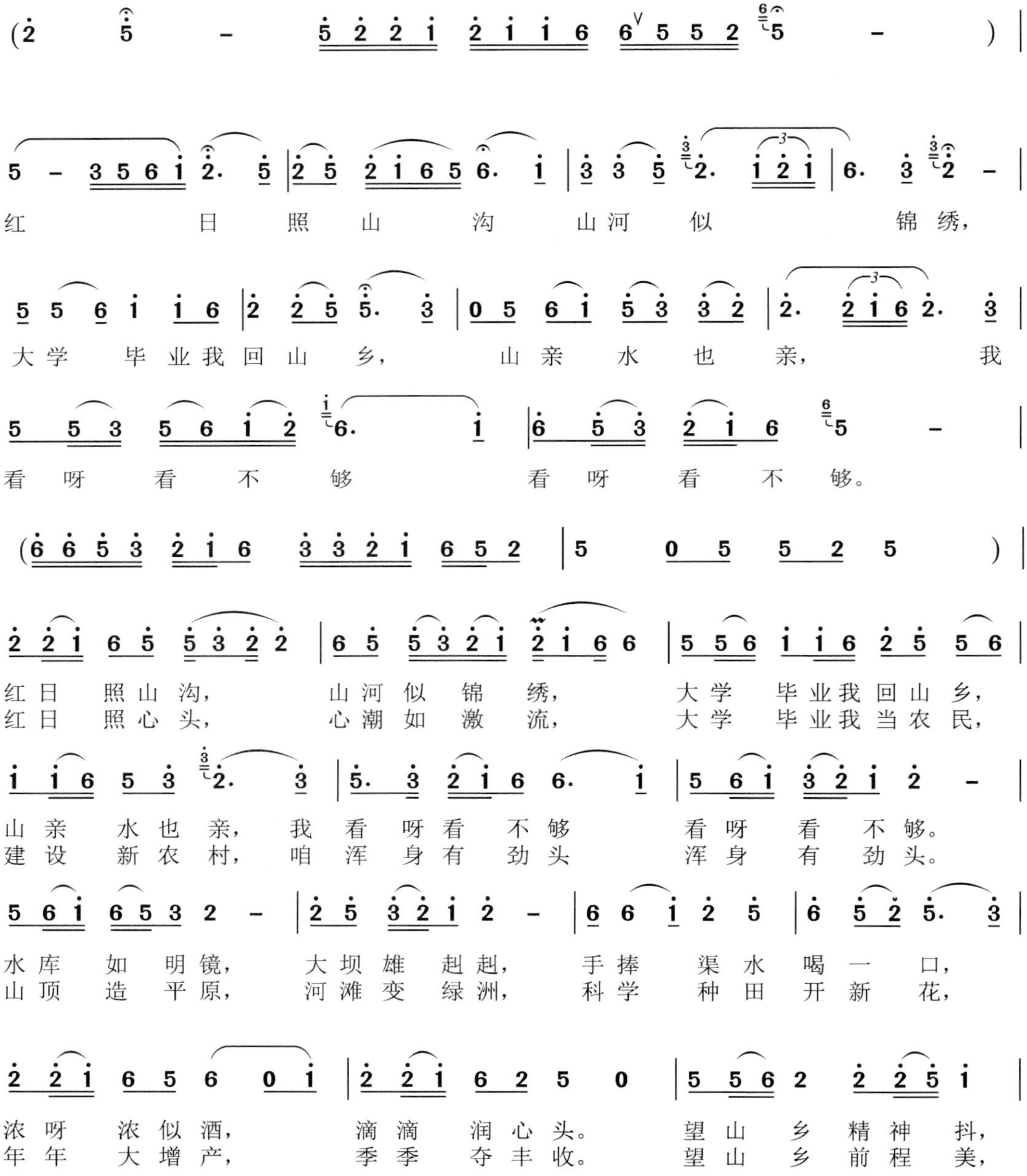
红日照山沟山河似锦绣，
大学毕业我回山乡，山亲水也亲，我
看呀看不够看呀看不够。
红日照山沟，山河似锦绣，大学毕业我回山乡，
红日照心头，心潮如激流，大学毕业我当农民，
山亲水也亲，我看呀看不够看呀看不够。
建设新农村，咱浑身有劲头浑身有劲头。
水库如明镜，大坝雄起起，手捧渠水喝一口，
山顶造平原，河滩变绿洲，科学种田开新花，
浓呀浓似酒，滴滴润心头。望山乡精神抖，
年年大增产，季季夺丰收。望山乡前程美，

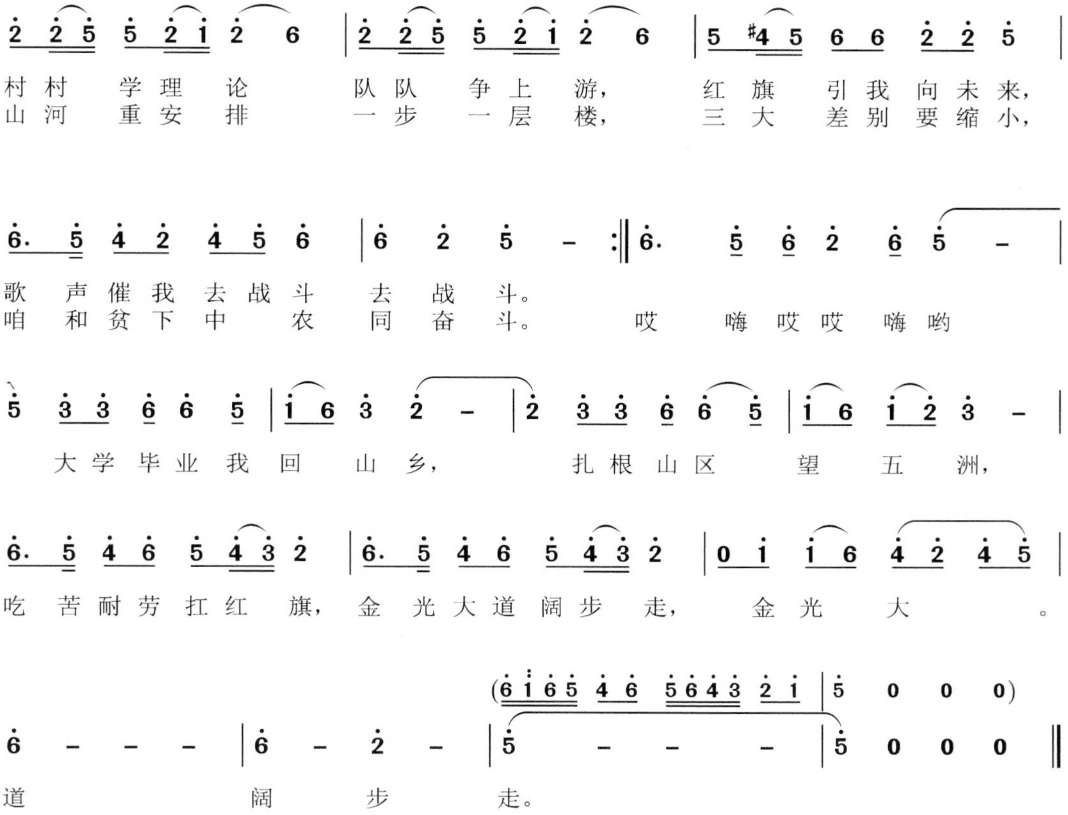
村村 学理 论 队队 争上 游， 红 旗 引我 向未来，
山河 重安 排 一步 一层 楼， 三 大 差别 要缩小，
歌 声催我 去战斗 去 战 斗。
咱 和贫下 中 农 同 奋 斗。 哎 嗨 哎 哎 嗨 哟
大学毕业我回 山乡， 扎根山区 望 五 洲，
吃 苦耐劳扛红 旗， 金 光大道 阔步 走， 金 光 大 。
道 阔 步 走。

1974 年创作

朋友，切莫辜负这大好年头

（女中音独唱）

张红曙 词
刘秀晨 曲

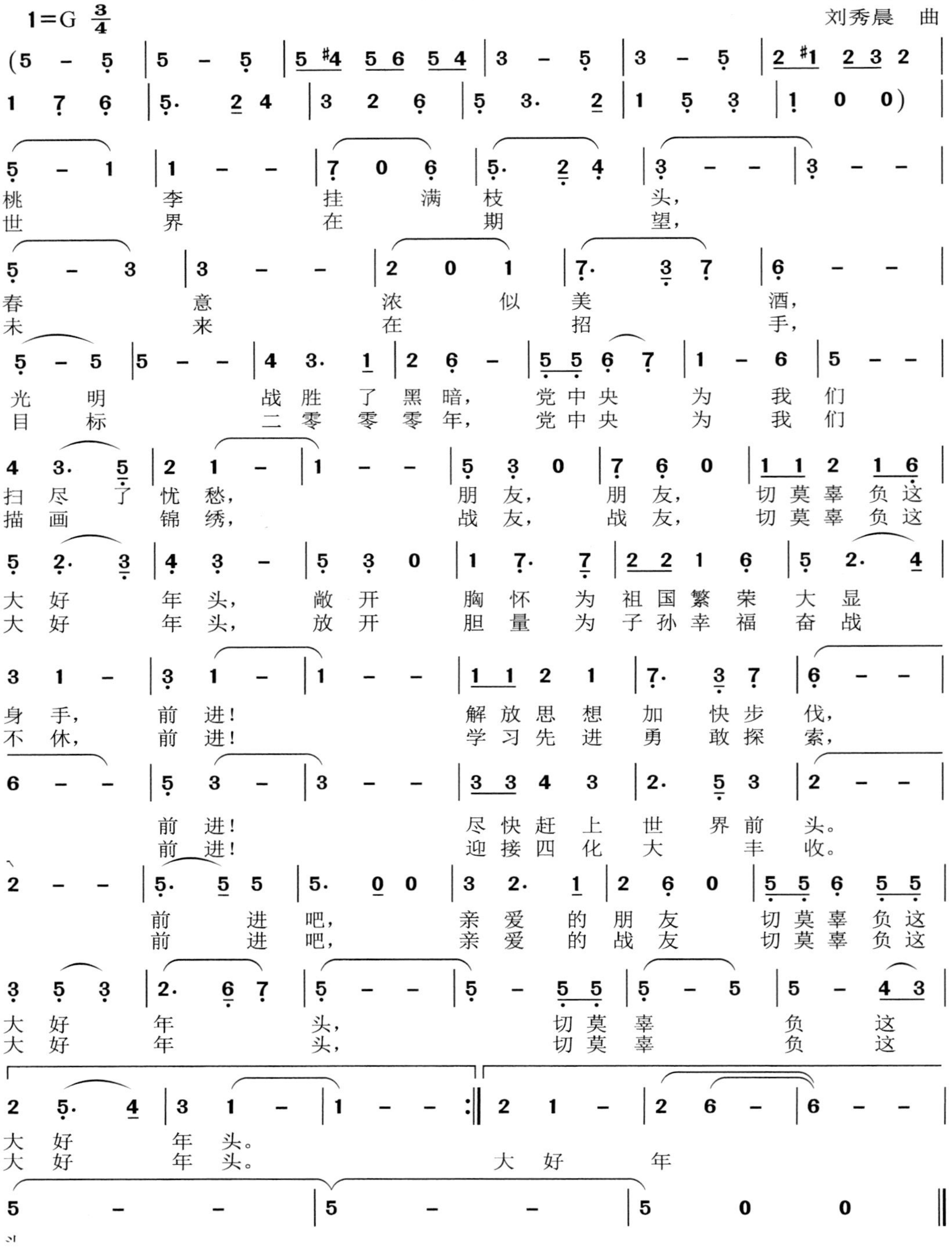
1=G 3/4
桃 李 挂 满 枝 头，
世 界 在 期 望，
春 意 浓 似 美 酒，
未 来 在 招 手，
光 明 战 胜 了 黑 暗，党 中 央 为 我 们
目 标 二 零 零 零 年，党 中 央 为 我 们
扫 尽 了 忧 愁，朋 友，朋 友，切 莫 辜 负 这
描 画 锦 绣，战 友，战 友，切 莫 辜 负 这
大 好 年 头，敞 开 胸 怀 为 祖 国 繁 荣 大 显
大 好 年 头，放 开 胆 量 为 子 孙 幸 福 奋 战
身 手，前 进！解 放 思 想 加 快 步 伐，
不 休，前 进！学 习 先 进 勇 敢 探 索，
前 进！尽 快 赶 上 世 界 前 头。
前 进！迎 接 四 化 大 丰 收。
前 进 吧，亲 爱 的 朋 友 切 莫 辜 负 这
前 进 吧，亲 爱 的 战 友 切 莫 辜 负 这
大 好 年 头，切 莫 辜 负 这
大 好 年 头，切 莫 辜 负 这
大 好 年 头。
大 好 年 头。大 好 年

1977 年创作

桂 林 美

1=♭A $\frac{4}{4}$

（领唱、合唱）

曾宪瑞 词
刘秀晨 曲

♩=120 稍慢地

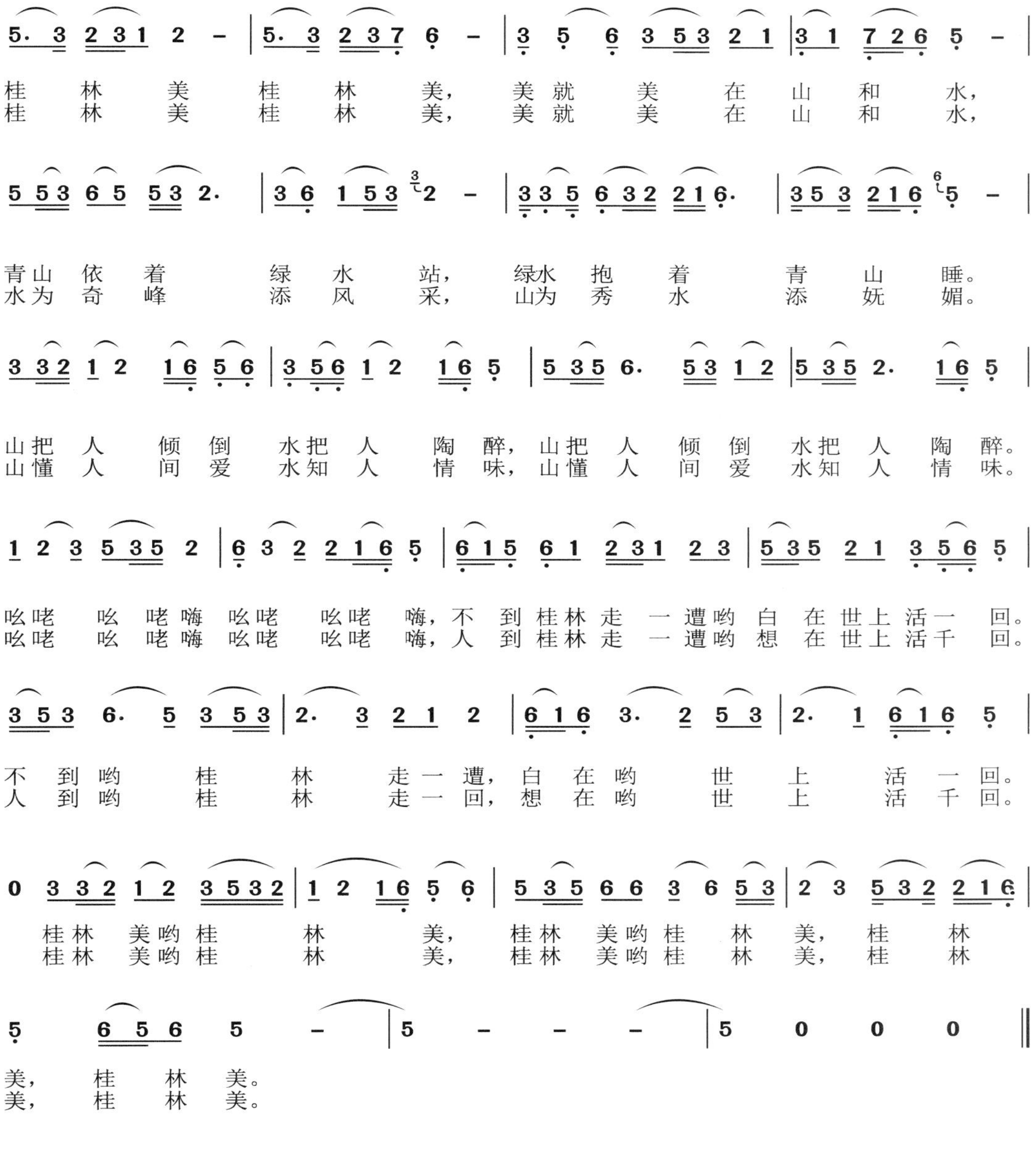

桂 林 美 桂 林 美，美就 美 在 山 和 水，
桂 林 美 桂 林 美，美就 美 在 山 和 水，
青山 依 着 绿 水 站，绿水 抱 着 青 山 睡。
水为 奇 峰 添 风 采，山为 秀 水 添 妩 媚。
山把 人 倾 倒 水把 人 陶 醉，山把 人 倾 倒 水把 人 陶 醉。
山懂 人 间 爱 水知 人 情 味，山懂 人 间 爱 水知 人 情 味。
吆咾 吆 咾嗨 吆咾 吆咾 嗨，不 到 桂林 走 一 遭哟 白 在 世上 活一 回。
吆咾 吆 咾嗨 吆咾 吆咾 嗨，人 到 桂林 走 一 遭哟 想 在 世上 活千 回。
不 到 哟 桂 林 走一 遭，白 在 哟 世 上 活 一 回。
人 到 哟 桂 林 走一 回，想 在 哟 世 上 活 千 回。
桂林 美哟 桂 林 美，桂林 美哟 桂 林 美，桂 林
桂林 美哟 桂 林 美，桂林 美哟 桂 林 美，桂 林
美，桂 林 美。
美，桂 林 美。

2012 年创作

武功山上有个江西汉子

1=♭B 3/4 4/4 5/4

♩=120

刘秀晨等词
刘秀晨 曲

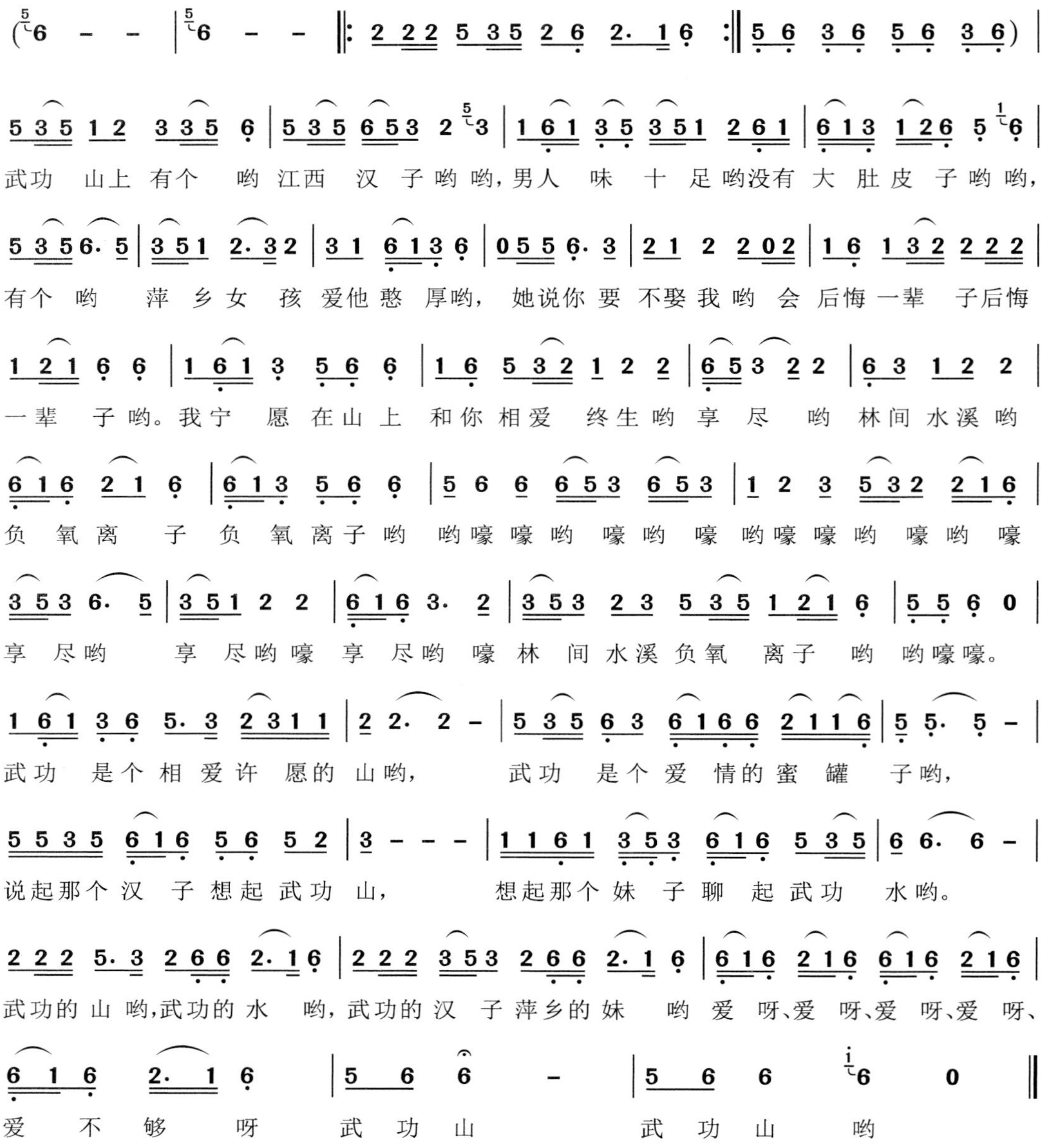
武功 山上 有个 哟江西 汉 子哟哟,男人 味 十 足哟没有大 肚皮 子哟哟,
有个 哟 萍乡女 孩 爱他憨 厚哟, 她说你要 不娶我哟 会 后悔一辈 子后悔
一辈 子哟。我宁 愿 在山上 和你相爱 终生哟享 尽 哟 林间水溪哟
负 氧离 子 负 氧 离子哟 哟嚎 嚎哟 嚎哟 嚎 哟嚎 嚎哟 嚎哟 嚎
享 尽哟 享 尽哟嚎 享 尽哟 嚎林 间水溪负氧 离子 哟 哟嚎嚎。
武功 是个相 爱许 愿的 山哟, 武功 是个爱 情的蜜 罐 子哟,
说起那个汉 子想起武功 山, 想起那个妹 子聊 起武功 水哟。
武功的山哟,武功的水 哟,武功的汉 子萍乡的妹 哟爱 呀、爱 呀、爱 呀、爱 呀、
爱 不 够 呀 武 功 山 武 功 山 哟

2014 年创作

西苑医院歌

1=G $\frac{4}{4}$

刘秀晨词曲

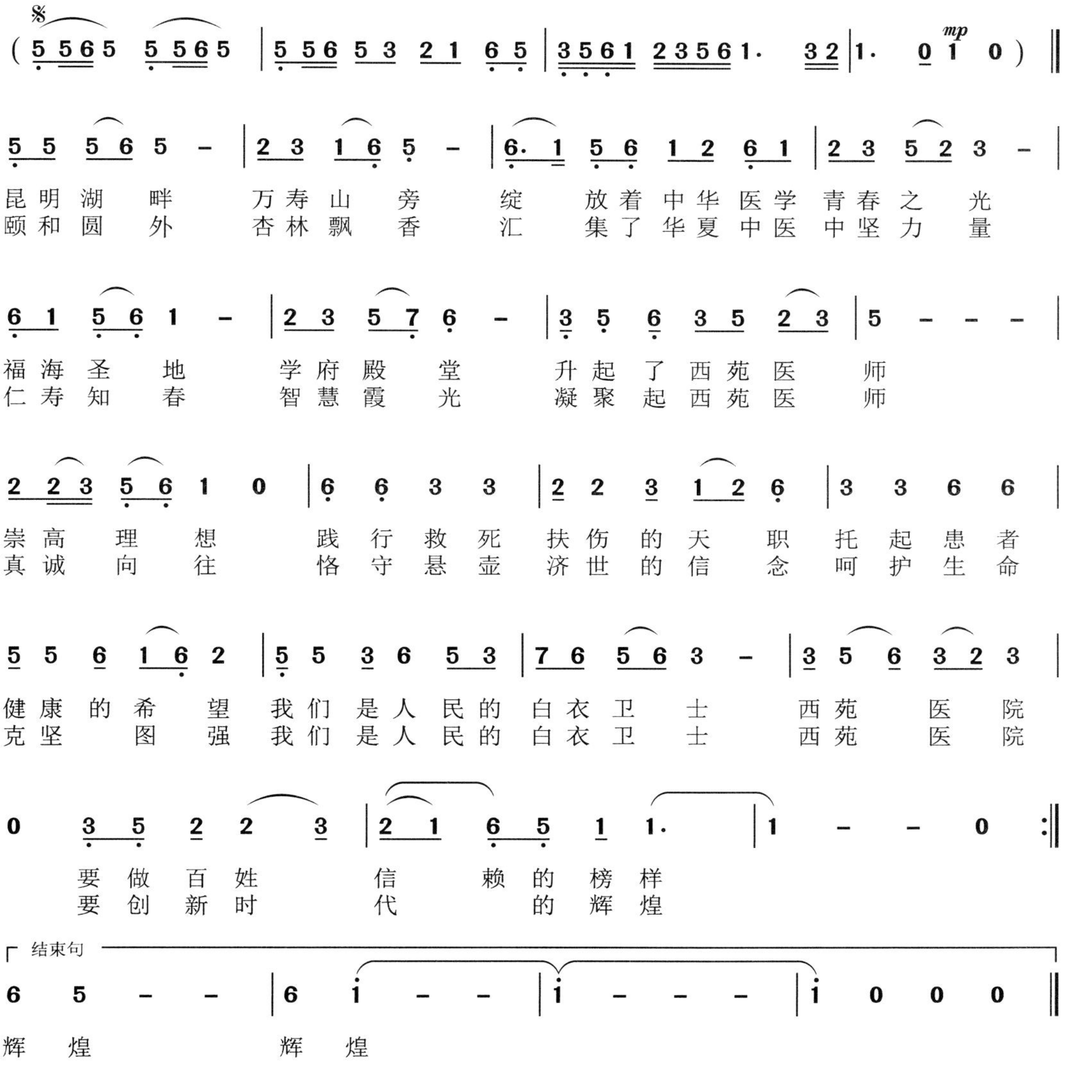
mp
昆明湖畔 万寿山旁 绽放着中华医学青春之光
颐和圆外 杏林飘香 汇集了华夏中医中坚力量
福海圣地 学府殿堂 升起了西苑医师
仁寿知春 智慧霞光 凝聚起西苑医师
崇高理想 践行救死扶伤的天职 托起患者
真诚向往 恪守悬壶济世的信念 呵护生命
健康的希望 我们是人民的白衣卫士 西苑医院
克坚图强 我们是人民的白衣卫士 西苑医院
要做百姓信赖的榜样
要创新时代的辉煌
结束句
辉煌 辉煌

2014 年创作

岭南人 园林人

1=C $\frac{4}{4}$

（领唱、合唱）

刘秀晨
范长喜 词
刘秀晨 曲

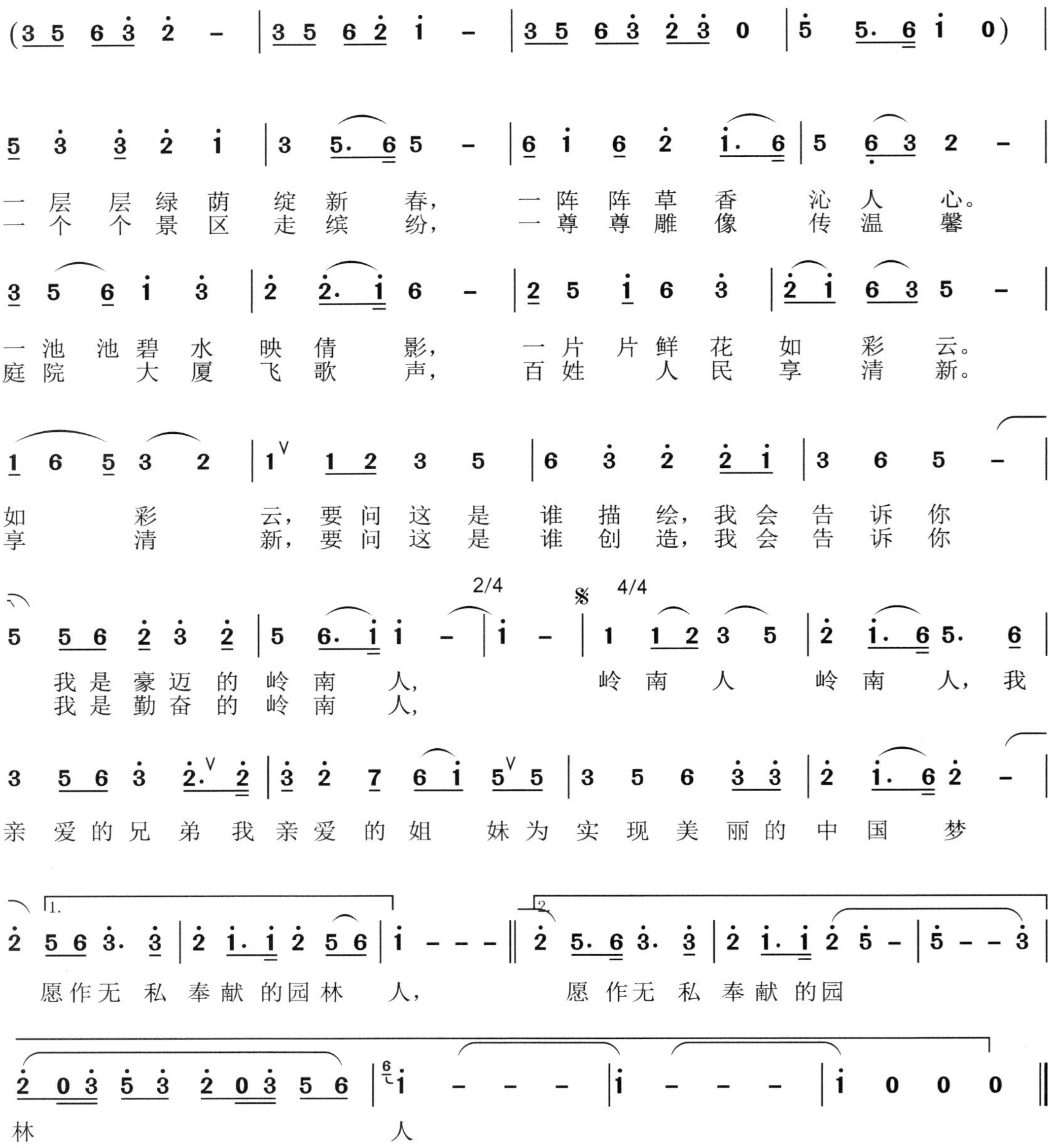
一层层绿荫绽新春，一阵阵草香沁人心。
一个个景区走缤纷，一尊尊雕像传温馨
一池池碧水映倩影，一片片鲜花如彩云。
庭院大厦飞歌声，百姓人民享清新。
如彩云，要问这是谁描绘，我会告诉你
享清新，要问这是谁创造，我会告诉你
2/4
4/4
我是豪迈的岭南人，岭南人岭南人，我
我是勤奋的岭南人，
亲爱的兄弟我亲爱的姐妹为实现美丽的中国梦
1.
2.
愿作无私奉献的园林人，愿作无私奉献的园
林人

2015 年创作

播种园林的路上绽放智慧之光

（合唱）

1=G $\frac{4}{4}$

刘秀晨　词曲

♩=90　进行曲速度

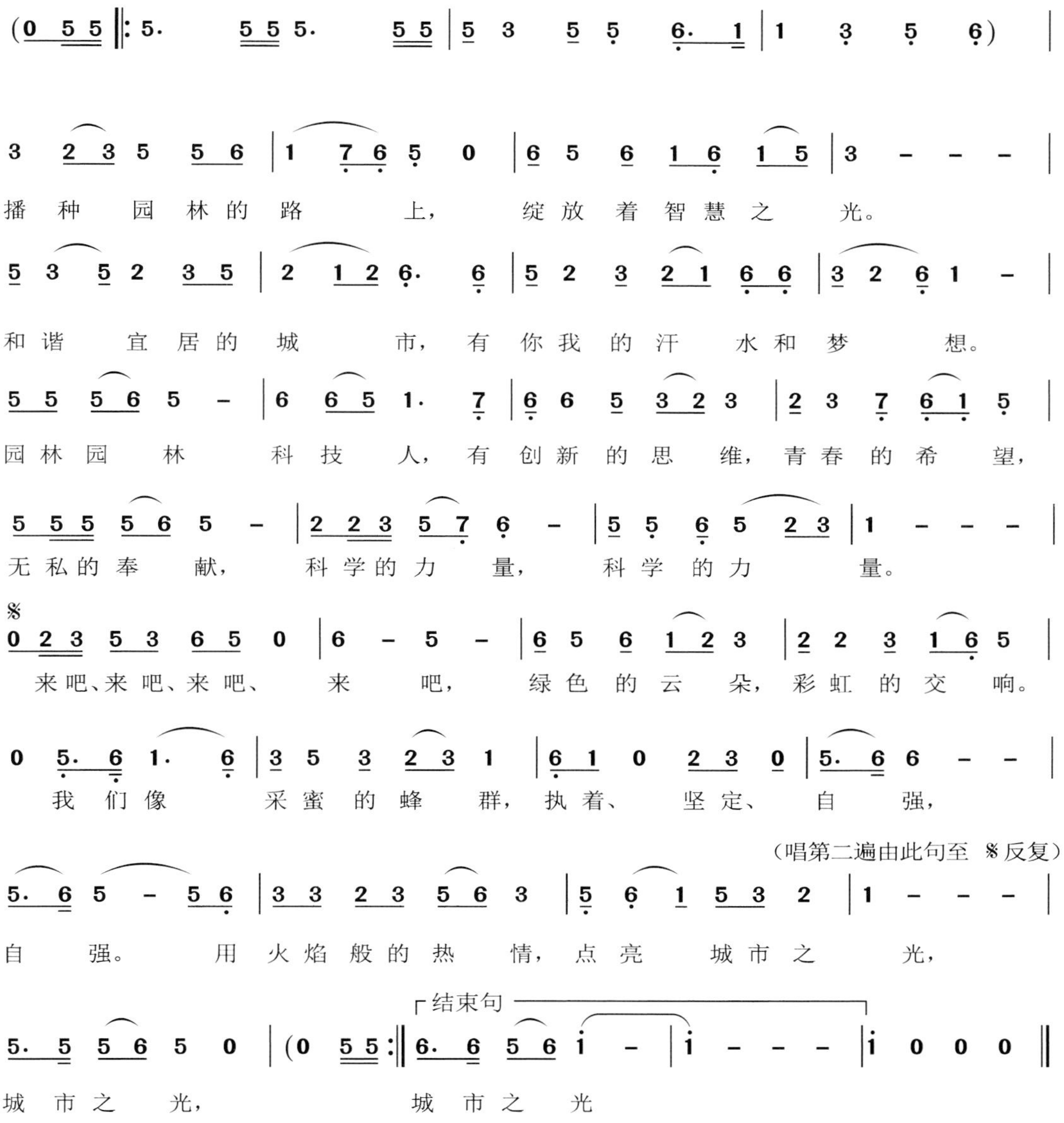
播种园林的路上，绽放着智慧之光。
和谐宜居的城市，有你我的汗水和梦想。
园林园林科技人，有创新的思维，青春的希望，
无私的奉献，科学的力量，科学的力量。
来吧、来吧、来吧、来吧，绿色的云朵，彩虹的交响。
我们像采蜜的蜂群，执着、坚定、自强，
（唱第二遍由此句至 𝄋 反复）
自强。用火焰般的热情，点亮城市之光，
结束句
城市之光，城市之光

2016 年为上海园林科学规划院创作

铜鼓唱响中国梦

佚 名 词
刘秀晨 曲

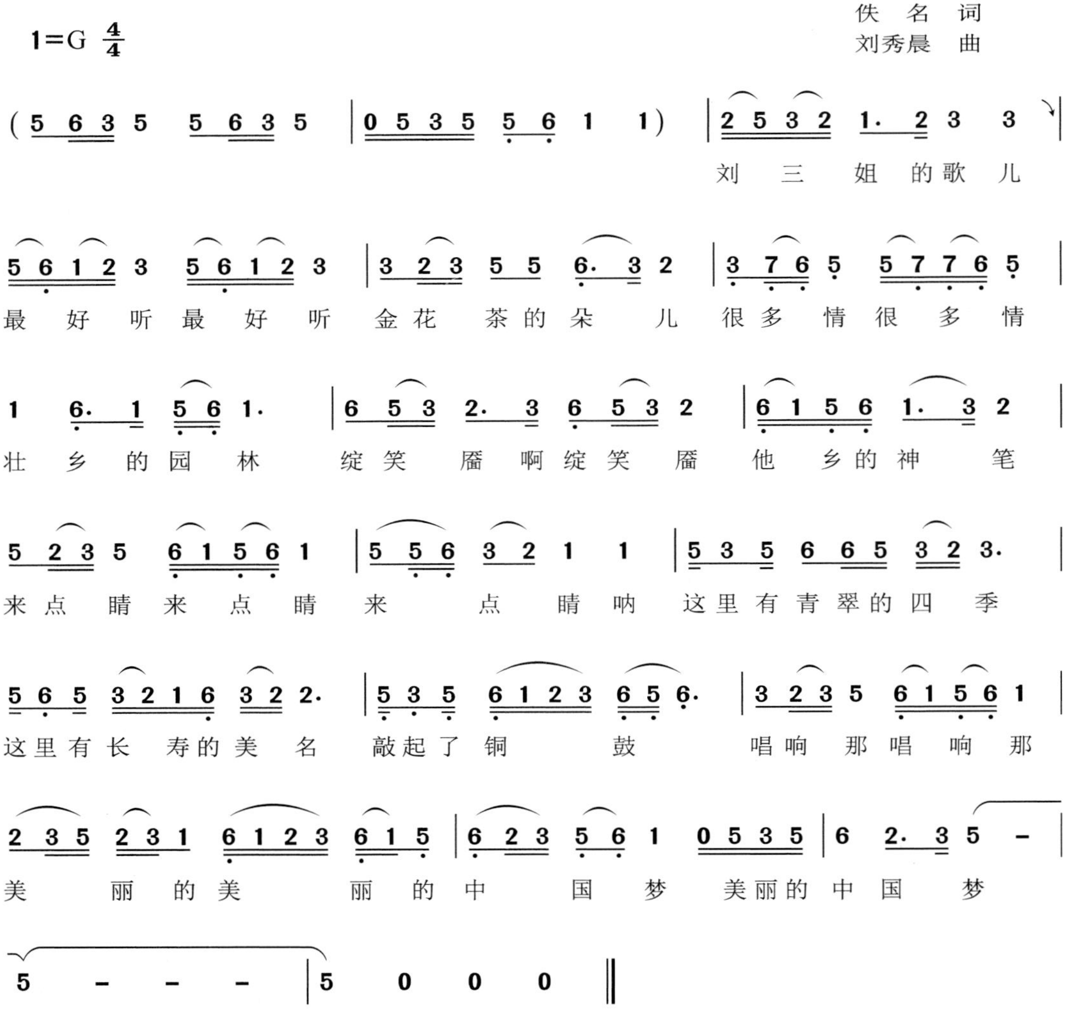
1=G 4/4
刘三姐的歌儿
最好听最好听最好听金花茶的朵儿很多情很多情
壮乡的园林绽笑靥啊绽笑靥他乡的神笔
来点睛来点睛来点睛呐这里有青翠的四季
这里有长寿的美名敲起了铜鼓唱响那唱响那
美丽的美丽的中国梦美丽的中国梦

2017年为南宁园博会而作

附录

名师题字

古城公园
舒同
一九八一年九月

一九八二年壬戌
國慶佳節
攬霞
濤杰

一九八二年壬戌
國慶佳節
滴翠
濤杰

這櫻花一堆堆、一層層，好像雲海似的，在陽光下，緋紅萬頃，溢彩流光。我們凌駕着浩蕩的東風，向着初生的太陽前进！

節錄舊作、櫻花贊、中之句

冰心 庚午仲春

北京石景山雕塑公園

劉開渠題

春早院
劉海粟
年方八六

此画为刘海粟先生手稿，当时为春早院题词，刘老先生的手稿没落提名，送给作者

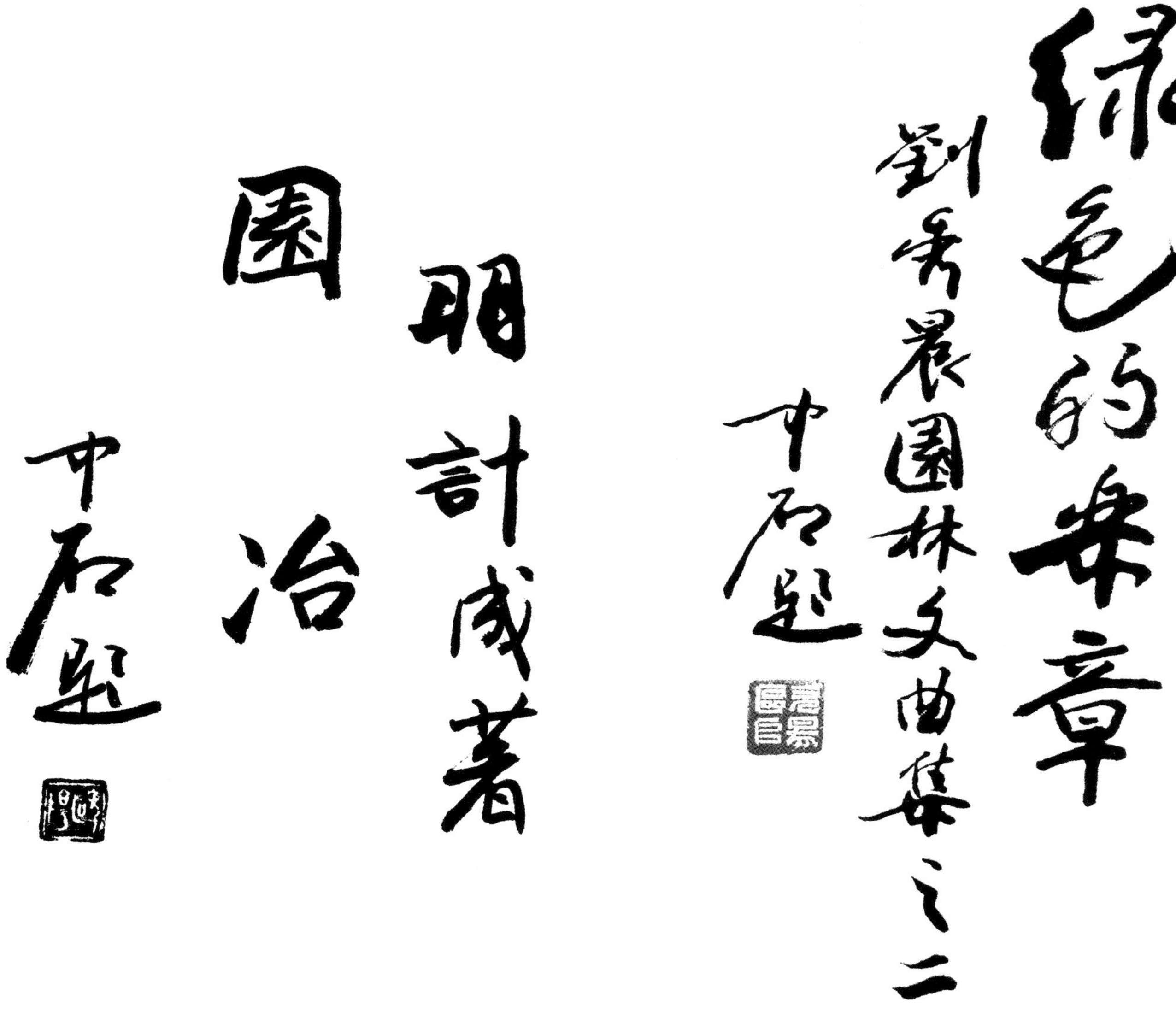
绿色的乐章
劉秀晨園林文曲集之二
中石題
園冶
明 計成 著
中石題

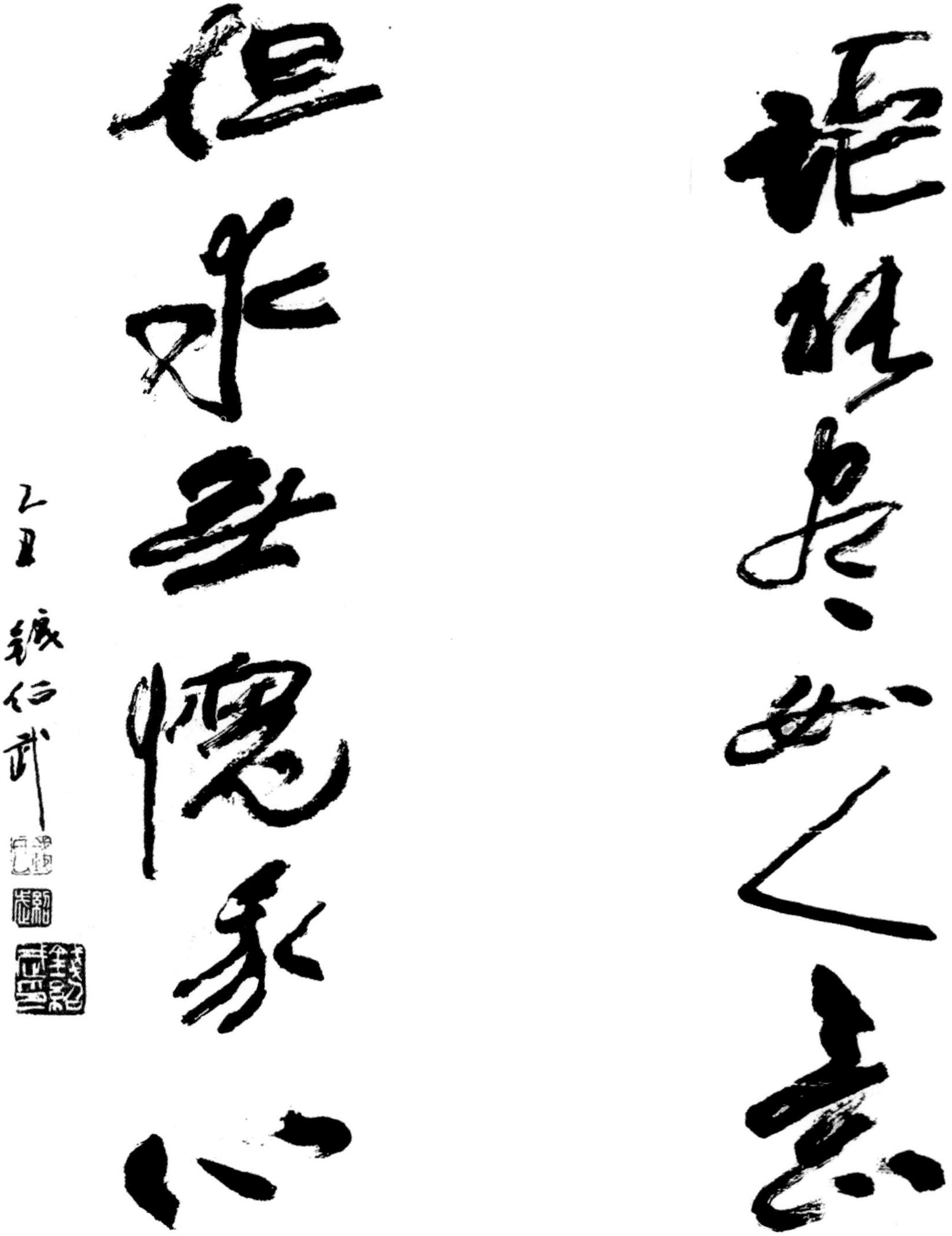
讵能长如意
但求无愧心

海天寥際暢遊時

中共北京市委统战部原副部长傅镇岳先生转赠

此画为台湾著名画家张青先生所赠

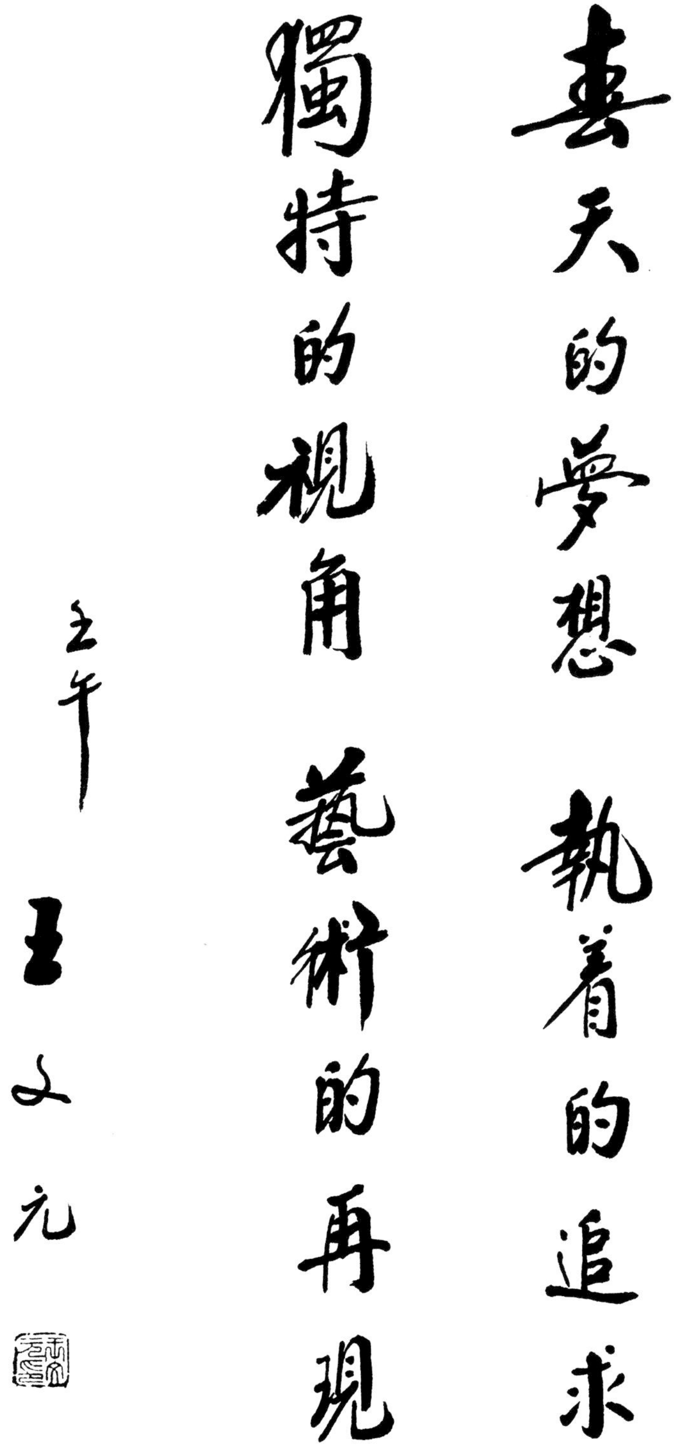
春天的夢想 執着的追求
獨特的視角 藝術的再現
壬午
王文元

此字发表于《绿色的云——刘秀晨园林文曲集》，遗漏了印章，故重新发表。

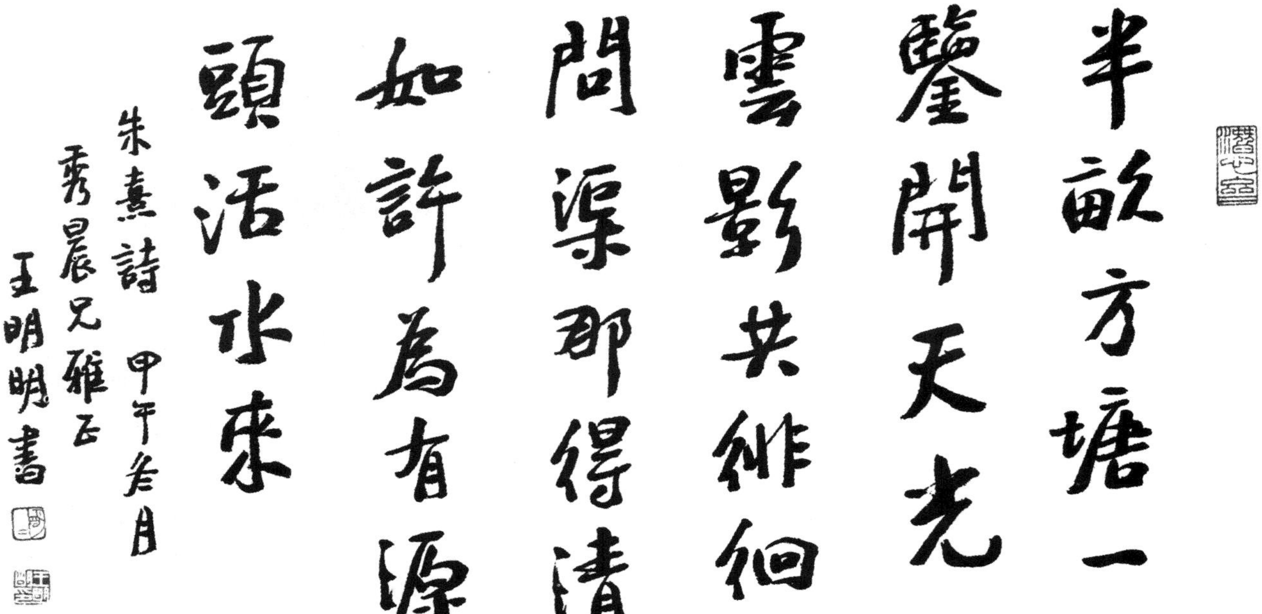
半畝方塘一
鑒開天光
雲影共徘徊
問渠那得清
如許為有源
頭活水來
朱熹詩 甲午冬月
秀晨兄雅正
王明明書

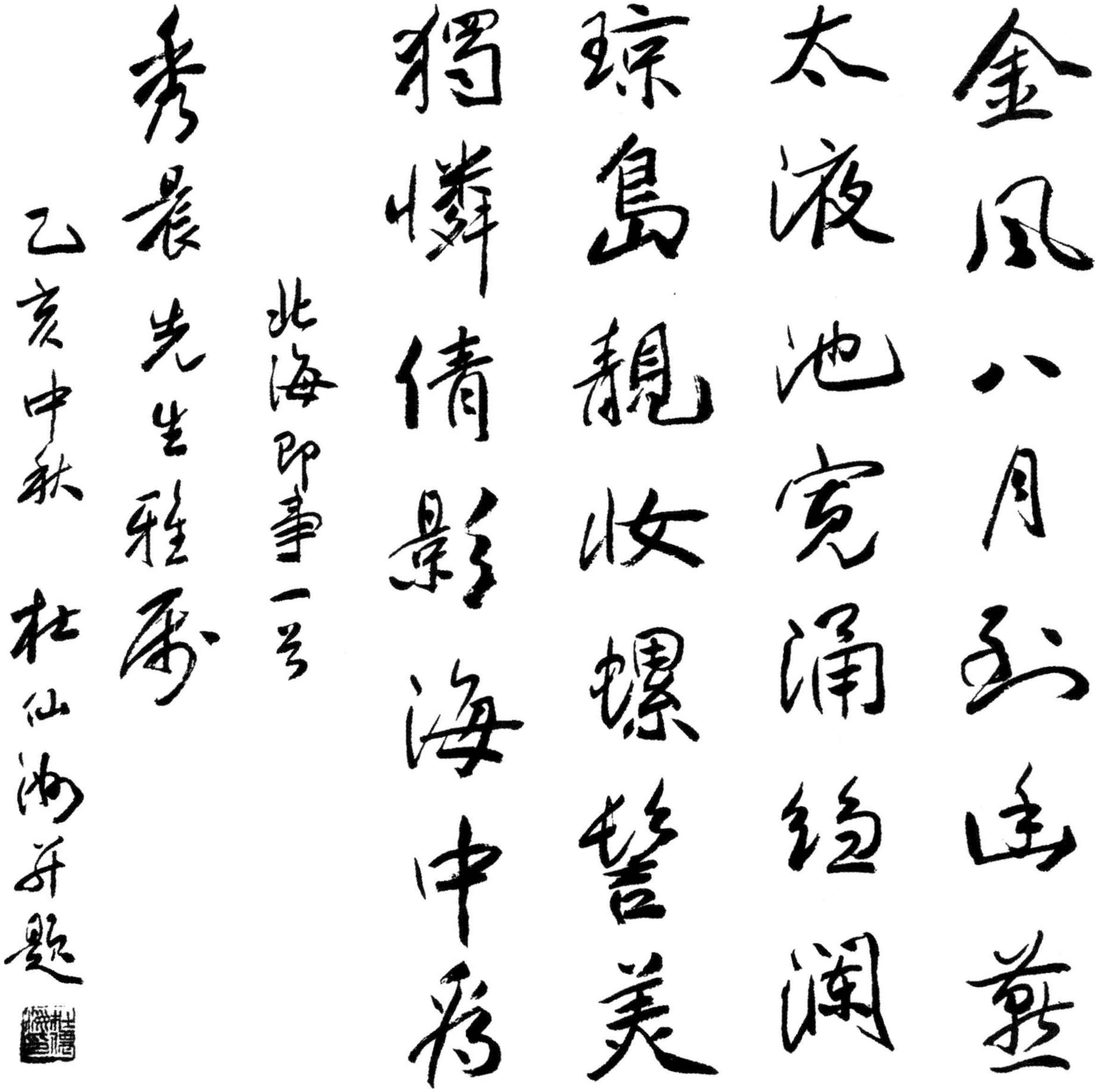
太液池宽涌绿澜
琼岛靓妆螺髻美
北海即事一首
秀晨先生雅属
乙亥中秋
杜仙洲并题

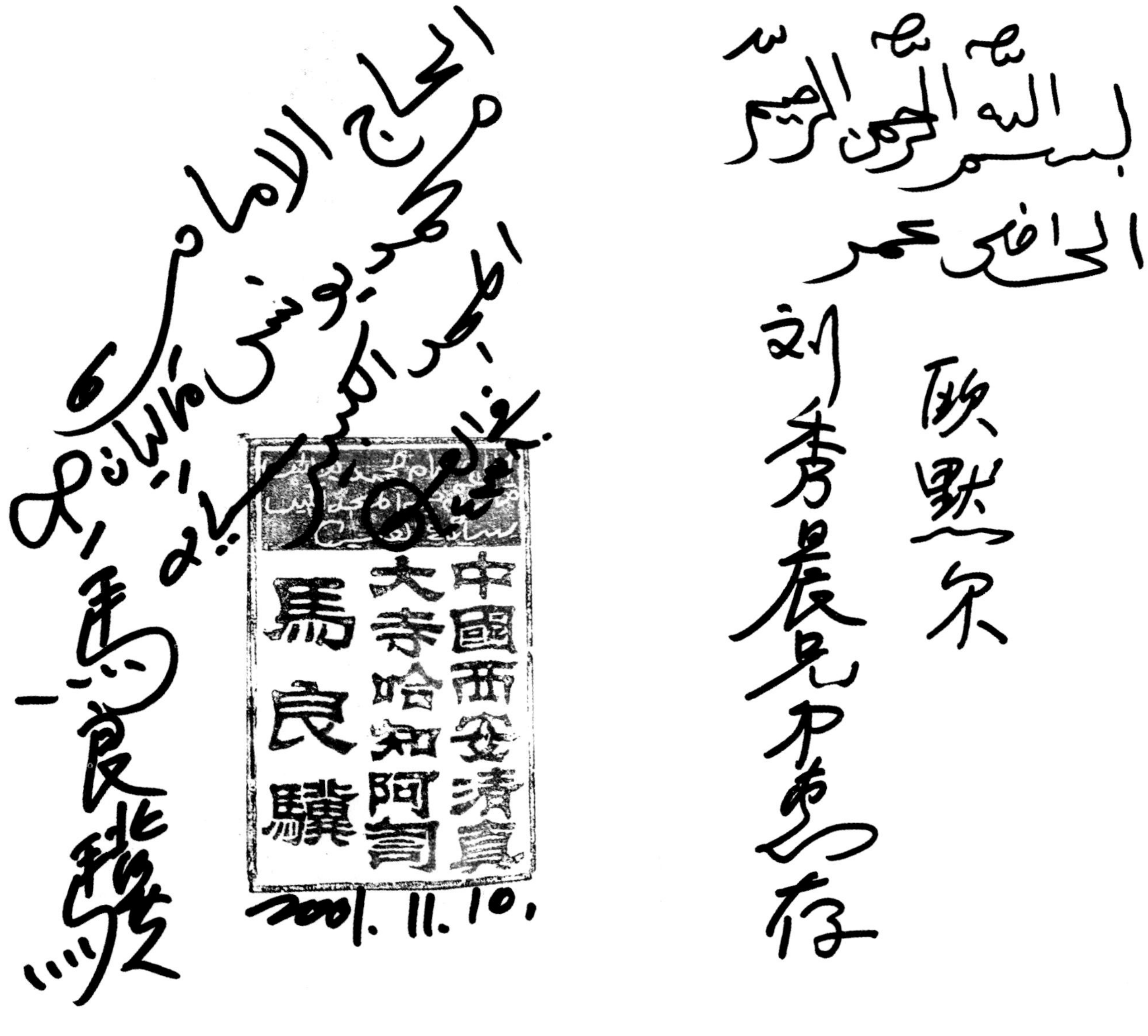

بسم الله الرحمن الرحيم
刘秀晨兄惠存
欧默尔
中國西安清真大寺哈知阿訇
馬良驥
馬良驥
2001.11.10

原全国政协委员、西安清真寺马良骥阿訇为作者取的回族名

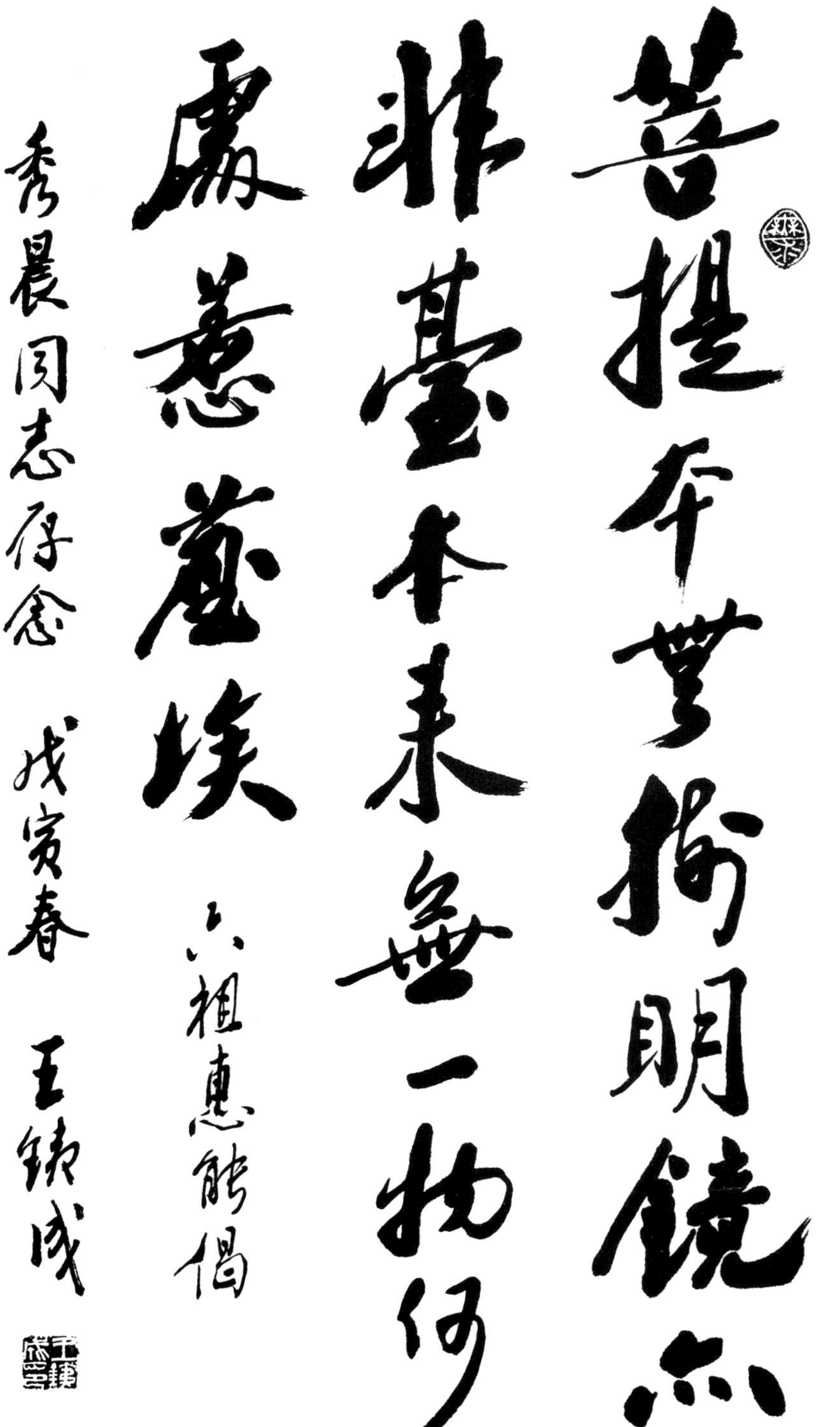
菩提本無樹明鏡亦
非臺本來無一物何
處惹塵埃
六祖惠能偈
秀晨同志存念
戊寅春
王鐵成

电影表演艺术家王铁成先生约作者同去中山公园赏兰时赠书一副

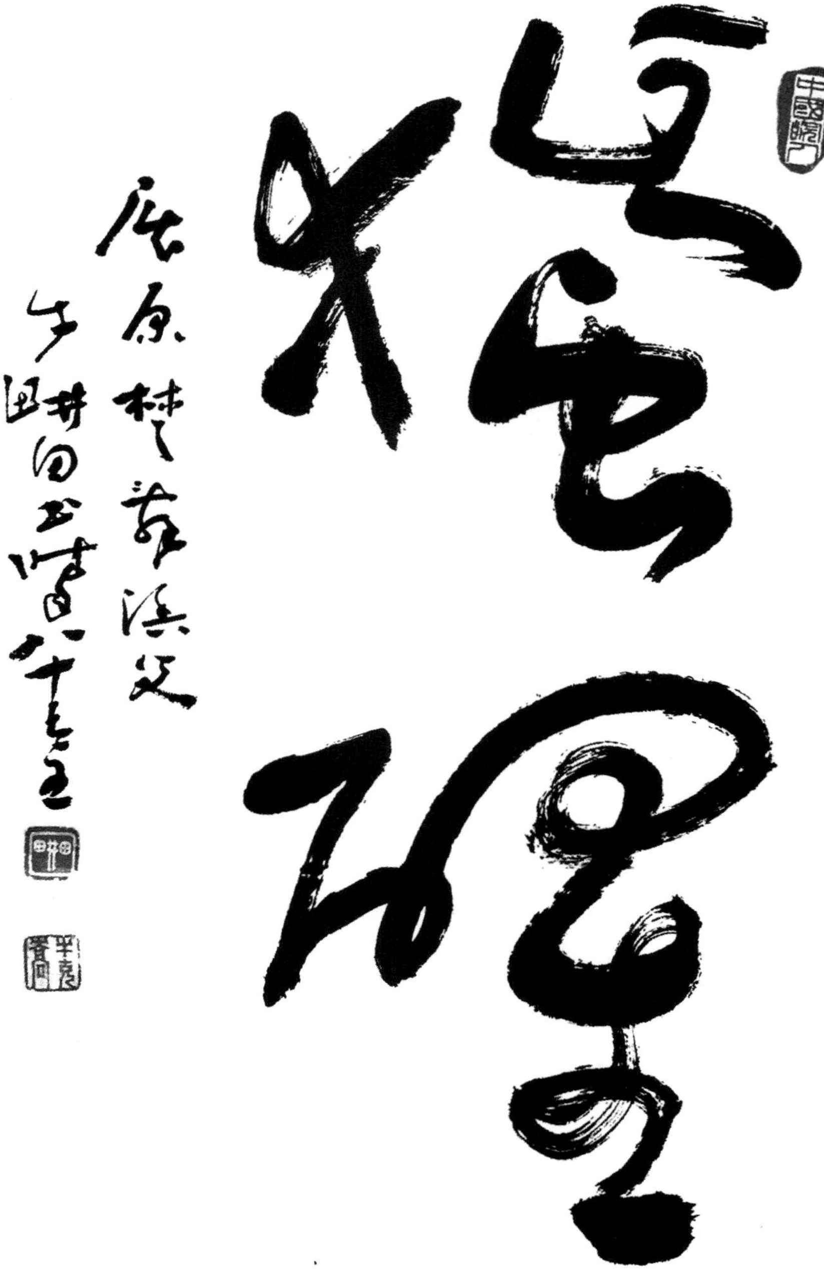

剛健
篤實
傅以新書

靈猴獻瑞
丙申猴年大吉
傅以新

三羊
開泰
三陽開泰以羊代陽
傅以新

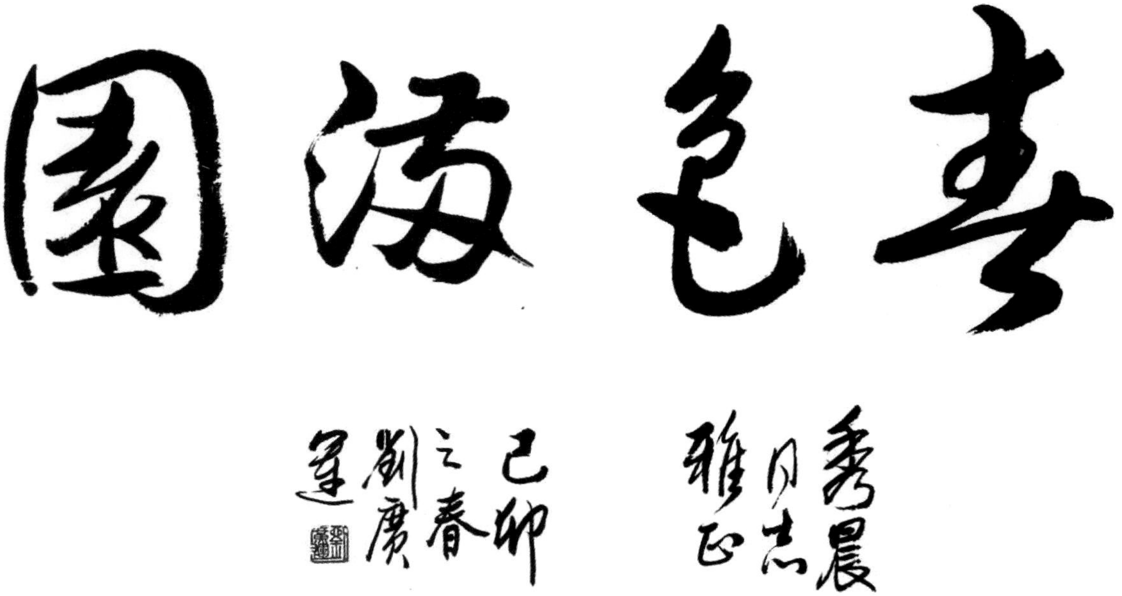
春色满园
秀晨
月志
雅正
己卯
之春
刘广运

西塞山前白鹭飞
桃花流水鳜鱼肥
青箬笠
绿蓑衣
斜风细雨不须归
张志和词
甲午郭瑞书

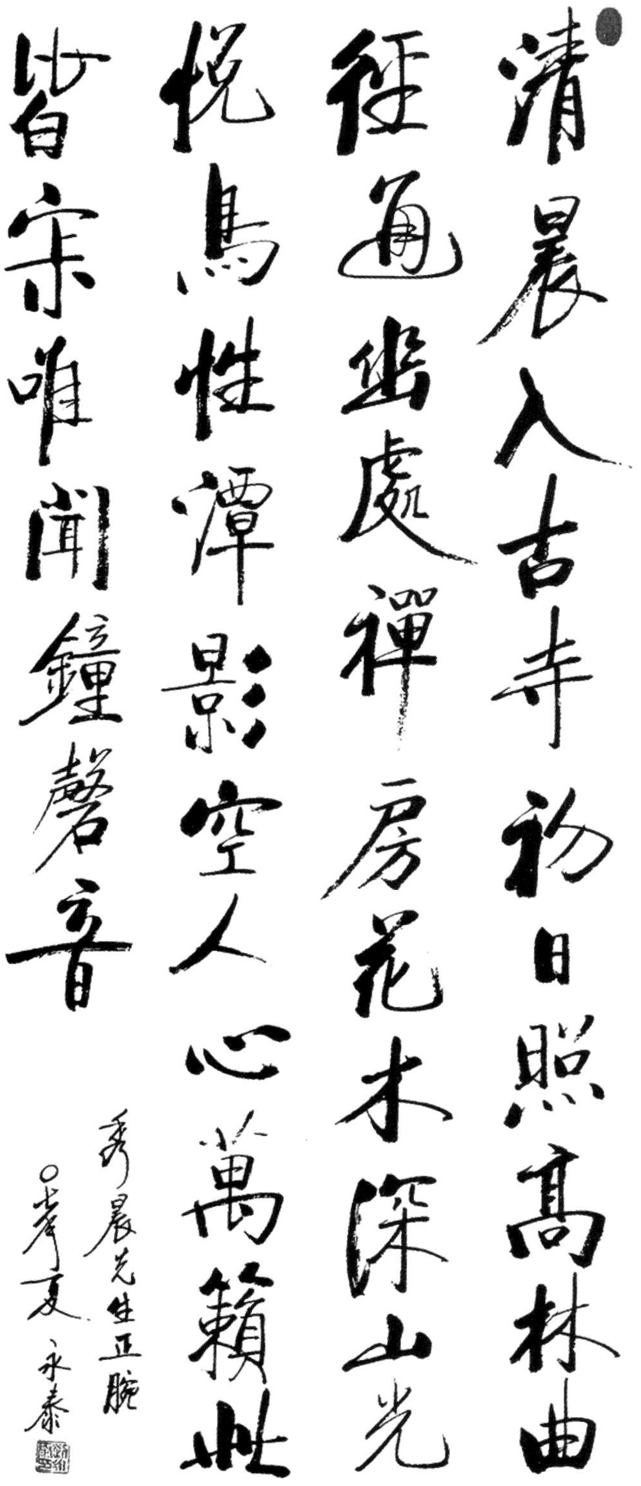
清晨入古寺初日照高林曲
徑通幽處禪房花木深山光
悅鳥性潭影空人心萬籟此
皆宗唯聞鐘磬音
秀晨先生正腕
季夏 永泰

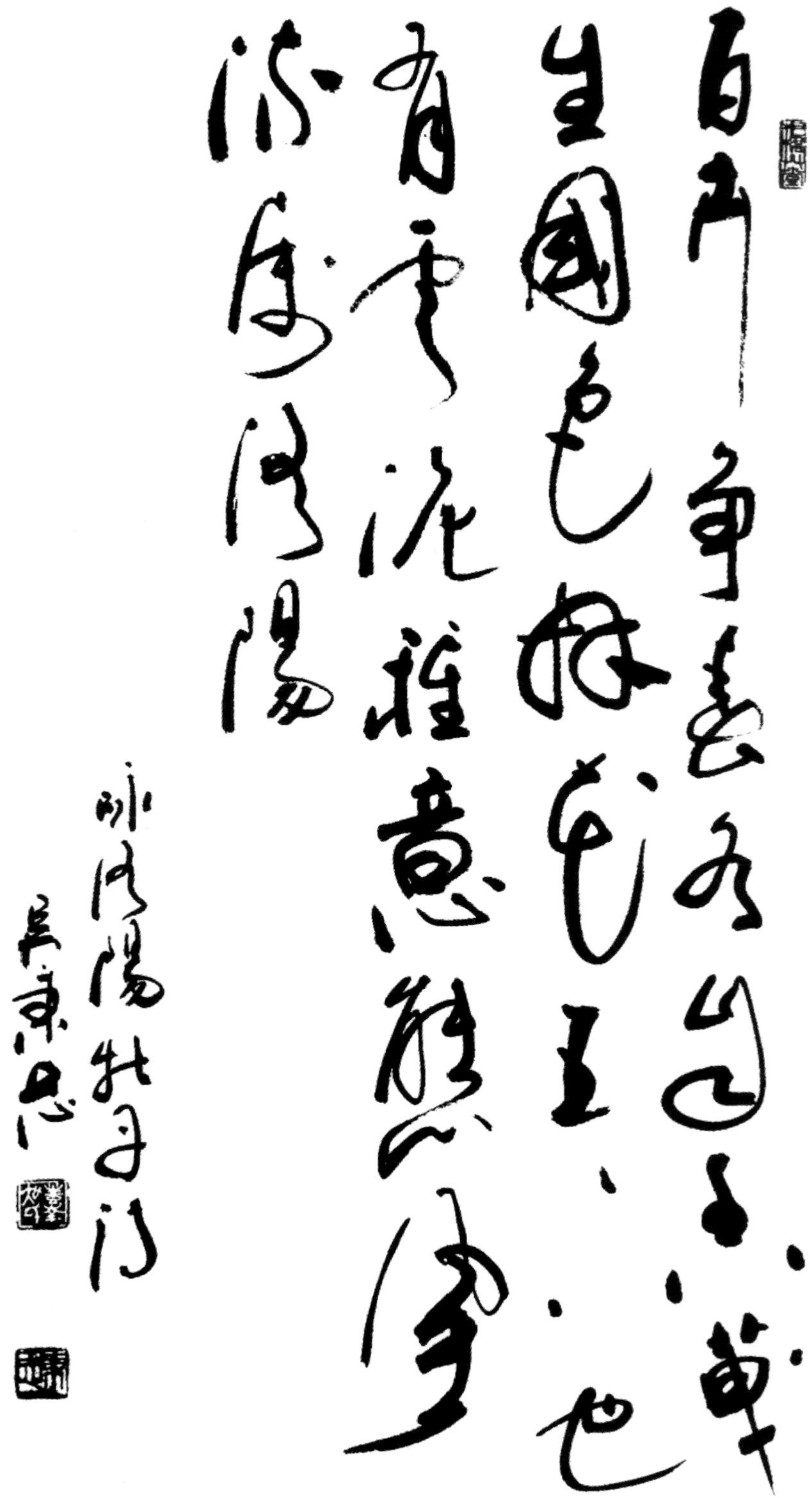
咏洛陽牡丹詩

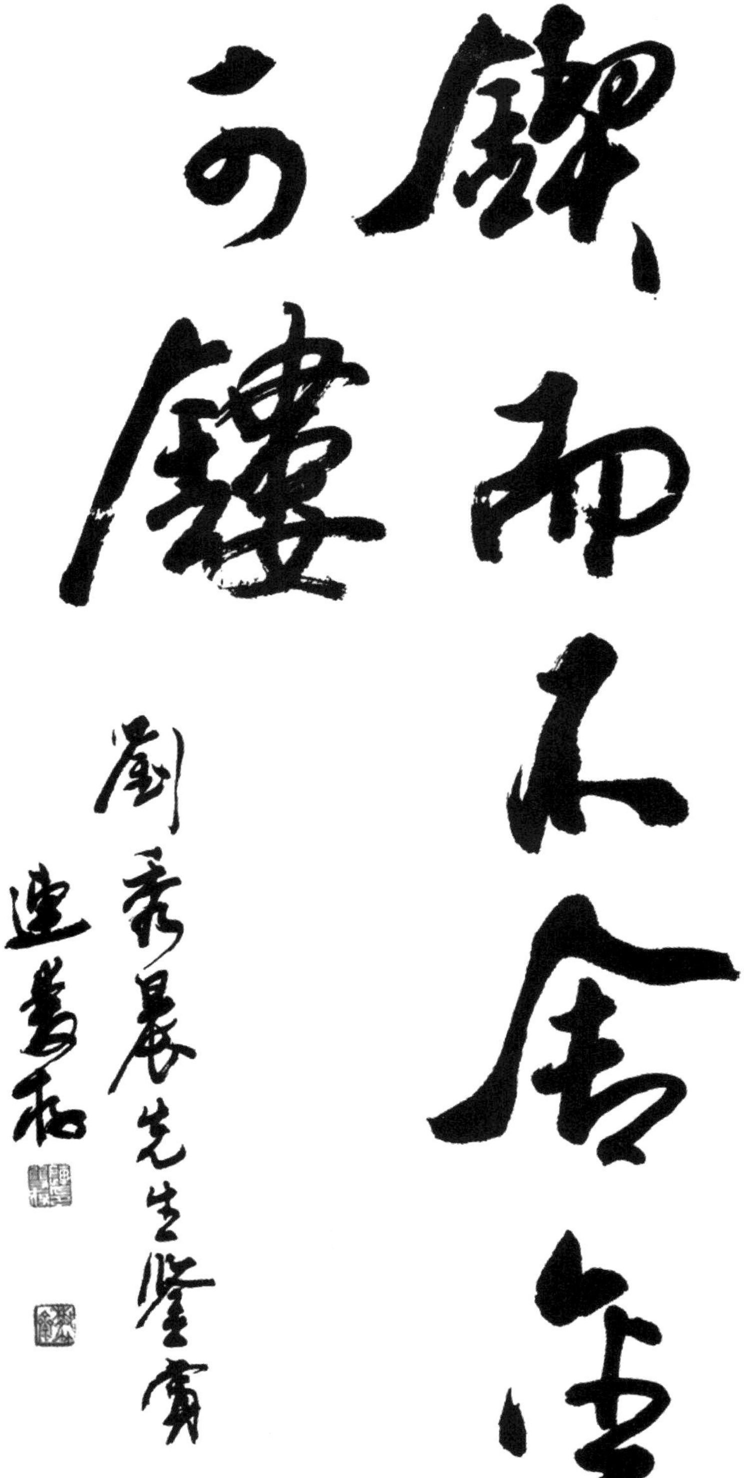
鍥而不舍
金石可鏤
劉秀晨先生鑒賞

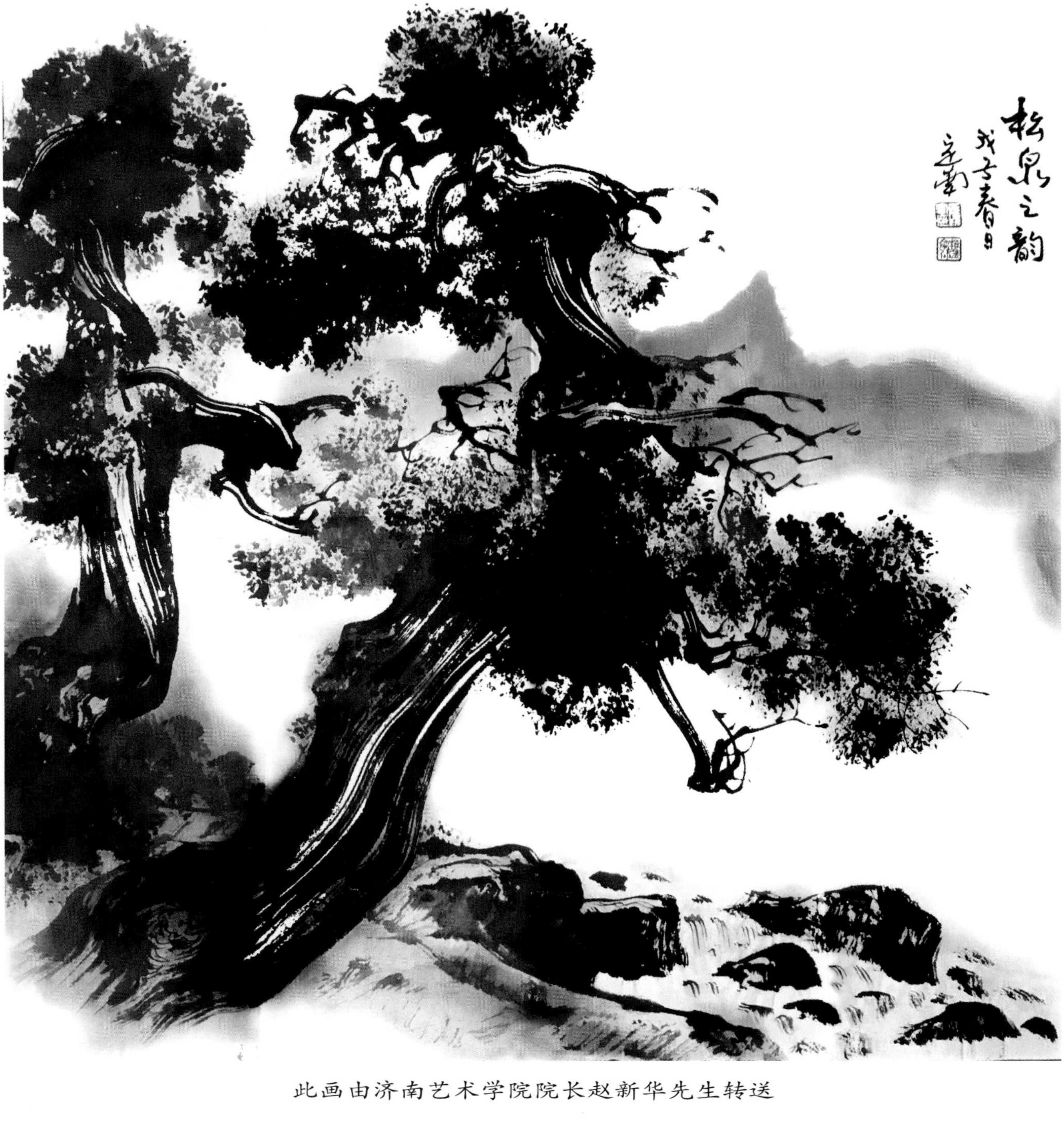
松泉之韵
戊子春日

此画由济南艺术学院院长赵新华先生转送

福自天来
庚午仲秋
孙菊生写

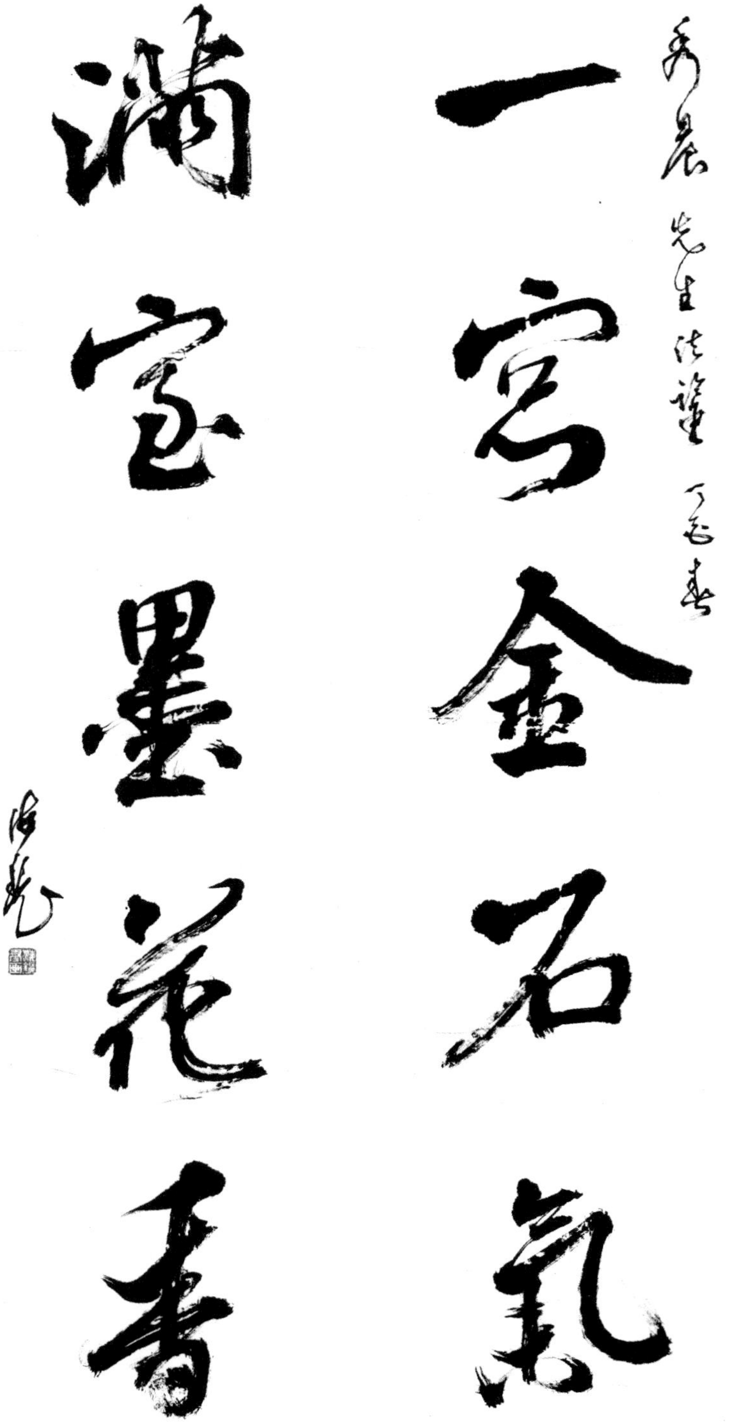
一室金石氣
滿室墨花香

人物特写

九三学社社员刘秀晨：园林专家的多彩人生

他主持设计的北京国际雕塑园、石景山游乐园等一大批公园至今仍为北京续写着骄傲；多次获作词作曲奖的他又在几万首歌的比拼中荣获“2008奥林匹克优秀歌词奖”；他撰写出版的园林文曲集在业内获得很高评价；一系列得到落实和回响的提案建议见证着他做政协委员的职责与执着；国务院参事的身份更给这位非中共专家肩头压上一份沉甸甸的责任。

刘秀晨就像一幅多彩的图画，让人不知如何用有限的篇幅浓缩他的精彩人生。

80年代设计公园最多的人

1965年北京林业大学园林系的高才生刘秀晨一毕业就赶上了“文革”前夕。在绿化队干活的他所能做的就是刨坑栽树。

1978年的一天，刘秀晨接下了设计北京石景山区古城公园的任务。沉寂了十几年的创作欲望一下子被激活了，变成了一幅幅改了又改的图纸。此后一年间，他几乎没有离开过工地，带着刚刚3岁的女儿，每天吃住在公园工地，满脑子想的都是如何把公园建好，让群众和专家都能认同。1980年公园开园了。游人如织、好评如潮。一天，胡耀邦总书记来到公园，他指出这个公园可以解决群众一出家门就能享受到文化休息的功能，很值得提倡。刘秀晨的心才踏实下来。

不久刘秀晨又接受了石景山雕塑公园的设计任务。不要小瞧这个小公园，虽然只有3.1公顷，但它是我国第一个雕塑与园林相结合的公园，没有经验可鉴，只能查找资料和请教专家。刘开渠老先生不断鼓励他，并为公园题名。刘海粟老先生特意书写“春早院”景区的字幅。全市30几位雕塑家都送来作品，一时间这里成了全市和外地领导来参观的热点。

真是一发而不可收了。1985年刘秀晨主持设计的石景山游乐园，在与日本东京大学艺术系教授的方案竞选中，被市规划局定为实施方案。1986年石景山游乐园建成至今，一直是全国最受欢迎最能盈利的主题公园之一。此后，他相继设计了法海寺森林公园、亚运会石景山体育馆绿地、七色园、八大处映翠湖、李四光地质博物馆……

20世纪80年代，刘秀晨成为北京市设计公园绿地最多的人。这一时期他能强烈地迸发创作激情，还要说“文革”中的10年，他一直沉下心积累思考。艺术上的悟性要靠逐步沉淀吸收才能流淌出来。

内行的园林局副局长

1989年春天，刘秀晨成为北京市第一批有贡献的科技专家，之后又享受国务院政府津贴。不久，他又被推荐担任北京市园林局副局长。

刘秀晨分管园林建设，每年都有几十项园林工程项目，完成几千万到几亿的投资。如昆明湖清淤、玉渊潭樱花园、动物园鸟禽馆金丝猴馆、天坛修复坛墙、香山修复勤政殿、碧云寺罗汉堂、植物园大型展览温室等等。工作面广、量大、战线长、要求高。作为行政领导要从策划到协调，从规划设计到施工管理，从检查到验收，而且是几十个项目交织在一起。刘秀晨总是用专家的视野和思维去驾驭这些项目，与设计、施工人员共商方案，推动起来很自如。难怪北京市建筑设计院的张宇副院长感慨地讲："植物园大温室的成功，得益于我们遇到了一个懂专业、很内行的好甲方。"

1997 年市政府把筹建北京植物园大型展览温室的工作交给了刘秀晨。施工中，由于形象的需要，他们完成了几千块异型玻璃的安装与点式连接，并实现了光照、水分、肥分、湿度、环保等多项技术管理的自动化和一体化。为新中国成立 50 周年献上一份厚礼，被评为 90 年代北京十大建筑第四名并荣获国优工程奖。

奥运各项筹建工程从启动到完工，作为奥林匹克工程办和环境办的专家组成员，刘秀晨几乎参加了全部项目的方案评审工作。两年的时间，仅研究方案、评标和落实各种技术措施的会就参加了 150 多次。他还是国家奥林匹克森林公园、国际奥林匹克雕塑评选的国际评委，以及新中国成立 60 周年城市雕塑大奖的评委。在园林景观、雕塑、城市环境整治各方面发挥着作用。那段时间，他简直被工作推动得似乎不可能有任何喘息的时间。

一件提案呼吁了 8 年

提案是民主党派成员的重要参政议政形式。一件"腾退国家级文物天坛神乐署"的提案，刘秀晨则是用了 8 年的时间，他先向当年的封明为副市长做了汇报，又找到张开济等一批很有影响的专家政协委员，在提案委的协调下不断追踪，在政府各部门和办案单位共同努力下才逐步解决。如今，神乐署已经复建成祭天音乐博物馆。由此刘秀晨体验到，一个提案从提出到结案要有高视点、可操作、参政性和锲而不舍的精神。

刘秀晨关于朝阜路——古都文化第一街的建议受到格外关注：从朝阳门到阜成门各类文物 100 多处，著名的就有鲁迅故居、白塔寺、历代帝王庙、广济寺、西什库大教堂、北海、故宫、景山、京师大学堂、美术馆、段祺瑞执政府直至朝外的东岳庙等等，全线 49 项世界、国家和市级古建文物。一幅绝无仅有的北京民族文化和历史政治的精彩画卷。刘秀晨的这一建议得到了北京市领导充分肯定，当即决定将此纳入当年的政府工作报告。之后，朝阜路的规划、整治、建设拉开了序幕，付诸实施。

一次，在北京市领导参加的政协委员座谈会上，刘秀晨又提出让古建园林作为北京文化创意产业的着力点。他认为，数字、动漫、影视、古玩等文化创意在北京不具有唯一性，而古建园林以其总量、艺术品质和文化内涵都有北京独一无二的品牌价值。别说颐和园、北海，就是那些王府、胡同、四合院、残砖陋瓦的城墙坛庙、歪脖枯枝的槐柏，处处能抖出一个个神秘的故事，稍事关注都会是文化的大主题。这个建议得到了北京市主要领导的高度重视。

园林的根基是百姓

在城市园林行业一干就是50年的刘秀晨，不仅目睹了这些变化，也用自己的耕耘感受着这些变化带给人们的愉悦，体验到一个园林人自身的社会责任。他在自己的设计实践中，在参加研究奥运景观方案的150多次会议上，在到各处为领导干部和专业人员讲课过程中，不断总结风景园林规划设计的趋势和感悟，令人回味深思。

刘秀晨深情地说，现代园林不是发达国家的专利。正如我们有传统文脉一样，英国的疏林草地、法国的整形式园林、意大利的台地、日本的枯山水，都是各自的传统文脉。经济一体化导致全球社会生活的趋同，各国都在尽量保留文化个性的前提下顺应发展，继承文脉和走向国际化将并存，多元园林创作趋势不可避免。

刘秀晨提醒设计人员不能完全沉溺于国外一大堆理念中，不联系自己的实际去追逐简单设计复杂化、奢豪化、八股化，把居住区绿化山水化、展示化、追求非哲理化，甚至世俗化、潮流化、舞美化等等，提出园林的主体永远是源于自然高于自然的绿色空间，是“人化自然”。当家的永远是绿荫，园林工作者应以自然、简约、环保、节俭和朴素为已任，提倡“解题”的思维方法论和实事求是的创作路线，克服浮躁、炒作。园林创作的根基是心中装着百姓而不是自我。

文／戴红，原载《团结报》2010年7月6日

谱写绿色华尔兹

【刘秀晨简介：刘秀晨，回族，1944年生。现任国务院参事。是九、十、十一届全国政协委员，六、七届北京市政协委员，八、九届北京市政协常委，中国风景园林学会副理事长、北京园林学会副理事长。九三学社北京市委会原副主委，北京市园林局原副局长。】

在近期出版的《绿色的云——刘秀晨园林文曲集》一书的扉页，九三学社中央主席韩启德为国务院参事刘秀晨所做的序中，这样写道："秀晨平易近人、淡泊功利，在交往中你很快就能认定和他成为朋友，这种亲和力不是人人都能有的……作为专家型的官员，他在领导城市园林工作中驾驭自如，结合自己专业，提出过很多很有意义的建言。作为非党人士，为践行多党合作不遗余力，做出了重要贡献。"

醉心于城市园林建设

"很多人到我家里，第一件事就是参观我的房间。"整齐地摆放着关于园林、书画与音乐的书籍和资料，擅长音乐的刘秀晨，一台钢琴不仅增添了书房的艺术感，还是他不懈的创作音乐的工具。

对于这位儒雅且具有艺术气质的老人，在北京乃至中国园林界，很多人都熟悉他，他为园林事业做出很多贡献。大学毕业后，刘秀晨在北京石景山区从一个"刨坑栽树"的绿化工起步，成为园林绿化教授级高级工程师并主持多项大型公园的设计，一路走来，一直在北京市园林局副局长的岗位上干了几十年。直至北京市筹办奥林匹克运动会环境建设的全过程。到了退休年龄，不仅还担任全国政协委员，还委以国务院参事的重任，为事业继续前行。在国家层面上为我国园林事业乃至各项社会工作参政议政、图谋发展。

刘秀晨曾主持设计过石景山古城公园、北京国际雕塑园、石景山雕塑公园、石景山游乐园、八大处映翠湖等，与别人合作设计过玉渊潭樱花园、世纪坛公园等大型公园项目；特别是作为北京植物园大型展览温室的项目法人，刘秀晨不仅圆满完成了这项科技含量极高的现代化标志性工程，并获得北京市90年代十大建筑之一和国优工程奖；他还领导过颐和园昆明湖清淤工程、玉渊潭公园樱花园建设、北海公园琼岛复原改造工程、天坛坛墙修复工程和为迎接奥运会，颐和园、天坛、北海古建园林工程的全面修缮等等。

一辈子与园林、城市环境建设打交道的刘秀晨几乎三句话不离本行。谈起这些，他总是滔滔不绝。为了自己所钟爱的园林事业，刘秀晨曾放弃过很多发展机会。但他从未后悔，因为园林才是他的生命所在。

政治舞台上的华尔兹

1983 年，39 岁的刘秀晨参加了第六届北京市政协。从此他走上了参政议政的舞台，一种政治责任感油然而生，“我是国家的主人，我要用自己的力量和智慧去支撑祖国这座社会主义大厦。”他尽心竭力，建言献策，演绎着多党合作事业的无限创意。直至退居二线后，刘秀晨依然还被聘为国务院参事。

“在与国务院总理温家宝的接触中，令我感触最深的是总理嘱托我们所说的‘讲真话，查实情’尤为语重心长。我觉得，这是我践行国务院参事工作最重要的原则和出发点。参事非官非民，比较超脱，有一定的社会知识，又可以根据自身的专业提出一些真知灼见。在实践‘讲真话，查实情’的过程中真正履行参事的职责。”

这是刘秀晨对参事职责的真诚理解。自 2006 年至今，刘秀晨先后参与完成调研并形成了《关于扶持和促进文化产业的建设》《关于发展乡村旅游的若干建议》《关于我国海洋经济绿色发展的建议》《关于农村垃圾应由政府买单的建议》《关于丝绸之路的生态与文物保护的建议》《关于腾退天坛违建，兑现对世界文化遗产的承诺》等专项意见。这些工作现在都得到了大力推动和部分实现。“国务院参事是要站在政府层面上，以宏观的视野、理性的思考，对熟悉的和不熟悉的情况，通过调研和全面分析，客观准确的提出一些解题的思路，成为政府的智库和可以信赖的力量”。

在担任全国政协委员的实践里，刘秀晨结合专业特点，先后关注了乡村生态旅游、古建园林等问题，并写出“警惕城市超负荷超强度开发”“建筑节能”“玻璃幕墙的检查整治与管理”“提倡绿色厨卫”“严格控制干旱城市景观用水”等一系列提案和建议。

刘秀晨热爱音乐，他曾经写过一首《园林华尔兹舞》歌曲，荣获“北京金曲奖”，并且广为传唱。今天，在政治的大舞台上，刘秀晨不就是在自如地跳着园林华尔兹的舞步吗？在奥林匹克歌曲的全球参评征集中，他的《奥林匹克——北京》也脱颖获奖。这正如钱学森先生所说，科技与艺术的联姻，对启蒙创新是极为有利的。

一份责任，一种使命

“去过巴黎的人大都要乘船游览塞纳河。两岸有巴黎圣母院、二战纪念碑、旺多姆广场、协和广场、尼古拉教堂、卢浮宫等大约分布 48 个景点。这条记录法国文明史的旅游画廊一直誉为巴黎人的骄傲。我要说，巴黎有条塞纳河，北京有条朝阜路。朝阜路一线街区内世界文化遗产和国家级、市级文物等著名建筑史迹何止 48 个，难道这不正是北京人引为自豪的充分展示文化艺术的另一条‘塞纳河’吗？”

刘秀晨侃侃谈起对朝阜路“古都文化第一街”的设想，这一建议，在国内外受到格外关注，香港《明报》、新加坡《联合早报》等都予转载并配有电脑绘制的详图。刘秀晨的这一建议得到了中共北京市委主要领导的充分肯定，当即决定将此纳入当年的政府工作报告。之后，北京市朝阜路的规划、整治、建设拉开了序幕，付诸实施。

近年来，在古建园林文物保护、构建北京文物文化体系、评国花一国两花等问题上，刘秀晨参事提出了富有成果的建议。关于“打通阜石快速路”“整治长河再现北京清明上河图”等提案，都已在政府有关部门的努力下实现中。

一件“腾退天坛神乐署”的提案刘秀晨用了8年的时间，他先后找到张开济等政协委员，在提案委的协调下不断追踪，在政府各部门和办案单位共同努力下才逐步解决。如今，天坛神乐署已经复建成祭天音乐博物馆。由此刘秀晨体会到，一个提案从提出到结案要有高视点、可操作性和锲而不舍的精神。如今，刘秀晨依然在一线行使着一名参事的职责，指导并参与北京园博会的建设，关注中国人口老龄化问题……

“温家宝总理说，一个国家一个民族总要有一批心忧天下、勇于担当的人，总要有一批从容淡定、冷静思考的人，总要有一批刚直不阿、敢于直言的人。参事就要有这样的境界和追求。这是总理对参事由衷的希望和寄语。作为参事，这是我的一份责任、一种使命，参事要和祖国共在。”刘秀晨感慨地讲述着践行“重气节、勇担当”的参事之路。

文／程姝，原载《团结报》

镜头内外皆园林
——政协委员刘秀晨的摄影生活

湖中，《牧童》身依牛背，口吹横笛尽情唱晚；岸边，一尊白玉质感的《浴女》亭亭玉立，以湖水为镜，尽显温婉身态。这是北京石景山雕塑公园一角。作为公园的设计者，全国政协委员、国务院参事、北京市园林局原副局长刘秀晨说起自己的作品，像说自己的孩子一样珍爱。但是，许多人有所不知的是，在刘秀晨常常举起的镜头内外，处处都是美丽的园林。

中国工程院院士陈俊瑜就曾在刘秀晨的书《绿色的梦——刘秀晨中外景观集影》中作序：秀晨为了捕捉到好的照片，好的构图，每次利用出国的机会都要走太多的路，穿坏一双鞋。熟悉秀晨的朋友，都知道这个美谈。对于这种"赞美"，刘秀晨豁然一笑："确实是这样。因为我走的路实在是太多了。每次出差，我愈加忙碌，在园林中寻觅构图。一些年轻人都追不上我的步伐，因为我走得太快太多！"

每次走出去考察、学习，他都会提前在网上、书上查阅相关的资料，列好提纲，做好"功课"，了解那里人文景观、自然景观的信息。每个地方，都要亲自走上一遭去深度体验。当然，相机是必不可少的装备。

磨坏皮鞋算是物质上的小损失，但所行的每段路却给刘秀晨带来摄影成果的大收获。后来，刘秀晨出版了《绿色的梦》《绿色的潮》《绿色的裙衣——刘秀晨中外景观采风》三本摄影画册。"这些照片是从我拍的上万张照片中精选出来的。"由于画册精美，很多朋友争相收藏。

"静坐书案前，如行万里路。感谢摄影家，省我辛勤步。"书法家启功先生在刘秀晨赠书后提笔写下的打油诗，至今让他感动不已，"这份鼓励和支持更让我充满激情，去拍摄我身边的美好，走坏多少双鞋都是值得的。"

在青海贫困山区，他拍摄到那双大眼睛的孩子《土族小永和》，让人感受到"认真、无奈、朴素、感激，一双大眼睛背后有那么多的潜台词，我被这眼神震撼了。"回忆起自己拍摄过的作品，刘秀晨总是感慨不已。很多人知道，刘秀晨委员不仅是园林专家，同时也深爱音乐，写过很多优秀歌曲。那年，他应北京市音协组织音乐家代表团去采风，到了青海省大通县，这里是很多土族人聚居的地方，当地的歌手为客人们唱起了民歌《花儿》。刘秀晨在享受着歌谣的美好，无意中发现台上的女歌手充满激情的演唱，她四岁的儿子正坐在台下，十分专注地听着。"他对母亲歌声表达的情感产生的共鸣，展现的乐感和灵性却在深深地感动了我。"女歌手下台后，刘秀晨非常开心地向这位母亲表扬了她的孩子，那位母亲却伤感地介绍：孩子很可怜，他的爸爸刚刚因车祸去世了。"我问他叫什么，他说叫小永和，我难受地把小永和抱起来，把身上仅有的一点钱给了他，他执意不要。他妈妈却被我的真情打动，并劝慰孩子，'别人的钱不能要，爷爷是真诚的，把钱收下吧。'孩子慢慢接过钱，闪烁着复杂的眼神。这眼神感动了我，我立刻举起相机，拍下了这一瞬间。”这张起名《土族小永和》的照片后来在九三学社创建60周年影展中，受到了广泛的关注，也感染了大家。

“这幅照片虽然拍得有点虚，但这恰恰是最具新闻性和最真实的。摄影就应当表达生活中最真实、最宝贵、最难得的瞬间，反映老百姓一种真实的状态。”这只是刘秀晨摄影生涯中的一个小故事，在他看来，真实不仅是做人的原则，也应该是摄影的原则。刘秀晨说，现实中有些摄影作品是摆拍的、拼凑的，虽然有技巧，但是可能略显苍白，照片不能脱离了摄影的本质。“艺术捕捉的是真实的对象，摄影就应该真实地对待生活，反映生活，从实际出发，尊重生活的真实。”他说。

刘秀晨的专业是园林设计，如何创造好的园林环境，是他一直思索的课题，同时他实际的工作也在塑造着“城市之美”，这无疑需要有一双发现美的眼睛。“在这一过程中感悟美，捕捉美，有时需要画图，有时需要摄影。”

刘秀晨一再讲，他的摄影技巧并不很高，但是“构图”却是他的专业本分。工程院院士马国馨忍不住夸赞他拍摄的照片，认为他拍的建筑比建筑师都要好得多。“我对景观、景物的体验和感悟可能更敏感，我能捕捉到最好的视角和构图，这些都是我专业所需要的。只要见到好的构图，我马上就激动起来，把它收入镜头。把这些心得和感悟提炼并升华，运用到新的园林设计中去，并把它延伸、扩初、创新。”

刘秀晨说，摄影对于他不仅是乐趣，也是工作，更是一种对美的追求。美是真实的，是不需要虚构的。刘秀晨用园林举例子，“园林艺术源于生活，却高于生活，虽由人作，宛若天成，这是一种朴素的、自然的，然而又是高于自然的概括。摄影是同样的道理。其实，镜头内外皆园林”。

文／李寅峰　徐金玉，原载《人民政协报》2012年5月25日

那年我11岁

1955年，那年我11岁。不过，事情还是要从1944年我出世说起。

我生在一个家境丰实的商人家庭。我的三爷爷（即亲爷爷的三弟）刘尊武毕业于北京原政法大学（朝阳大学），后去日本留学考察，回国以后创建了一系列工商业。他两个儿子都上了大学，不愿意从商，于是他看上了作为刘家长子长孙的我的父亲刘传伟（刘伯英），从此把在祖籍山东济宁皮号生意发家的企业，改做盐号。经过若干努力，在济南和青岛推出了山东最大的利东盐业公司，成全了一门子大事业。后来又不断在天津塘沽、唐山、青岛、徐州等地一些大型工商业投资入股，但是总部一直设在省城济南。尽管20世纪40年代他们在北京买下几处房产定居，并寻找新的发展机会，但是抗战期间在日本人不断打压、拉拢就范的极端窘态下，他们只能东躲西藏，与其周旋。经历了在夹缝中生存的惊怕，家业从兴旺走向衰落。抗战胜利后，国民党更是一片黑暗，父亲留下的家底，除了一些早已追不回来的股份外，只剩下老家济宁的一些房产和分到我名下的趵突泉正觉寺街的两个大院落144间房子。在我八岁那年，父亲因病在北京去世，母亲靠变卖济宁的房产和出租济南的院落，艰难地供我们五个孩子上学。即使这样，瘦死的骆驼比马大，家境还是明显地好于街坊邻里。

1944年春天，我在济南趵突泉家附近的正觉寺街延平里一处三进大院出生。我在家行五，前四个都是姐姐，我的出现自然给父母带来极大的欢乐，乳名自然就排行成了“小五”。我出生百日的那天，父亲的亲朋好友来了百十号人。济南的文化名人左次修、关友声、黑白龙等都前来祝贺，至今我还保留着左次修老先生为我篆刻的印章。出生不久，家里就忙着为我竭尽全力寻找一个勤快、又有奶水有爱心的奶妈，最终经过海选在我们老家济宁的金乡县找到一个新生儿不幸夭折、有丰硕奶水的年轻妇女，大名叫韩凤仙。从此，这个人成了一生对我影响最大、依恋最深、思念最重的亲人，甚至超过了我的亲生母亲。我一直管她叫妈，而对亲生母亲则叫娘。

1948年阴历八月十四，正是仲秋的前夜，解放济南的战役打响了。这是一场艰苦卓绝的战争，天亮了，解放了。收拾了战争的创伤，1949年济南进入了新的生活。七岁的四姐，背上书包进入正觉寺小学上学。我是家里唯一的男孩，任性，娇惯，一看姐姐上学哭着闹着也要一齐背书包入学堂。家里大人拗不过我，只好让我和四姐一起入学。那年我五岁，一股脑也就上了下来。直到1955年，在当时报考中学相当困难的状况下，我和四姐双双考入当时颇有名气的济南二中。

从襁褓中开始吃妈妈的乳水，直到十几岁。可笑的是，有一次，小学五年级正在教室上课的我，从窗户外发现我妈到学校看我，我毫无顾忌地举手向老师请假：“老师，我妈来了，我想出去吃奶。”惹得全班同学大笑，我却觉得这很平常、很自然。她一直让我沉浸在母爱之中，呵护我成了她几乎唯一的职责。这要说到我八岁时，父亲逝世前和她的一次对话。“我看你对小五是真好，谢谢你啊！”

父亲说，“我求你不要离开他，直至上了大学。我不可能再陪伴他了，拜托你了！”我看到她流着眼泪，她说她只要我，什么报酬都不计较。即使这样，父亲还是为答谢她，给了她一些钱和首饰细软。

1955年一天，她突然动情地对我说，“小五啊，你还有个大哥，要活着的话，今年应该十九岁了，比你整大八岁。他是我的亲儿子，我很想他。过去没说，现在你大了，应该告诉你了。”“那为什么你不把他接到咱家来，我要见见这个大哥。”我说。她叹了一口气，讲明了她的身世。

原来，凤仙妈妈从小在金乡县城长大，早年丧母，跟着父亲在县城开了个羊汤馆。她在父亲一边当爹、一边当妈的拉扯下长大。是年，国军的部队驻进了金乡县。一个年轻英俊的申姓军官来店里吃饭，对她一见钟情，非要娶她为妻。父亲不舍得让她走，但几个回合，拗不过这个有家世、有些身份的年轻人。从此，远嫁到河北省（现天津市）宝坻县新安镇北申庄的婆家。这是一家日子尚好的地主人家，丈夫是家中长子，保定军校毕业。刚结婚还算红火，妈妈身怀喜孕。丈夫公差在身，把她安置在老家，自己赴任了。

听说这个名叫申沛仁的男人，从山东又调转到了北京，不久却又有了新欢，在北京新街口一带又买房娶了二房。从此，再也没有回老家。凤仙妈妈为她生下一个儿子，一守就是八年，从未见过男人再回来。孩子大了，男人没了。申家哥几个也先后都成家离走。老爷子就怕凤仙妈妈把孩子带走再嫁，因为这是申家的长子长孙，是申家的一条根啊！这期间，妈妈的长相、为人勤快，早让村里村外不少男人垂涎。找上门来的还不说，动了歪念又不规矩的也有人在，妈妈在痛苦中找不到归宿。思前想后，想到回老家山东，一是想念年迈的老父亲，二是重新考虑今后的生计。只能把孩子留在申家，托付给妈妈的妯娌——孩子的二婶。她求家里的小叔子帮她买一张从天津回兖州的火车票，横下心远回故乡。

哪想到，先是雇车到了宝坻县，又辗转到天津上了火车，却一气儿把她拉到了开封。那年头，对这个不识字的农家女实在太难了。在开封下了火车，真是两眼漆黑。先是在相国寺附近找了个小店住下，再寻求回金乡的路。这一下子在开封住了一个多月。天无绝人之路。一天，她在相国寺突然认出了她老家的一个远亲，一打听原来是到开封火车站扛卸大件行李的壮工李祥三，俩人见面哭成了泪人。祥三给我妈买了一张去单县的汽车票，到了单县再找车回到金乡老家。

一路坎坷倒也无所谓，给她最大打击的是金乡县城关当年的那个羊汤馆早已关张，妈妈的父亲不仅已去世，连尸骨都不知葬在何方。我妈妈命怎么这么苦啊！她举目无亲，家乡成了客乡。回到村里，经人介绍认识了一个叫魏青奎的老光棍，在村里混得很差，又嗜好赌钱。他一眼就看上了凤仙妈妈，承诺了不少好话，一定要娶她成亲。在生活极端无奈之下，只好两人走到了一起。

跟着这个魏青奎又好又吵地过了一年，我妈带回来的多年积蓄早已让他赌博输光。妈妈更不幸的是怀上了青奎的孩子，还不足月就破了羊水，生下来就夭折了。命运这么无端地折磨着她。慢慢地，妈妈也想开了，人不能跟命去争，还是要坚强地活下去，不管怎么样，活着，人活着一口气，找寻些顺心好受的日子。她坚强地撑起这个残缺的家，在几亩庄稼地里混着生活。直到一天，我家寻找奶妈的人看上了她，先是看上她人长得好、勤快、麻利、心眼好，特别看上了她有奶水。很快她告别金乡，随人来到泉城济南我的身旁（说是泉城一点不假，我住的院子离趵突泉大概只有不到200米），完全开始了一种新的生活。

我像听天书一样，听她一遍遍给我断断续续地说着她的不幸。妈妈来到我家是1944年秋天，我才几个月。等我四五岁时就看到过她那个无聊的男人魏青奎，从老家找到我家，向妈妈讨要钱并一而再，再而三保证不赌钱的决心。每当第二次再来我家，又重复着上次的保证。我妈妈的辛苦钱就这样被这个男人吮吸一空。直到我七八岁的某一天，我妈终于和这个男人了结了这个畸形的夫妻关系，在保人的干预下，给了他一些钱算是断了这门子亲。

十一岁上了初中的我显露出几分天赋：功课好，学习专心，有乐感。被二中最著名的艺术启蒙教师郑霄汉先生一眼看中，开始学习钢琴，并成为学校乃至济南市红领巾合唱团的团长和指挥，成为济南二中年纪最小，却是明星式的好学生。一边练钢琴，学习音乐，一边又好好读书，经常看一些小说、戏剧，给予我滋养我不少艺术思维。

一天，我突发奇想，妈妈的遭遇就是我的遭遇，我和妈妈共同思念的大哥，就应该是我的亲哥。我背着所有的人，开始写下一封给大哥的信。毕竟年龄小，知识面还是不够，却把地址“宝坻县”写成了“保棣县”。我当时想，吴佩孚是直棣军阀，“棣”不就是河北吗？没错，就是保棣了！没想到两个字写错了一双，但是县后面的新安镇北申村还都是正确的。书信偷偷发出来了，我觉得一个十一岁的孩子干了一件悲壮且轰轰烈烈的事。发出去不管后果如何，都是自己心灵的一种释放，完成了自己一个心愿。

20世纪50年代的民风国风确实淳朴，邮局和邮递员都真心敬业。万万没有想到，这封信漫游漂泊了八个月，经过多次无效投递，真真地落到了这个大哥的手上了，神奇般的缘分就此拉开了序幕。更可笑的是，我问妈妈大哥叫什么名字，她说叫会元，信封上明明白白写的是申会元，没想到会元只是他的乳名，长大后他随了申家的辈分——“连”字辈，他早已改名叫申连发了。连发于1955年8月的一天，忽然出现在我的家里。他一进门首先看到的是我，凭他的判断，叫了我一声“秀晨”，我愣了不到一分钟，马上意识到奇迹发生了。

我把大哥带到我妈眼前，说：“妈，这就是你日夜思念的会元大哥。”无语，沉寂。不一会儿，哇的一声，我妈哭成了不能自已的泪人。她几乎不能相信这是真的，是梦，是做了11年的梦。她没有想到，她喂养的这个小少爷还有“呼天唤雨”的本事，能把亲儿子带到她面前。她号啕大哭，会元哥也哭了，当然我也哭了。我亲生母亲，我的娘全然不知道此事，走过来，简直不相信她这个亲儿子导演的一场“恶作剧”。突然的亲人相会，使我们一大家人，连同我的姐姐妹妹都高兴无比。这么多善良的心一下子激活了无比的愉悦，都高兴若狂。

那天晚饭后，我和大哥都洗了个澡。我依偎在妈妈的身边，像有功之臣一样，有一种胜利感——我办成了一件成功且精彩的伟大的事。大哥搬个小板凳，让妈躺在床上，抓着她的手，开始一五一十地述说过来的这十来年的事。

会元大哥八岁离开妈妈，今年十九岁了，娶了媳妇，有了个女儿。从妈走后一直是由他二婶（妈妈的妯娌）带大，至今没有见过父亲。他的这门亲事也是二婶帮着张罗的。二婶嫁到申家不久，会元大哥的二叔就病死了，二婶从十八岁守寡至今，把会元哥当成亲儿子，她娘俩相依为命。在老家因为带上一个国民党家属的罪名，申家的人一直在村里抬不起头来。一个从未见过的父亲，给他带来的却是一辈子的政治阴影。他听别人说，他父亲在北京找了二奶，生了六个孩子，其实新中国成立后一直也不舒心，在新街口豁口一个小院落里，他一面接受街道管制，一面拉扯六个孩子，干点勤杂之类的营生。妈妈说：“咱不管他了，他已经不要咱娘俩了。妈妈把你甩下也是不得已，在申家没法活下去，又不能把申家的根带走。”会元哥说自己的爷爷奶奶也走了，自己在苦水里长大，没想到又见到了亲妈。淳朴的他不会表达，心里却为和妈在一起而欣慰幸福。说着说着，会元哥搂着妈妈又哭成一团。我也一面哭一面高兴，三个人抱在了一起。

夜里我依偎在妈妈的身旁睡着了，一觉醒来看见妈还在握着会元哥的手，无言，一直无言，只有幸福。我这时忽然想的却是另一个方面：我帮助妈妈找到了亲儿子，她会不会离开我跟儿子回家？日子再苦也是和亲儿子在一起好啊！啊！我突然像被刀扎了一下一样，感到我的作为却要让我失去她！我大声嚎叫起来，使尽全力搂住妈妈大声哭。全家人都被我哭醒了。我在想，不幸将降临自己，源于自己，这可怎么好啊！

妈妈看透了我的心思，她坚强地对我说：“孩子，我不离开你，一辈子都和你在一起，放心吧！冲着你那么小就能干出这种举动，我谢谢你！我的好孩子，你怎么这么小就干了那么大的事呢？我让你哥先回家去，过些日子也带你，咱娘俩一起去看他们。”我还不断地哭，搂着她不放，我觉得她在骗我。我不想活了，我最爱的人把爱心分给了她亲儿子，我成了被遗弃的人。爱，起码大大地打了折扣。我用劲打我妈，打她手，打她脸，打她身上，一种受不了的痛苦顿时醒悟过来——我干了一件有良心又不计后果的傻事。

就这样，一夜没有睡觉的煎熬，让几个人都各有心思地体验着。

我终于相信了妈妈，她那颗大度、豁达的心，对我十几年的恩情的总释放，让她幸福无比。两个儿子，一个亲儿子，一个比亲儿子还亲的好孩子，妈妈是幸福的。她说，“我死了也无悔了，两个好儿子让我心里一下子踏实下来”。

第二天一早，当着我亲母亲的面，妈妈淡然地做出决定：“我要按小五（我小名）爸爸的遗嘱，把他带到上了大学，他从小有良心，我不会离开他的。”她坚定地说：“会元，你先回家，妈过些日子就去看你们一家，你二婶把你带大，恩重如山，要孝敬她啊！”

一个故事似乎已经讲完，悲欢离合的家庭故事也许并不新奇，但更大的人生悲剧却还在后边……